普通高等院校数据科学与大数据技术专业"十三五"规划教材

智能

ZHINENG | YINQING
SOUSUO | JISHU

搜索引擎技术

高琰 ⊙ 编著

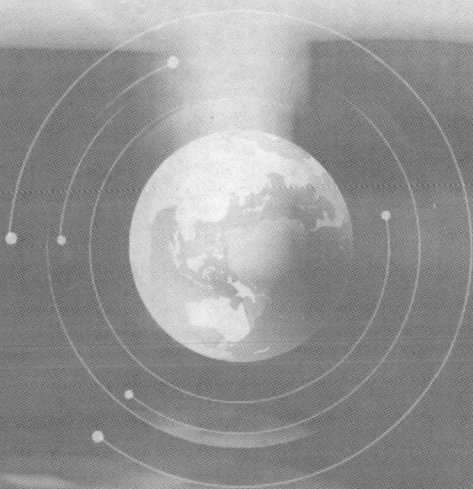

中南大学出版社
www.csupress.com.cn
·长沙·

总 序

Preface

随着移动互联网的兴起，全球数据呈爆炸性增长，目前 90% 以上的数据是近年产生的，数据规模大约每两年翻一番；而随着人工智能下物联网生态圈的形成，数据的采集、存储及分析处理、融合共享等技术需求都能得到响应，各行各业都在体验大数据带来的革命，"大数据时代"真正来临。这是一个产生大数据的时代，更是需要大数据力量的时代。

大数据具有体量巨大、速度极快、类型众多、价值巨大的特点，对数据从产生、分析到利用提出了前所未有的新要求。高等教育只有转变观念，更新方法与手段，寻求变革与突破，才能在大数据与人工智能的信息大潮面前立于不败之地。据预测，中国近年来大数据相关人才缺口达 200 万人，全世界相关人才缺口更超过 1000 万人之多。我国教育部门为了响应社会发展需要，率先于 2016 年开始正式开设"数据科学与大数据技术"本科专业及"大数据技术与应用"专科专业，近几年，全国形成了申报与建设大数据相关专业的热潮。随着专业建设的深入，大家发现一个共同的难题：没有成系列的大数据相关教材。

中南大学作为首批申报大数据专业的学校，2015 年在我校计算机科学与技术专业设立大数据方向时，信息科学与工程学院院领导便意识到系列教材缺失的严重问题，因此院领导规划由课程团队在教学的同时积累素材，形成面向大数据专业知识体系与能力体系、老师自己愿意用、同学觉得买得值、关联性强的系列教材。经过两年的准备，针对 2017 年《教育部办公厅关于推荐新工科研究与实践项目的通知》的精神，中南大学出版社组织对系列教材文稿进行相应的打磨，最终于 2018 年底出版"高等院校数据科学与大数据技术专业'十三五'规划教材"。

该套系列教材具有如下特点：

1. 本套教材主要参照"数据科学与大数据技术"本科专业的培养方案，综合考虑专业的来源，如从计算机类专业、数学统计类专业以及经济类专业发展而来；同时适当兼顾了专科类偏向实际应用的特点。

2. 注重理论联系实际，注重能力培养。该系列教材中既有理论教材也有配套的实践教程。力图通过理论或原理教学、案例教学、课堂讨论、课程实验与实训实习等多个环节，训练学生掌握知识、运用知识分析并解决实际问题的能力，以满足学生今后就业或科研的需求；同时兼顾"全国工程教育专业认证"对学生基本能力的培养要求与复杂问题求解能力的要求。

3.在规范教材编写体例的同时，注重写作风格的灵活性。本套系列教材中每本书的内容都由教学目的、本章小结、思考题或练习题、实验要求等组成。每本教材都配有PPT电子教案及相关的电子资源，如实验要求及DEMO、配套的实验资源管理与服务平台等。本套系列教材的文本层次分明、逻辑性强、概念清晰、图文并茂、表达准确、可读性强，同时相关配套电子资源与教材的相关性强，形成了新媒体式的立体型系列教材。

4.响应了教育部"新工科"研究与实践项目的要求。本套教材从专业导论课开始设立相关的实验环节，作为知识主线与技术主线把相关课程串接起来，力争让学生尽早具有培养自己动手能力的意识、综合利用各种技术与平台的能力。同时为了避免新技术发展太快、教材纸质文字内容容易过时的问题，在相关技术及平台的叙述与实践中，融合了网络电子资源容易更新的特点，使新技术保持时效性。

5.本套丛书配有丰富的多媒体教学资源，将扩展知识、习题解析思路等内容做成二维码放在书中，丰富了教材内容，增强了教学互动，增加了学生的学习积极性与主动性。

本套丛书吸纳了数据科学与大数据技术教育工作者多年的教学与科研成果，凝聚了作者们的辛勤劳动，同时也得到了中南大学等院校领导和专家的大力支持。我相信本套教材的出版，对我国数据科学与大数据技术专业本科、专科教学质量的提高将有很好的促进作用。

桂卫华

2018 年 11 月

前 言
Foreword

随着信息技术的快速发展和互联网的广泛应用，Web已经成为了一个巨大的、分布广泛的全球信息服务中心，发布着新闻、财经、文化、教育等各种海量信息。如何在互联网的海量信息资源中快速准确地定位所需的信息，已经成为人们的迫切需求。搜索引擎是大数据时代下对互联网中的海量信息进行检索的关键技术。并且随着互联网中信息资源的日益快速增长，传统的搜索引擎技术开始向智能化方向发展，为人们提供更精准、更个性化的服务。

本书以当前搜索引擎主流技术为基础，密切关注前沿技术发展趋势，结合当前人工智能和自然语言技术的发展，以深入浅出的形式介绍一套完整的大数据时代背景下的智能搜索引擎的关键技术。本书在吸取国内外经典教材优点的基础上，广泛搜集合适的实例，通过实例从多个视角对智能搜索引擎的核心技术进行全面介绍，加深读者对关键概念和核心技术的理解。本书还对开源软件进行了介绍，将技术理论与应用范例结合。

本书共分为10章，通过采用循序渐进的组织方式对搜索引擎的各个组成部分和核心技术进行了介绍。第1章引言，对搜索引擎进行了简要概述，介绍了搜索引擎与信息检索的关系，搜索引擎的历史、分类及基本架构。第2章信息采集，主要围绕搜索系统的核心——网络爬虫进行介绍。第3章文本处理，对搜索引擎的文本处理功能进行了介绍，包括文本信息的提取、自然语言中的统计语言模型、中英文分词技术、网页去重算法等。第4章搜索引擎索引构建，主要介绍搜索引擎的索引系统，包括倒排索引、建立索引的方式、索引的更新策略、分布式索引及索引压缩算法。第5章基于文本内容的检索模型，对搜索引擎的检索模型进行了介绍，包括传统的检索模型，如布尔模型、向量空间模型、概率检索模型和基于统计语言建模的检索模型，以及基于机器学习的排序模型。第6章基于链接的检索模型，主要对基于链接的检索模型和针对链接作弊的反作弊模型进行了介绍。第7章查询处理与结果展示，主要对查询条件的纠正与过滤、查询处理与展示的技术进行了介绍。第8章相关反馈与查询扩展，主要对围绕着相关反馈和查询扩展的各项技术进行了介绍，通过采用相关反馈和查询扩展的技术理解用户的查询意图。第9章分类与聚类，主要介绍了在智能搜索引擎中用到的各种机器学习算法。第10章基于知识图谱的搜索引擎，对未来搜索引擎的发展方向——基于知识图谱的智能搜索引擎进行了介绍，包括知识图谱的构建流程、构建中的信息抽取、知识融合、知识表示与推理等关键技术及其在搜索引擎中的应用。第 2 至第 7 章主要介绍了核心的搜索引擎功能与技术，形成搜索引擎技术的基本框架。第 8 至第 10 章是扩展内容部分。在教学学时有限的情况下，可以只对前七章内容进行介绍。

本书适用于数据科学与大数据技术专业及其计算机相关专业的本科生或研究生以及从事该领域研究的人员。通过对本书的阅读，可以使读者对智能搜索引擎的相关知识有一个基本的了解，并为将来开展研究工作打下坚实的基础。

本书在编写过程中得到了广泛的支持与帮助。中南大学为数据科学与大数据专业设立了教材出版专项；中南大学出版社与中南大学信息科学与工程学院的相关领导也高度重视，成立了系列教材编写委员会，多次组织专题讨论会，带领编委会成员多次外出学习访问；邀请了厦门大学林子雨老师参加编委会教材专题讨论。在此，对支持、帮助及关注本书的各位同仁表示感谢。

由于作者水平有限，书中难免会存在疏漏，敬请读者批评指正。

编　者

2018 年 10 月

目录

Contents

第1章 引 言

1.1 信息检索与搜索引擎

在信息飞速增长的时代，成千上万的人每天都用信息检索工具对大规模的电子文本进行信息的搜索和处理。信息检索是一种文本处理工具，主要是对文本信息的检索，其核心是文本信息的索引和查询。Gerard Salton 是 20 世纪 60—90 年代信息检索领域的领袖人物之一。在他的经典教科书中，对信息检索给出了以下定义：信息检索是关于信息的结构、分析、组织存储、搜索和检索的领域。从历史上看，信息检索经历了手工检索和计算机检索两个主要阶段。手工检索阶段是信息检索的早期阶段，主要通过人工建立检索目录，应用于图书情报的索引和查询。计算机检索阶段是利用计算机实现自动化处理的阶段，它在 20 世纪 60—80 年代形成并发展，在信息检索领域逐步扩大。

计算机检索阶段发展到更高阶段，信息的存储量越来越大。特别是互联网的发展所带来的知识爆炸，导致了人们快速准确地在信息海洋里发现自己所需要的信息越来越难。搜索引擎是信息检索技术在大规模文本集合上的实际应用，是解决互联网时代信息过载的相对有效的方式。搜索引擎，英文又叫 Search Engine，是指一组特定的软件系统，根据一定的策略从互联网上采集信息，并对信息进行处理与存储，将存储的信息与用户的信息需求（information need）相匹配，将匹配的信息展示给用户的系统。用户首先提交查询关键词给搜索引擎，搜索引擎会返回给用户与查询关键词相匹配的文档。在互联网上，假设你将关键词"搜索引擎"输入到网页的搜索文本框，点击"搜索"按钮，搜索引擎会快速返回结果。其结果是与"搜索引擎"紧密相关的页面 URL，页面标题和一段从网页中提取的简短文字。相关性强的页面会排在前面，大大地方便了用户的信息查找。因此，搜索引擎不仅是查询系统，而且也是用户自定义的信息聚合系统。搜索引擎已经成为互联网应用层上最为重要的应用。目前搜索引擎已经成为大多数人上网查找信息的必要的工具。百度、Google 和 Bing 等著名 Web 搜索引擎已经成为目前人们使用最为普遍、最广泛的搜索引擎。通过这些搜索引擎，人们可以获取最新的技术信息，搜索人和组织、新闻事件等各类资讯。

传统的搜索引擎主要是对文本数据进行索引与查询。这种对文本数据的搜索通常是在文本框中输入查询关键词，点击"查询"按钮，搜索引擎就返回包含这些关键词的相关网页。但随着信息存储与信息处理技术的发展，搜索引擎的检索对象也发生了变化，扩充到了对图像、音乐、视频等各种多媒体信息进行搜索与查询，各大搜索引擎厂商也加强了这方面的工作。百度、Google 和 Bing 等著名 Web 搜索引擎都提供了对图片、音频、视频等的检索。

1.2　搜索引擎的历史

搜索引擎发展至今已有 20 多年的历史。Archie 是人们公认的搜索引擎鼻祖，它由加拿大麦吉尔大学计算机学院的师生于 1990 年共同开发。当时 Web 还没有进入应用阶段，互联网中的资源主要还是以 FTP 协议传输。Archie 是一个用于 FTP 服务器的搜索引擎，它能定期搜集并分析 FTP 服务器上的文件名信息，用户通过输入准确的文件名来检索可以获取该文件的 FTP 服务器地址。Archie 和搜索引擎的基本工作方式是一样的：自动搜集信息资源、建立索引、提供检索服务。

1991 年 Web 技术标准出台，人类对于互联网的使用进入了一个新的阶段，Web 使互联网的使用变得更加丰富、快捷、简单。1993 年 Web 免费开放，同年世界上第一个网络爬虫 World wide Web Wanderer 诞生了，用于追踪 Web 发展规模。起初用于统计 Web 服务器数量，后来增加获取 URL 的功能。同年 10 月，第一个用于 Web 的搜索引擎 ALIWEB(archie – like indexing of the Web)诞生了，命名含义是类似于 Archie 的 Web 索引。按照技术分类的话，它属于分类目录搜索引擎，不使用爬虫获取网页信息，而是通过用户提交自己网页的简介信息来收录网络数据。1994 年 Infoseek 创立，稍后即正式推出搜索服务，并允许站长向 Infoseek 提交网址，这是第一代的搜索引擎。Infoseek 网站如图 1 – 1 所示。

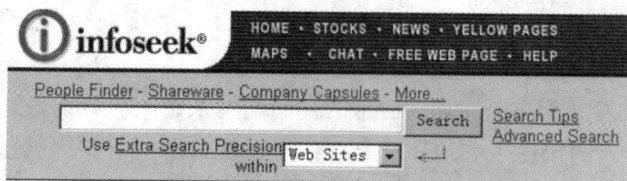

图 1 – 1　Infoseek 网站

1993 年末，出现了大量的基于爬虫的搜索引擎，最有代表的三个是 JumpStation、The World Wide Web Worm 和 Repository – Based Software Engineering(RBSE) spider。前两者没有信息关联度，只是在数据库中检索相关信息再按顺序将结果返回。RBSE 则是首个提供了索引网页正文以及首个按关键字相关性排序返回结果的搜索引擎。

1994 年初，第一个可以索引全文内容的搜索引擎 WebCrawler 诞生。同年，第一个具有现代意义的真正搜索引擎 Lycos 诞生了，它属于第二代搜索引擎，将爬虫程序与索引程序结合，具有前缀匹配、网页相关性排序以及网页自动摘要等功能。

1995 年，元搜索引擎的概念被提出。它将用户的检索请求提交给其他多个独立搜索引擎进行检索，再集中各个引擎的返回结果进行分析排序。这种搜索引擎也不是现在意义上的搜索引擎。年底，AltaVista 的出现更新了搜索引擎的定义。它支持自然语言处理，并且具有高级的搜索语法。

1998 年，Google 出现，搜索引擎又添加了更多方面的功能，增加了对链接的分析。

国内搜索引擎起步较晚，但发展很快。1998 年出现的 Openfind 为当时的新浪、Yahoo 等门户网站提供中文搜索服务。1999 年，李兴平创建了类似于 Yahoo 的导航网站 hao123。2000

年,李彦宏创立百度,专注于中文搜索引擎领域,从为搜狐等公司提供搜索服务开始,很快就成为中文网络世界最大的搜索引擎。同年,Google 推出中文简体和繁体服务。2003 年,中文互联网的四大门户(新浪、搜狐、腾讯、网易)分别涉足搜索领域,并先后推出了自己的搜索引擎服务:"爱问""搜狗""搜搜""有道"。

2003 年开始,随着计算智能、数据挖掘领域的快速发展和广泛应用,搜索引擎领域提出了第三代搜索引擎的概念:对万维网中的网页进行更加全面的分析和更深度的数据挖掘,使得其不仅可以产生多个结果,而且使结果更加人性化、智能化、精确化。这一代搜索引擎的目的是让搜索引擎可以更深入地理解用户的需求,并产生更符合用户期望的结果。同时,在第三阶段,搜索引擎的开发也进入了开源搜索引擎的时代。开源搜索引擎为人们提供了透明的搜索引擎,可以根据各种需求对其扩展,对第三代搜索引擎的发展有着重要意义。

第三代搜索引擎之后,又出现了以互动搜索、多模搜索、移动搜索等为中心的新的发展高潮。多模交互搜索是指搜索引擎应用到更加广泛的领域,如图片、视频等多媒体的搜索以及返回结果格式的多样化,结果不仅仅是相关的链接,也包括图片、视频等格式。其中,移动搜索随着移动客户端对于搜索引擎的需求应运而生,移动搜索给用户提供了更好的体验,使得用户可以更加便捷地进行信息检索。

1.3 搜索引擎的分类

搜索引擎经过长时间的发展,目前主流的搜索引擎分为四大类:全文搜索引擎、目录搜索引擎、元搜索引擎、垂直搜索引擎。

1. 全文搜索引擎

全文搜索引擎是当前的主流的搜索引擎,其代表是 Google 及百度等第二代商用搜索引擎。全文搜索引擎是针对万维网所有网页进行全文检索的搜索引擎。由信息采集系统以某种策略自动地在万维网上搜集网页,并且全文搜索引擎的索引系统为采集到的网页的每个词都建立索引,索引的内容包括在文档中出现的位置和次数。它允许用户提交查询关键词,搜索引擎在所有的网页上进行全文查询匹配,返回给用户与查询关键词相关的网页。该类搜索引擎的优点是信息量大、更新及时、不需要人工干预;缺点是返回信息过多、有很多无关信息、用户需要对结果进行筛选。

2. 目录搜索引擎

目录搜索引擎又叫作分类目录搜索引擎。它通过人工操作,将收录到的网站分门别类地进行整理,形成树型的目录结构。用户通过树型的目录,在各级目录下进行信息的查找。因此,它是通过目录导航的方式为用户提供搜索服务。其最具代表的是 Yahoo 和国内的hao123。该类搜索引擎收录的网站通常质量都比较高,但收录的范围有限,这种方式的可扩展性不强。

3.元搜索引擎

　　元搜索引擎不需要收集网页，也没有建立自己的索引库。它是将用户的查询请求同时向多个通用的搜索引擎递交，然后将多个搜索引擎返回的检索结果进行去重和重新排序等处理，并将处理后的结果返回给用户。由于元搜索引擎后面调用的通用搜索引擎是全文搜索引擎，因此元搜索引擎的服务方式也是面向网页的全文检索。这类搜索引擎的优点是返回结果的信息量大，缺点是不能够充分使用原搜索引擎的功能用户需要做更多的筛选。其代表是国外的 Web Crawler，国内的 360 搜索等。元搜索引擎的优点是方便简单快捷，可以同时使用多个搜索引擎，缺点是没有自己的数据库。多数元搜索引擎都依赖于几个独立搜索引擎，通常不支持这些搜索引擎的高级搜索功能。当其他独立搜索引擎发生故障、中断内容提供后，元搜索引擎也会受到相应影响。同时，元搜索引擎需要提交搜索请求到多个独立的搜索引擎，所以相对而言搜索速度会稍慢。元搜索引擎示意图如图 1-2 所示。

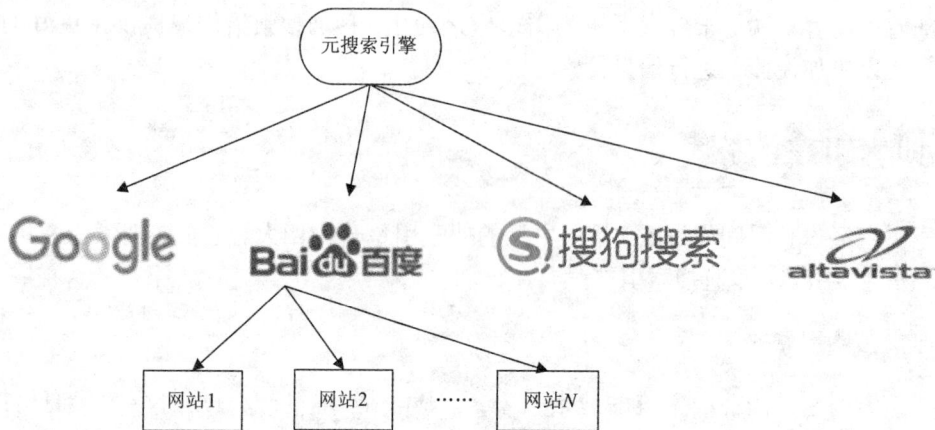

图 1-2　元搜索引擎示意图

4.垂直搜索引擎

　　垂直搜索引擎是针对某一个行业的专业搜索引擎，是对网页库中的某类专门的信息进行一次整合，定向分字段抽取出需要的数据进行处理后再以某种形式返回给用户。垂直搜索是相对通用搜索引擎的信息量大、查询不准确、深度不够等提出来的新的搜索引擎服务模式，针对某一特定领域、某一特定人群或某一特定需求提供的有一定价值的信息和相关服务。

1.4　搜索引擎的基本架构

　　大部分搜索引擎都有共同的基础技术结构，这个基础技术结构能够根据具体的应用需求进行调整。在本小节我们主要围绕着搜索引擎的基本架构进行介绍。

1.4.1 主要性能需求

搜索引擎的基本架构是搜索引擎的各软件组件、组件提供的接口以及各组件之间的联系。架构的设计用于保证搜索引擎系统能够满足互联网上信息检索应用需求或目标。因此在设计搜索引擎的架构前，我们先定义搜索引擎的需求。

随着万维网信息的飞速增长，传统的查询方法无法为网民提供有效的服务。万维网的发展迫切地要求有一种快速、全面、准确且稳定可靠的信息查询方法。搜索引擎恰好满足了人们在互联网上查找信息的需求。

衡量搜索引擎性能的基本指标主要有以下五项：查全率、查准率、响应时间、死链比率及索引库更新频率。

1. 查全率

查全率又称召回率，是搜索引擎检索到的相关结果数量与存在于数据库中的相关信息数量的比值，是搜索引擎性能的衡量指标中最基本的。例如，在搜索引擎中查询"XML"，如果网页索引库中包含"XML"这个关键词的网页数为 M，而实际检索出的网页是 M 个中的 X 个网页，那么查全率为 $X/M \times 100\%$。

查全率影响着搜索引擎检索结果的全面性，较低的查全率意味着有很大可能会遗漏用户真正需要的信息，这样的搜索引擎便相对没有使用的价值。因此提高查全率是十分必要的。

2. 查准率

查准率又称精确度，是搜索引擎检索结果中与查询内容相符合的结果数与全部返回结果数的比值。例如，在搜索引擎中查询"XML"，在实际检索出来的 N 个网页中，只有 Y 个网页与查询"XML"相关，那么查准率为 $Y/N \times 100\%$。

查询结果和查询条件的相关性越强，查准率就越高。查准率越高，用户获取的符合搜索意图的结果就越多，这有利于用户对信息的进一步筛选。不过对于同样的查询内容，用户期望搜索引擎返回的搜索结果不尽相同，这使得返回结果与关键词是否相关难以界定。因此，一般在确定查准率时，以返回结果与检索内容的合理意思是否相近来确定信息的相关性。

3. 响应时间

响应时间，是从用户提交查询内容开始到界面返回查询结果的等待时间。尽管其中有着系统外在因素的影响，但其主要还是由搜索引擎自身决定，比如索引模型、排序算法、查询缓存的命中率等。显然，在同等查全率与查准率的前提下，更短的响应时间更受用户青睐。有调查表明，当今公开的搜索引擎的响应速度都在秒这个量级以下，商用搜索引擎的查询速度到达了毫秒级，并且能够支持大规模用户的同时访问。

4. 死链比率

死链比率，是返回结果中死链所占的比率。死链指无法访问的链接地址，按形成原因分为协议死链和内容死链两种。搜索引擎检索到死链是由爬虫或者索引库没有及时更新造成的。如果搜索时返回的内容死链占有率高，用户的搜索体验将是十分糟糕的。因此降低死链比率是设计搜索引擎时应该考虑的一个重要因素。

5.索引数据库更新频率

我们已经了解到,用户在查询时获取的信息是从搜索引擎的索引库中获取的,这是事先已经存储好的数据。因此,索引库的更新频率直接关系到用户能否及时获得网络中最新的信息,同时也作用于失效信息的过滤。索引库的更新是通过爬虫定期访问网页,获取更新的页面,抓取新的网页,删除失效的链接等。在爬虫更新过网页库之后,搜索引擎要根据更新的网页库对索引库进行更新。

当然,随着网络的发展与普及、搜索技术的提升,以上标准对于一个搜索引擎来讲都是比较基础的。更多衡量搜索引擎的标准,比如实时检索性能、用户负担、重复信息返回的过滤等都是设计搜索引擎体系结构时的考量因素。

1.4.2   总体架构

搜索引擎系统通常由以下五个部分组成:网络爬虫、解析器、索引器、检索器、用户接口。

(1)爬虫(web crawler):用于发现文档,并且使这些文档能够被搜索到。尽管有时候系统可以仅仅使用已有的文档集合,但这样往往信息量不够大。通常信息采集组件通过爬行(crawling)互联网、企业内部的文件等其他信息资源来建立多个文档集合。

(2)解析器(analyzer):用于对爬虫获取的页面信息进行加工预处理。通常需要对网页进行页面分析、过滤标签、抽取链接,将页面信息抽取转换成索引项或者特征。索引项存储在索引表并且用于搜索,最简单的索引是一个词。由于信息抽取有着不同的原理,索引模型也对需要获取的数据有不同的要求,所以对于不同的系统,涉及的信息分析的相关技术也有所不同。

(3)索引器(indexer):用于对处理过的信息建立索引并存入到索引库中。处理好的信息通过索引器进一步分析处理并按照一定的索引模型存入到索引库中。

(4)检索器(searcher):用于根据用户输入的关键词,从索引库中查询并按照打分顺序返回搜索结果。检索器通过对用户的关键词进行分词等处理,生成查询请求,从索引库中获取匹配结果,并按照排序规则进行排序,向用户返回排序结果。

(5)用户接口(user interface):用于为用户提供查询界面。用户接口主要提供了一个用于输入关键词进行查询的界面,并返回页面排序结果,使得用户的信息获取过程更加亲和。

根据上述架构,我们可以描述搜索引擎的工作流程,如图1-3所示。搜索引擎系统通过爬虫不断地从互联网中获取网页信息并存入到本地的网页库中。爬虫需要定期的启动来不断更新网页库,获取更新的页面,过滤掉无效的链接。网页库中的信息通过解析器的处理成为可以被索引的结构化数据。经过加工的数据经索引器进一步分析处理,按指定的索引方法构建出搜索引擎的索引库,索引库同样也需要进行定期的更新。用户在使用时,通过用户接口输入进行查询,并对输入内容进行分词后提交查询请求,检索器从索引库中获取匹配的页面。页面按照一定的优先级排序算法进行排序后,返回给用户接口以供浏览。

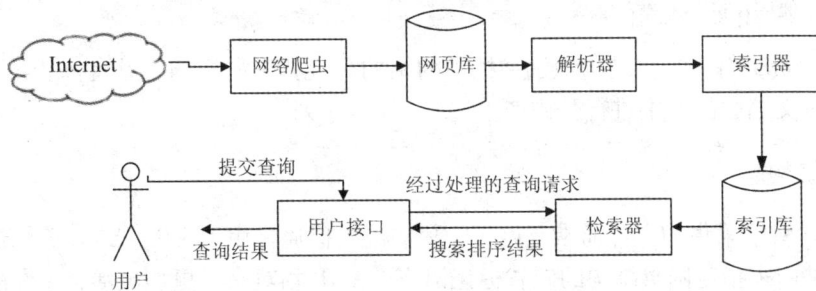

图 1－3 搜索引擎体系结构与工作流程

1.5 搜索引擎的主要组件及其功能

上一小节描述了搜索引擎的基本架构，从该基本架构可以看出，搜索引擎的主要组件有网络爬虫、解析器、索引器、检索器及用户接口。这些主要的组件基本涵盖了大部分搜索引擎的最主要的功能。本小节主要围绕着这些组件进行介绍，让读者更细致地了解每个组件的功能。

1.5.1 网络爬虫

在搜索引擎中，信息采集组件像个爬虫一样爬行（crawling）在互联网上抓取网页或其他文件等，来建立多个文档集合。因此，通常我们把信息采集组件叫作爬虫。

在互联网上，网页之间是通过超链接连接在一起形成一张巨大的网。网页上的超链接一般简称为 URL，是互联网资源存放位置的标准地址。因此，爬虫通过网页上的超链接一个接一个地访问网页，在互联网进行广泛的遍历，同时通过超链接抓取网页信息，并且将其下载下来作为网页快照存放在本地。通常网络爬虫从种子链接开始不断地抓取各个页面的数据，并且根据种子链接对应页面上的链接抽取新链接，逐一访问。

由于互联网上很多网页每天或每小时都在发生变化。因此，对于爬虫而言，需要定义刷新频率，定时抓取网页内容更新本地的网页快照。爬虫在抓取网页时，也会检测重复或近似重复的页面，然后进行适当的处理。同时，互联网上的网页成千上万，而爬虫每天下载的网页有限，这意味着爬虫的设计者必须对爬虫架构进行优化，并且需要对资源下载方式及下载性能进行全面考虑，以保证在最短时间内下载更多的互联网信息。除此之外，还需要考虑互联网资源的持续可访问性等一系列问题。

网络爬虫不仅可以对整个互联网上的页面进行爬取，还可以定制爬取范围。网络爬虫的抓取任务可以限制在一个单独的站点，在该站点内进行站内搜索（如中南大学网站的站内搜索）。网络爬虫也可以根据内容定义网络爬虫的抓取范围，如旅游搜索引擎的爬虫只抓取与旅游相关的网页信息。

1.5.2　解析器

解析组件负责解析文档结构识别文档中的结构化元素，如标题、图表、超链接和页首文字等，并且对文档中的文本进行分词产生词（tokens）序列。

1. 文档结构解析

由于搜索引擎采集的文件通常是网页，其文档结构通常由 HTML，XML 等标记语言来指定。HTML 是用来指定网页结构的缺省标记语言。XML 相对来说更加灵活，是许多实际应用系统中使用的数据交换格式。网页中 HTML 和 XML 都使用标签（tag）来定义文档的元素（clement），例如，＜h2＞Search＜h2＞定义"Search"是 HTML 文档中的二级标题。文档解析器需要使用标记语言中的句法（syntax）知识来识别文档的结构。在分词时，标签和其他控制序列必须进行相应的处理。

2. 分词

分词（tokenizing）是该项处理中的第一个重要步骤，是指计算机将字符串准确分成词串的过程。在英文中，词简单的定义是由空格分开的字母与数字构成的字符串。然而，这并没有告诉我们如何处理那些特殊的字符，如大写字母、连接符和单撇号。"apple"和"Apple"是一样的吗？"on – line"是一个词还是两个词？"O'Connor"中的单撇号可以看作和所有格是等价的吗？同时，英文中还存在一个词干（stem）的提取，就是将同一个词干得到的派生词进行归类。例如，"fish""fishes""fishing"可以归为一类。如果用户提交查询"fishing"，系统检索返回的文档中包含的是"fish"的其他词形的词，这样的检索结果并不是特别合适。搜索引擎对词干的处理主要集中在对复数形式的处理上。中文里，没有词干的提取，它没有像英文那样明显的词之间的分隔符，需要特定的分词算法对中文进行分词。我们在第 3 章会介绍中文分词的工作。无论中文还是英文，都存在着停用词，停用词是所有文档集合中出现次数比较多、没有多大语义的词，如英文中的"the"等冠词，中文中的"的""地""得"等。在搜索引擎中需要对采集的网页进行停用词处理，减少索引的大小。

3. 超链接的抽取和分析

在对文档进行解析的过程中，网页中的超链接和锚文本可以很容易地被识别抽取出来。抽取出来的超链接和锚文本可以记录在文档数据库中，并且可以和文本内容分开索引。网络搜索引擎通过链接分析（inks analysis）算法，广泛地利用超链接和锚文本这些信息计算页面的重要度。锚文本（anchor text）是网络链接上可以点击的文本，可以用来提高链接所指向网页的文本内容对用户的吸引力。对于有些类型的查询，这两类信息可以最大程度地改善网络搜索的效果。

4. 信息抽取

信息抽取主要用于识别更加复杂的索引项，而不是一个单独的词。这些索引项可能是某个命名实体、实体间的关系、需要各种信息抽取的算法进行实体识别和实体关系的抽取。例如，命名实体识别器能够可靠地识别，如人名、公司名称、日期和地名等信息。

5. 分类聚类

分类是给文档分配事先定义好的类别标签，这些标签代表性地表达主题的类别，如"体育""政治""商业"。也可以用于判定一个文档是否是垃圾文档以及识别文档中的非内容部分，如广告。聚类技术用于在没有事先定义类别标签的基础上，将相关的文档聚集在一起。在排序或用户交互过程中，聚类和分类算法的应用可以大大缩小查找范围，提高查找速度。

1.5.3 索引器

索引是一种用于数据快速查找的数据结构。例如，我们经常使用的图书馆检索目录。索引的价值在于在最短的时间内获得最相关、最时效的资讯。对搜索引擎而言，要在数十亿的网页中筛选出用户通过搜索词搜索的互联网资源，通过依次遍历获得最相关的网页是不可能的，从工程应用角度来说则不具备可行性，主要是由于时间性能和资源访问效率不允许。

索引器是利用解析器输出的文档—词项信息转换为词项—文档信息，创建索引或者数据结构，以便于实现快速的搜索。在一些应用系统中，文档的规模很大，索引的创建在时间和空间上都必须是高效的。当有新文档加入文档集合时，索引表必须能够高效地更新（updated）。通常索引所需要的数据包括索引项在各文档中出现的次数（索引项可以是词或者是其他更加复杂的特征）、索引项在文档中出现的位置、索引项在一组文档（如所有标记为"计算机"的整个文档集合）中出现的次数以及按照词的数量统计的文档长度。倒排索引（inverted index），也称为倒排文件（inverted file），是到目前为止搜索引擎使用得最普遍的索引表。在倒排索引中，每一个索引项都含有一个列表，列表中包含那些含有该索引项的所有文档。倒排索引的设计在一定程度上依赖于采用的排序算法。

索引器不仅要考虑索引结构，而且也要考虑索引的分派机制。分布式处理是网络搜索引擎效率的基础。索引器将索引分发给多台计算机，很可能是网络中的多个站点。通过分派文档子集的索引表，索引和查询处理都可以并行进行。复制（replication）是分派的一种形式，索引表或部分索引表存储多个站点，由此查询处理能够通过减少通信延迟进一步提高效率。

1.5.4 检索器

检索器主要是根据用户的查询，快速地在索引库中检索文档。对检索到的文件进行相关度评价，并且根据相关度对检索到的文件进行排序，并能按用户的查询需求合理反馈信息。通常检索器采用某种排序算法来计算文档的分值，并且将文档根据分值从高到低地排列组成列表返回给用户。所有的排序算法都建立在某种检索模型基础上。研究者们提出了很多种检索模型及其排序算法，包括最经典的 BM25 检索模型和基于机器学习的各种排序算法。

检索器为了快速地计算并比较得到文档的分值确定文档的排序，需要进行性能的优化，以降低系统的响应时间，提高查询吞吐量。性能的优化涉及排序算法和相关联的索引表的设计。在排序算法中，对文档打分的方式主要有两种：一种方式是分值可以通过对某个查询词存取索引表进行计算。计算该词对文档分值的贡献度，将该贡献度的值填加到一个分值累加器中，然后存取下一个索引，该方法叫作"term at-a-time"分值计算方法；另一种方法是对于所有的查询词项同时存取有的索引表，通过在索引表中指针的移动来找到出现这些词项的某一个文档，以此来计算值，这种方法叫作"document-at-a-time"分值计算方法。对这两种方法可以进一步优化，以便大幅度地降低计算排序靠前文档所需要的时间。安全的（safe）优化方式，能保证计算得到的分值和没有经过优化的分值相同。不安全的（unsafe）优化方式，有的时候计算速度更快，但不能保证结果和未经优化结果相同。因此，谨慎地评价优化方式的影响是很重要的。

由于搜索引擎本身是个典型的分布式应用，索引本身可以分布式存储，所以检索器本身提供缓存机制。对于大多数用户来说，经常使用的查询或索引项可以存放在缓存中直接调用，同样，前一个查询得到的排好序的文档列表也可以保留在缓存中直接调用，以提高查询速度。

1.5.5 用户交互接口

用户交互接口提供了搜索用户和搜索引擎之间的接口。用户交互接口的一个功能是接收并将它转换为索引项，另一个功能是从搜索引擎得到一个排好序的文档列表，并将其织成搜索结果显示给用户。例如，包括生成概括文档的摘要（snippet）来对检索到的文档内容进行概括。同时，该组件还提供一些技术，用于完善用户的查询，以便更好地反映用户需求的信息。

每个搜索引擎都有自己的查询语言。查询语言中包括了少量的操作符，用于指出文本需要进行特殊方式处理。布尔型的查询语言在信息检索中有着较长的历史。在这种查询语言中使用的操作符包括 AND、OR、NOT，以及一些临近操作符，用于指出词必须在规定的距离内符合一定的出现规则。当用户提交了搜索请求后，用户交互接口会对搜索请求根据自身的查询语言进行解析，确定查询策略。

同时，用户交互接口对搜索请求进行分词、去停用词处理，部分搜索引擎对英文关键词会进行词干提取处理。通过这些操作将查询请求解析为与文档一致的索引词。

拼写检查和查询扩展也是用户接口的功能。用户交互接口会对用户输入的查询进行拼写检查，并且对拼写错误进行纠正，形成规范的查询描述。查询扩展是对查询进行推荐或增加一些额外的词项。相关反馈是一种查询扩展技术，利用用户认为相关的文档中出现的词项对查询进行扩展。

常用的用户交互接口形式主要有网页站点、移动应用和桌面助手。网页站点是基于传统的方式采用 HTML 搭建的网站，用户通过网站上的网页进行搜索获得搜索结果。传统的搜索引擎采用的是这种用户交互接口。移动应用则是在基于移动操作系统上的提供搜索服务的应用，也是各大互联网企业争夺的领地，如手机百度、搜狗的搜索客户端等。桌面助手是智能时代的一种新的搜索方式，如微软公司的桌面应用 Cortana、百度公司的百度桌面应用等。无论采用何种形式，基本功能都是一致的，都是接受用户的查询请求，返回用户查询界面。

1.6 开源搜索引擎

一般用户上网使用的搜索引擎是商业搜索引擎，如百度、Google 等，它们的搜索引擎核心技术是不对外开放的。不同于商业搜索引擎，开源搜索引擎是指源代码公开的搜索引擎。开源搜索引擎的出现为大家了解搜索引擎机制、建立搜索应用提供了很大方便。目前已有的开源搜索引擎有十几种，本书主要介绍主流的三种搜索引擎。

1. Lucene

Lucene 是 Apache 软件基金会 Jakarta 项目组的一个子项目，是一个开放源代码的全文检索引擎工具包。1997 年由 Doug Cutting 开始，目前已成为各个国家的数百个开发者共同参与的全球项目。Lucene 是迄今为止最成功的开源搜索引擎。

Lucene 以模块化和可扩展性闻名，它可以为搜索引擎应用提供丰富的底层 API 接口。它允许开发者定义自己的索引以及检索规则和公式。在底层，Lucene 的检索框架基于字段（field）这一概念：每一文档都是字段的集合，如页面标题、内容、URL 等。这使得它对于文档的不同部分给予不同的权重，通过权重调整文档不同部分的查询重要性。

Lucene 提供了索引与检索的 API，利用这些 API，开发者可以进行自己搜索引擎的开发。图 1-4 列出了 Lucene 的结构和源码组织结构图。表 1-1 列出了 Lucene 包和其对应的功能。

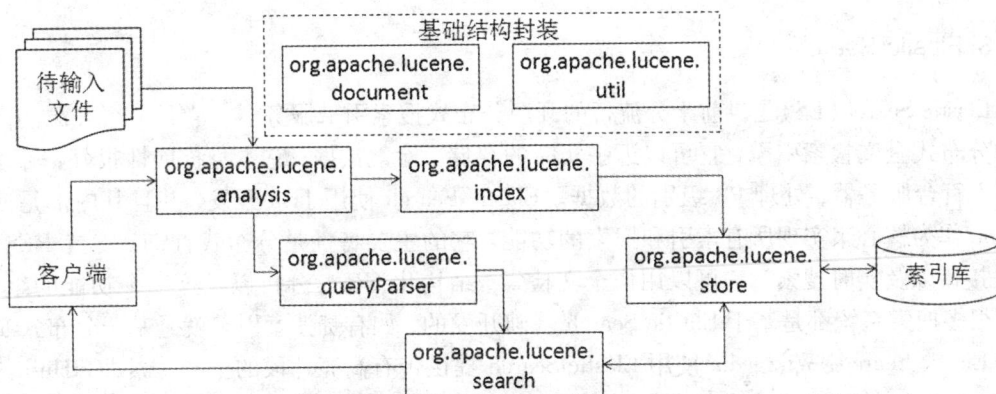

图 1-4　Lucene 系统结构及源码组织结构图

表 1-1　Lucene 包结构功能表

包名	功能
org. apache. lucene. analysis	语言分析器，主要用于分析文档、建立索引文本
org. apache. lucene. document	索引存储时的文档结构管理
org. apache. lucene. index	索引管理类，包括建立、删除索引等
org. apache. lucene. QueryParser	查询分析器，实现查询关键词间的运算
org. apache. lucene. search	检索管理器，根据查询条件来检索获得结果
org. apache. lucene. store	数据存储管理，包括一些底层的 I/O 操作
org. apache. lucene. util	为 Lucene 提供了一些公用类支持

2. Sphinx

Sphinx 是以 C++开发基于 SQL 的开源全文搜索引擎，是目前比较主流的开源搜索引擎之一。它的目的是为其他应用提供高速、低空间占用、高结果相关度的全文搜索功能，使得应用程序更容易实现专业化的全文检索。Sphinx 为 MySQL 也设计了一个存储引擎插件，可以非常方便地访问数据库，同时 Sphinx 提供了通过脚本语言搜索的 API 接口，如 PHP，Python、Perl、Ruby 等。Sphinx 提供了优秀的相关度算法，基于短语相似度和统计（BM25）的复合 Ranking 方法，支持高速建立索引、高性能的搜索和分布式搜索。

相比较于 Lucene，Sphinx 在建立索引时所需时间较少，但是索引文件比 Lucene 要大，即 Sphinx 采用的是空间换时间的策略。在全文检索速度方面，二者相差不大。全文检索精确度方面，Lucene 要优于 Sphinx。另外，在加入中文分词引擎的难易程度上，Lucene 要优于 Sphinx。

3. Elastic Search

Elastic Search（ES）是目前十分流行的开源分布式搜索引擎服务器。它是一个开源的高扩展的分布式全文检索引擎，它可以近乎实时的存储、检索数据；它本身扩展性很好，可以扩展到上百台服务器，处理 PB 级别的数据。Elastic Search 使用 Java 开发，并且其内部是使用 Lucene 作为核心来实现所有索引和搜索的功能。它的主要特性是分布式查询，支持 RESTful Web 接口以及实时搜索。它可以用作全文检索、结构化搜索、分析以及这三个功能的组合，当前很多搜索系统都是基于 Elastic Search 基础开发的，如有赞搜索引擎就是基于分布式实时引擎 Elastic Search，Wikipedia 使用 Elastic Search 提供带有高亮片段的全文搜索，GitHub 使用 Elastic Search 对 1300 亿行代码进行查询。

尽管 Elastic Search 内部是用 Apache Lucence 实现索引中数据的读写，但是与 Lucene 的不同之处是，它是为分布式搜索服务的。Elastic 本质上是一个分布式数据库，允许多台服务器协同工作，每台服务器可以运行多个 Elastic 实例。单个 Elastic 实例称为一个节点（node）。一组节点构成一个集群（cluster）。搜索引擎的索引库可以分解成多个小索引，每个小索引可以分布在不同的节点上，实现分布式索引。

本章小结

搜索引擎是信息检索技术在大规模文本集合上的实际应用，目的是解决用户在互联网上对海量信息的搜索的问题。尽管搜索引擎从出现到现在只有短短的 30 年，但是已经有了快速的发展，形成了一套完整的体系结构。本章首先对信息检索与搜索引擎的关系、搜索引擎的历史、分类进行了总体介绍；对搜索引擎的基本架构、主要组件和功能进行分析，使得读者对搜索引擎有初步的了解。同时对当前主流的开源搜索引擎进行分析比较，为读者掌握搜索引擎机制提供了很好的途径和素材。

习题

1. 什么是搜索引擎?

2. 搜索引擎与信息检索之间的关系是什么?

3. 目前主流的搜索引擎分为哪几大类?

4. 搜索引擎由哪些组件组成? 每个组件有哪些功能?

5. 本书介绍了三种主流的搜索引擎,请大家调查一下还有哪些开源的搜索引擎。给出每个搜索引擎的简短描述,并总结它们之间的区别。

6. 在 Lucene 的代码中,找出一些本章描述的搜索引擎组件的实例。

7. 用若干用于网络搜索引擎的查询,确保这些查询的长度不同,尝试在某些查询中详细而准确地说明你要找什么信息。写出一个报告,以准确率为指标,短查询比长查询的效果相比如何?

8. 在两个商业网络搜索引擎中提交多个查询,并通过相关判断比较前 10 个结果。写出一个报告,回答以下问题:(1)结果的准确率如何?(2)两个搜索引擎结果的重叠状况如何?(3)其中一个搜索引擎明显比另一个搜索引擎好吗? 并分析原因。

第 2 章　信息采集

由于在互联网上充斥着数以万计的网页，如果当用户提价搜索引擎时，需要到互联网上搜索抓取相关网页，则效率太低、查询响应时间太长。搜索引擎面临的第一个问题是设计一个高效的网络爬虫系统，将海量的网页数据下载到本地，在本地形成互联网网页的镜像备份。因此，网络爬虫是搜索引擎的关键组件，解决了获取要搜索的信息的一个重要问题：如何将数据从它存储的地方取出来并交给搜索引擎。

2.1　网络爬虫的概述

网络爬虫，又叫网页蜘蛛，是一种按照一定的规则，自动地抓取万维网信息的程序或者脚本。网络爬虫抓取下来的网页将用于索引和搜索。网络爬虫是搜索引擎最重要的组件，是现代搜索引擎取得成果的关键。本小节主要对网络爬虫进行整体概述，介绍网络爬虫的功能特点、通用架构和网络爬虫的分类。

2.1.1　网络爬虫的功能特点

尽管在不同的搜索引擎中，网络爬虫有不同的应用需求，但所有网络爬虫的目标都是尽可能高效地采集更多数目的有用页面，并同时获得连接这些页面的链接结构。这里我们主要介绍网络爬虫通用的功能特点。我们将网络爬虫的功能特点分成两类：一类是网络爬虫必须提供的功能特点；另一类是网络爬虫应该提供的功能特点。

网络爬虫必须要提供的功能特点是鲁棒性和礼貌性。

1. 鲁棒性

Web 中有些服务器会制造网络爬虫陷阱(spider traps)，这些陷阱服务器实际上是 Web 页面的生成器，它能在某个域下生成无数网页，从而使网络爬虫陷入一个无限的采集循环中去。网络爬虫必须要能从这类陷阱中跳出来。

2. 礼貌性

Web 服务器具有一些隐式或显式的政策来控制网络爬虫访问它们的频率。设计网络爬虫时必须要遵守这些代表礼貌性的访问策略。

网络爬虫需要提供的功能特点有：性能和效率、质量、新鲜度、功能的可扩展性、分布式的支持及规模的可扩展性。

3. 性能和效率

网络爬虫应该能够充分利用不同的系统资源，包括处理器、存储器和网络带宽等。

4. 质量

在应答用户查询需求时，大部分 Web 网页的质量都很差，因此网络爬虫应该优先考虑抓取"有用"的网页。

5. 新鲜度

在很多应用中，网络爬虫都处于连续工作状态中，也就是说它们应该要对原来抓取的网页进行更新。只有这样，搜索引擎才能保证其索引中包含索引网页的较新版本。对于这种连续式采集来说，网络爬虫应该能够以接近网页更新的频率来采集网页。

6. 功能的可扩展性

网络爬虫的设计要能支持其在很多方面进行功能扩展，比如可以处理新的数据格式、新的抓取协议等。这就要求网络爬虫的架构高度模块化。

7. 分布式的支持

支持在多台机器上进行页面的抓取。

8. 规模的可扩展性

在增加额外的机器和带宽的情况下，网络爬虫的架构应该允许实现采集率的提高。

2.1.2 网络爬虫通用架构

不同类型的搜索引擎对网络爬虫都会有不同的应用需求，如垂直搜索引擎需要网络爬虫采集某个领域的网页信息，全文搜索引擎需要网络爬虫可以在整个互联网上采集各种网页信息。不同的应用需求导致了网络爬虫的不同结构。但不同网络爬虫存在一些共性，本小节主要围绕网络爬虫的通用架构进行介绍。

网络爬虫技术已经发展了十几年，已经形成了相对成熟、稳定的整体通用框架。图 2 - 1 所示是一个通用的爬虫框架。

从图 2 - 1 可以看出，一个简单的网络爬虫由多个组件构成，主要模块有 DNS 解析、网页抓取、网页分析、URL 去重。整个网络爬虫的具体工作流程如下：

(1) 首先在互联网页面中人工地精心选取一些链接地址作为种子 URL，并将这些种子 URL 放入待抓取 URL 队列中。

(2) DNS 解析模块从待抓取的 URL 队列头部读取抓取的 URL，解析 DNS，得到主机的 IP 地址。

(3) 网页抓取模块根据 IP 地址及其对应路径将 URL 对应的网页下载下来，存储到已下载网页库中。

(4) 网页分析模块对已抓取的 URL 进行分析，提取出该 URL 对应网页上的超链接 URL。

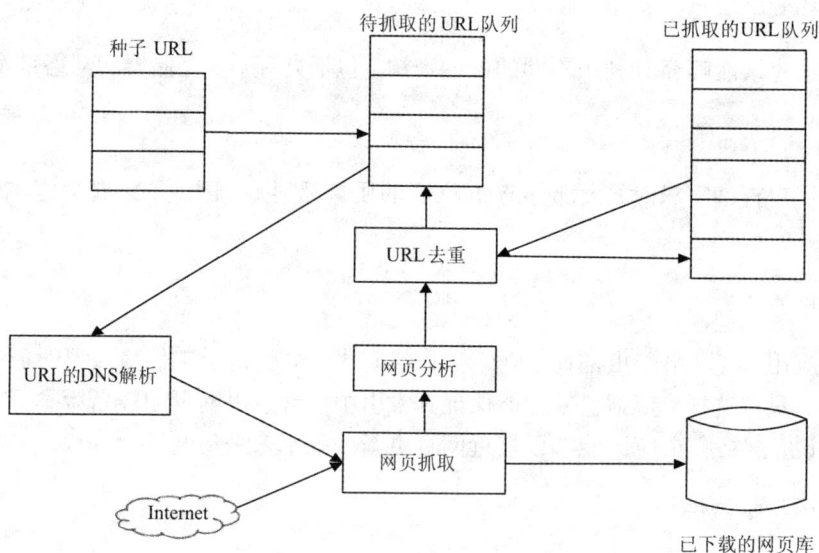

图 2 - 1   网络爬虫通用架构

（5）通过 URL 去重模块确定某个抽取出的链接是否已在待抓取的 URL 队列中或者最近是否已抓取。如果未抓取过并且未在待抓取的 URL 队列中，则将其放在待抓取的 URL 队列尾部。

（6）将这些已下载的 URL 放入已抓取 URL 队列中，避免网页的重复抓取。

反复执行，直到遍历整个网络或者满足某种条件后，网络爬虫才会停止下来。

根据网络爬虫框架中的待抓取队列、已抓取队列和网页的生存周期，互联网的所有页面也可以分为五个部分：

（1）已下载未过期网页：爬虫已经从互联网下载到本地进行索引的网页集合，并且这些网页在互联网上仍然存在。

（2）已下载已过期网页：由于互联网网页不断动态更新，导致爬虫下载下来的页面可能在互联网上已经不存在。这类网页就是已过期的网页。

（3）待下载网页：待抓取 URL 队列中的网页。

（4）可知网页：还没有抓取下来，也没有在待抓取 URL 队列中，但是可以通过对已抓取页面或者待抓取 URL 对应页面进行分析获取到 URL。

（5）不可知网页：爬虫无法直接抓取下载的网页。

由图 2 - 2 可以看出，由于互联网容量太大，对于很多页面网络爬虫无法发现，可能永远也找不到，这部分所占比例很高。通过图 2 - 2 的分类，我们可以很清楚地理解网络爬虫的工作及面临的挑战。

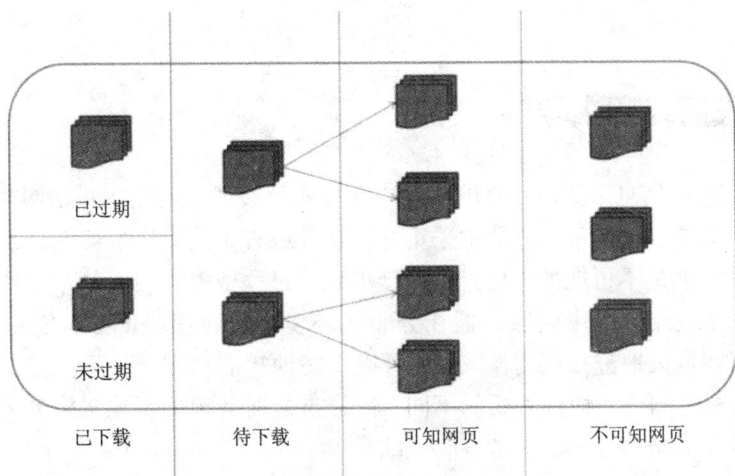

图 2 - 2 互联网网页划分

2.1.3 网络爬虫分类

尽管大多数的网络爬虫采用的都是图 2 - 1 中的通用爬虫框架流程，但根据不同的应用需求，不同网络爬虫的具体架构也存在差异。通常，我们将常见的优秀爬虫分为三类：

(1) 批量型网络爬虫(batch crawler)：批量型网络爬虫会定义一些抓取的属性对爬虫的抓取进行限制，包括抓取范围、特定目标、抓取时间及数据量的限制等。当爬虫达到限制的目标后就会停止抓取网页。批量型网络爬虫通常是通过定义爬虫爬行时间和周期等规则来周期性批量爬行和抓取页面内容的。

(2) 增量型网络爬虫(incremental crawler)：增量型网络爬虫与批量型网络爬虫不同，它没有限制条件。增量型网络爬虫会持续地抓取网页，因为互联网的网页处于不断变化中，新增网页、网页被删除或者网页内容更改都很常见，而增量型网络爬虫需要及时反映这种变化。与批量型网络爬虫不同，增量型网络爬虫只会爬行新产生或发生更新的页面，并不重新下载没有发生变化的页面，可有效减少数据下载量，及时更新已爬行的网页，减小时间和空间上的消耗，但是增加了爬行算法的复杂度和实现难度。增量型网络爬虫在访问和重新访问网页的过程中，会不断发现新的 URL，同时也会删除过期无用的网页。通用的商业搜索引擎爬虫基本都属于此类。

(3) 聚焦型网络爬虫(focused crawler)：与其他类型的网络爬虫不同，聚焦型网络爬虫所下载的网页只与某些主题内容相关，或只属于某个特定行业。比如对于旅游网站来说，只需要从网页里找到与旅游相关的页面内容，其他行业的内容不在考虑范围。聚焦型网络爬虫一个较大的特点和难点是需要自动判断一个页面是否与某个特定的主题或行业相关。文本分类技术可以用来自动判断网页是否与主题相关。一个页面被下载之后，爬虫使用分类技术确定该页面是否与给定的主题相关。如果相关，则保留该页面，而该页面中的超链接则用于发现其他相关的站点。页面上超链接的锚文本和与页面上超链接相邻的文字是对主题相关性判定的重要信息。锚文本信息和与页面上超链接相邻的文字可以组成特征集合，与分类算法结合在一起,用于确定爬虫接下来采集的页面。通常在垂直搜索网站或者垂直行业网站需要此类爬虫。

2.2 分布式网络爬虫架构

对单个网站进行信息采集时,使用一台计算机就足够了。但是在互联网时代,网上的数据呈指数增长,单单通过在单服务器中采用并行计算或者多线程技术实现对整个网络的大规模数据抓取,基本上是不可能的。因此,在爬虫设计过程中需要利用分布式计算对网络爬虫的任务进行分解,利用集群中的服务器在分布式环境中快速获取资源。依靠分布式计算平台,不仅能够高效持久地进行数据抓取,还可以动态地扩展机器,保证容灾。根据在分布式集群中,不同的机器间分工协同方式的不同,将分布式网络爬虫实现架构分为两种,即主从分布式结构和对等式分布结构,二者各有优缺点。

2.2.1 主从分布式结构爬虫(master – slave)

主从分布式结构是指由一台主机作为控制节点,负责对所有运行网络爬虫的主机(爬行节点)进行管理。控制节点负责维护和访问待抓取的 URL 队列,并且将待抓取的 URL 分发给其他爬行节点。爬行节点只需要从控制节点那里接收任务,并把新生成的任务提交给控制节点。控制节点不仅需要维护待抓取的 URL 队列以及分发 URL,还要负责调解各个 Slave 服务器的负载情况,以免某些 Slave 服务器过于清闲或劳累。在这个过程中,爬行节点之间并不进行各种通信,而控制节点需要与所有爬行节点进行通信,它需要一个地址列表来保存系统中所有爬行节点的信息。这种方式实现简单、利于管理。当系统中的爬行节点数量发生变化时,协调者需要更新地址列表里的数据,这一过程对系统中的爬虫是透明的。主从分布式模式的整体结构图如图 2 – 3 所示。

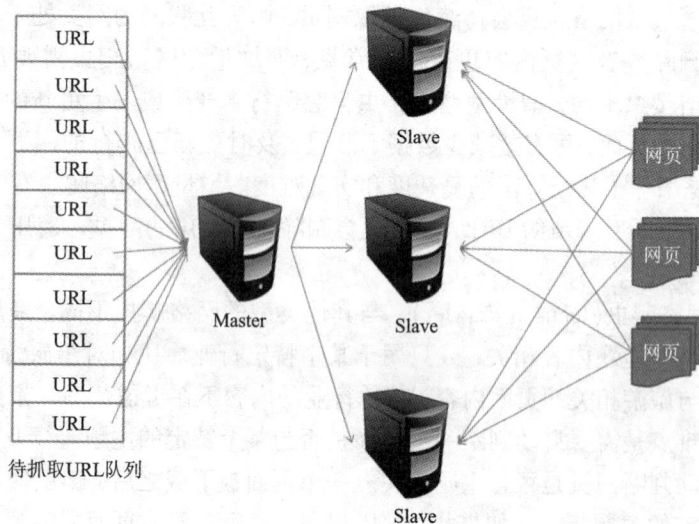

图 2 – 3 主从分布式爬虫结构图

Google 在早期采用这种主从分布式结构爬虫，在这种架构中，控制节点是核心。随着抓取网页数量的增加，控制节点会成为整个系统的瓶颈而导致整个分布式网络爬虫系统性能下降。如果控制节点出现故障，那么整个系统就会崩溃。

2.2.2 对等分布式结构爬虫（peer to peer）

在对等式分布爬虫体系中，服务器之间不存在分工差异，每台服务器承担相同的功能，各自负担一部分 URL 的抓取工作。图 2-4 显示了对等分布式爬虫结构。

每一台抓取服务器都可以从待抓取的 URL 队列中获取 URL。在对等分布式结构中需要通过一定的规则保证每台抓取服务器获取的 URL 不同，通常使用的规则是哈希取模方式。在这种方式下，每一台抓取服务器都可以从待抓取的 URL 队列中获取 URL。对该 URL 的主域名进行哈希运算，获取 Hash 值 H，然后计算 $H \bmod m$（其中 m 是服务器的数量，以图 2-4 为例，m 为 3），计算得到的数就是处理该 URL 的主机编号。例如，假设对于网站 "www.sina.com"，计算器 Hash 值 $H = 7$，$m = 3$，则 $H \bmod m = 1$，因此由编号为 1 的服务器进行该链接的抓取。假设这时候是 0 号服务器拿到这个 URL，那么它将该 URL 转给服务器 1，由服务器 1 进行抓取。

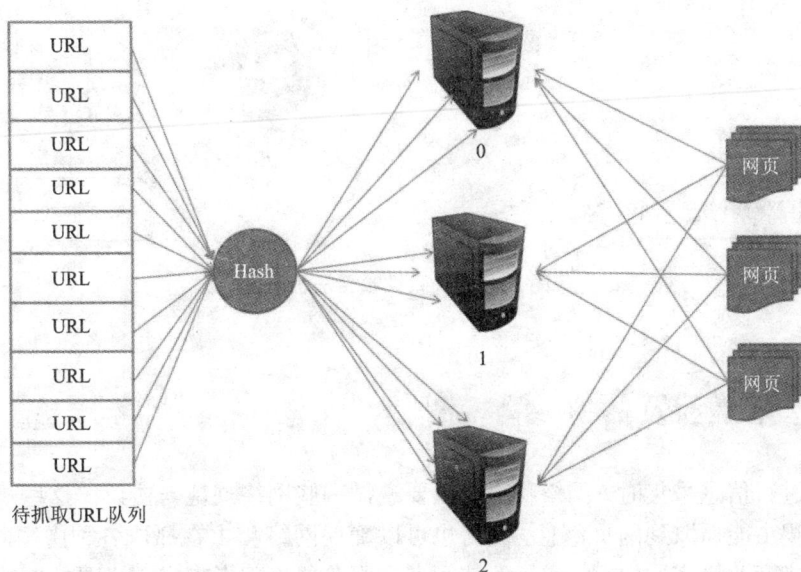

图 2-4 对等分布式爬虫结构图

这种模式存在一个问题，即扩展性不佳。当某一台服务器死机或者添加新的服务器时，所有 URL 的哈希求余结果都会变化。针对这种情况，一种改进方案被提出来确定服务器分工：一致性哈希法。

一致性哈希法对 URL 的主域名进行哈希运算，映射在一个范围为 $0 \sim 2^{32}$ 的某个数。然后将这个范围的哈希值平均地分配给 m 台服务器，并且按哈希值从小到大的顺序组成有序的循环队列。大量的网站主域名会被均匀地哈希到这个数值区间。根据主域名哈希值所处的范围判断是哪台服务器来进行抓取。如果某台机器坏了，那么原本由该服务器负责的网页则按照顺时针顺延，沿着循环队列移到下一台服务器。如图 2-5 所示，4 台服务器组成了一个有序循环序列：0→1→2→3→0。如图 2-5 中的网络"www.sohu.com"，本来是由编号为 2 的服务器进行该链接的抓取，但该服务器恰好出现故障，则沿着循环队列下移到编号为 3 的服务器抓取，而 3 也出了问题，就再下移到编号为 0 的服务器。这样，可以及时发现哪台服务器出现问题，同时也不会影响其他的工作。

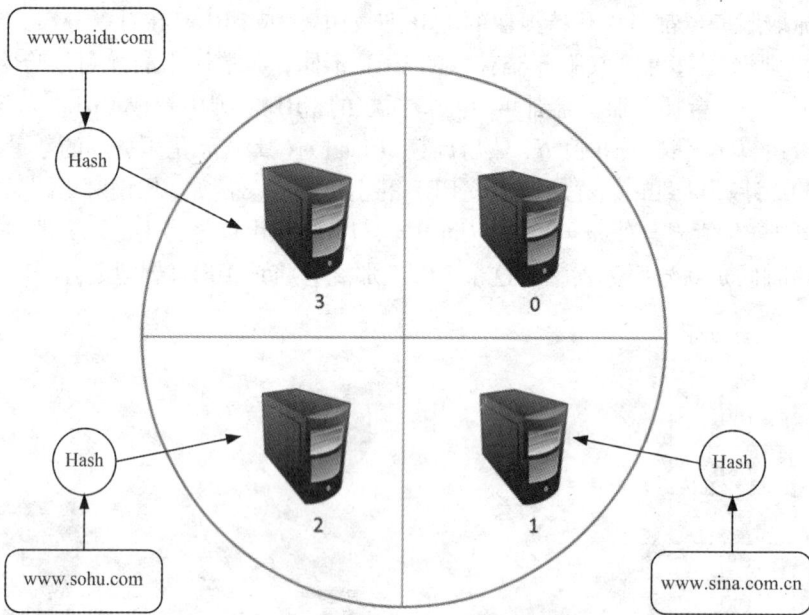

图 2-5   一致性哈希法示意图

2.3   信息采集涉及的协议

互联网进行信息采集时，网络爬虫必须要遵循一些网络规范与协议。这些规范与协议可以确保网络爬虫能抓取到网页信息，同时也可以确保网络爬虫在抓取各种内容时，不抓取涉及个人隐私或商业机密的内容，避免给使用者和服务器管理者带来不必要的困扰与纠纷。本小节主要是介绍爬虫在进行信息采集时涉及的各种协议。

2.3.1   URL 规范和 HTTP 协议

在 Web 上，每一种信息资源都有统一的且唯一的地址，该地址就叫 URL（uniform resource locator），它是 Web 的统一资源定位标志，就是指网络地址。URL 由三部分组成：协议方案、存放资源的主机名及资源文件名，如图 2-6 所示。

每个网页存储在网络服务器上，都是使用超文本传输协议（hypertext transfer protocol，HTTP）来和客户端软件交换信息的。目前互联网上使用的绝大多数 URL 都以 https 开始，https 是以安全为目标的 HTTP 通道，是由 SSL + HTTP 协议构建的可进行加密传输、身份认证

https：// zhidao . baidu . com / question / 44567084 . html

https 协议方案	zhidao . baidu . com 主机名	/ question / 44567084 . html 资源

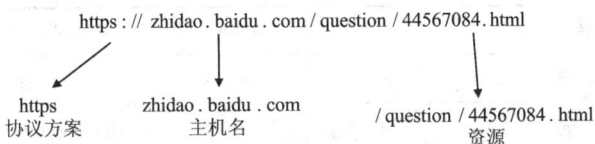

图 2 - 6　统一资源定位器(URL)切分为三个部分

的网络协议,它是在 HTTP 协议下面加入了 SSL 层。图 2 - 6 所示的 URL 地址指出该 URL 表示的资源可以使用 HTTP 协议进行抓取。接下来的主机名(hostname),是保存该网页的网络服务器的计算机名。图 2 - 6 中,zhidao. baidu. com 是百度公司的一台主机,该 URL 指向这台主机上的一个页面/question/44567084. html。

网络浏览器和网络爬虫是两种不同的网络客户端,但它们都以相同的方式来获取网页。通常,由 HTTP 客户端发起一个请求,创建一个到服务器指定端口的 TCP 连接,HTTP 服务器则在那个端口监听客户端的请求。

常见的 HTTP 请求是 GET 请求,例如,GET /question/44567084. html HTTP/1.1。

客户端程序也可以通过使用 POST 请求获取网页。一旦收到请求,服务器便会向客户端返回一个状态,比如"HTTP/1.1 200 OK"以及返回内容。服务器也可以返回其他的状态码,根据状态可以判断请求是否成功,如 100 ~ 299 的号码指示成功;3 开头(请求被重定向)表示要完成请求,需要进一步操作。通常,这些状态代码用来重定向。400 ~ 599 的号码指示是错误状态,其中"404"是网页不存在的状态码。例如,维基百科网站采用了 HTTP 协议"301 Moved Permamemtly"来将 en. wikipedia. org/wiki/william_shakespeare 重定向到 en. wikipedia. org/wiki/William_Shakespeare。如果遇见返回的状态是"404",则表示"网页不存在",那么爬虫不会抓取该网页。

2.3.2　User Agent

User Agent 中文名为用户代理,简称 UA,它是一个特殊字符串头,它是 HTTP 协议的一个字段,使得服务器能够识别客户使用的操作系统及版本、CPU 类型、浏览器版本、浏览器渲染引擎、浏览器语言、浏览器插件等。

一些网站常常通过判断 UA 来给不同的操作系统、浏览器发送不同的页面,因此这可能会造成某些页面无法在某个浏览器中正常显示。网站对爬虫身份的检查也是基于"UA"进行验证。从爬虫的角度讲,需要自行在访问的头部加入用户代理的相关信息。网站通过 UA 可以检测出是否来自于浏览器的请求。此外,一些网站还会对主流搜索引擎的爬虫加入白名单,允许它频繁访问,而其他爬虫则不行。爬虫可以自行设定用户代理,在标准爬虫中,需要在用户代理中加入爬虫的名称,如百度搜索爬虫:Mozilla/5.0(Comatible;BaiduSpider/2.0;+http：//www. baidu. com/search/spider. html)。

百度各个产品会使用不同的 UA,表 2 - 1 是百度搜索引擎各产品对应的用户代理。

表 2 - 1　百度产品对应的 UA

产品名称	对应 UA
无线搜索	Baiduspider
图片搜索	Baiduspider – image
视频搜索	Baiduspider – video
新闻搜索	Baiduspider – news
百度搜藏	Baiduspider – favo
百度联盟	Baiduspider – cpro
商务搜索	Baiduspider – ads
网页以及其他搜索	Baiduspider

2.3.3　Robots 协议

Robots 协议是 Web 站点和搜索引擎爬虫交互的一种方式，全称为"网络爬虫排除协议"。爬虫协议里约定了网站中哪部分数据可以被抓取，哪部分数据允许被抓取，以及哪些爬虫不被允许访问该网站。Robots 协议的内容是一个"robots.txt"文件，它放在网站的根目录中，例如，http：//www.w3.org/robots.txt。

"robots.txt"文件包含一条或多条记录，这些记录通过空行分开(以 CR、CR/NL、or NL 作为结束符)，每一条记录的格式如下所示：

< field >：< optionalspace > < value > < optionalspace >

在该文件中可以使用#进行注释，具体使用方法和 UNIX 中的惯例一样。该文件中的记录通常以一行或多行 User Agent 开始，后面加上若干 Disallow 行和 Allow 行，详细情况如下：

(1)User Agent：该项的值用于描述搜索引擎爬虫的名字。在"robots.txt"文件中，如果有多条 User Agent 记录，说明有多个爬虫会受到该协议的约束。所以，"robots.txt"文件中至少要有一条 User Agent 记录。如果该项的值设为 ∗ (通配符)，则该协议对任何搜索引擎 robots 均有效。在"robots.txt"文件中，"User Agent：∗"这样的记录只能有一条。

(2)Disallow：该项的值用于描述不希望被访问到的一个 URL，这个 URL 可以是一条完整的路径，也可以是部分的，任何以 Disallow 开头的 URL 均不会被 robot 访问到。任何一条 Disallow 记录为空，说明该网站的所有部分都允许被访问。在"robots.txt"文件中，至少要有一条 Disallow 记录。如果"robots.txt"是一个空文件，则对于所有的搜索引擎 robots，该网站都是开放的。

(3)Allow：表示允许访问的位置或目录。某网站的 robots.txt 文件如下：

User – agent：∗

Disallow：/cgi – bin/

Disallow：/tmp/

Allow：/

当爬虫访问某个网站时，它会首先检查该站点根目录下是否存在"robots.txt"，如果该文件不存在，那么爬虫就沿着链接抓取；如果存在，爬虫就会按照该文件中的内容来确定访问的范围。访问的范围由当前爬虫的 Disallow 集合和 Allow 集合来确定。

网站之所以设定"robots. txt"，也是基于其保护网站本身用户隐私的需要，保障用户隐私不被侵犯。作为爬虫，需要尊重网站的意愿并帮助其保护用户的隐私。

基于此，爬虫除遵守爬虫协议之外，还应注意避免在高峰期抓取网站流量，减少网站负荷。

2.4　页面遍历

互联网是一个通过超链接连接起来的巨大网络。网络爬虫通过访问这些超链接对互联网上的网页进行广泛地遍历。网络爬虫每次都是从待抓取的 URL 队列中选择 URL 采集网页信息的。网络爬虫的抓取策略，就是利用不同的方法确定待抓取 URL 队列中 URL 的排列顺序。爬虫的抓取策略主要有宽度优先遍历、深度优先遍历和重要度优先遍历。

2.4.1　宽度优先遍历策略

宽度优先遍历策略是一种横向搜索策略。它的基本思路是：从一系列的种子节点开始，把这些网页中的"种子节点"（也就是超链接）提取出来，放入待抓取的 URL 队列中；从待抓取的 URL 队列头部选择一个链接网页进行下载分析，将该网页中发现的所有链接 URL 直接插入待抓取 URL 队列的末尾；然后再从待抓取的 URL 队列头部选择其中的一个链接网页，继续抓取在此网页上的所有链接，并且也将其插入待抓取 URL 队列的末尾，依次循环。

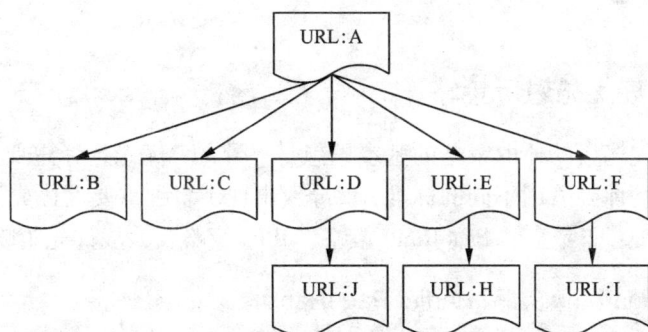

图 2-7　普通的网页链接关系图

以图 2-7 为例，从待抓取 URL 队列中取出网页 A。解析网页 A，将网页 A 上的链接放入待抓取 URL 队列，待抓取 URL 队列变成 {F, B, C, D, E}。再从待抓取 URL 队列中取出网页 F，解析网页 F，将网页 F 上的链接 I 放入待抓取 URL 队列，待抓取 URL 队列变成 {B, C, D, E, I}。爬虫会继续从待抓取 URL 队列头部取出网页 B 进行解析，网页 B 上没有链接，再从待抓取队列中取出网页 C，依次循环。最后网页遍历的顺序为：A－F－B－C－D－E－I－J－H。

为了尽可能覆盖更多的网页，目前使用最广泛的页面遍历策略是宽度优先遍历策略，它适合于全网搜索的爬虫。它的主要优点如下：

（1）重要的网页往往离种子站点比较近，采用宽度优先算法总是能提前抓取这些重要的网页。

（2）万维网的实际深度最多能达到17层，但到达某个网页总存在一条很短的路径，而宽度优先遍历会以最快的速度到达这个网页。

（3）宽度优先有利于多爬虫的合作抓取，多爬虫合作通常先抓取站内链接，抓取的封闭性很强。

2.4.2　深度优先遍历策略

深度优先遍历策略是一种纵向搜索策略。它是指网络爬虫会从起始页开始，一个链接接着一个链接地跟踪下去，按深度方式纵向处理完一条链接支线，再返回最开始的网页重新选择一个新的链接进行抓取，继续跟踪链接。深度优先遍历策略是早期搜索引擎常用的策略。

我们以图2－7为例，从待抓取URL队列中取出网页A。解析网页A，因为F是A上的第一个链接URL，那么爬虫将F放入到待抓取URL队列中。接着，解析网页F，将F上的链接I放到待抓取的URL列表中。当A→F→I这条路径执行完了后，再执行下条路径。因此，基于图2－7，网页遍历的顺序为A－F－I－B－C－D－J－E－H。

深度优先遍历容易使得爬虫数据在一边倾斜，并且不容易保证采集网页的宽度。因为Web结构相当深，有可能造成一旦进去，就再也出不来的情况发生，从而导致爬虫的陷入（trapped）问题。同时由于深度优先遍历会沿着某个种子页面的一条链接路径一直遍历下去，而离种子页面距离越远，链接的网页质量就越差，这会导致最终抓取的网页质量很差。目前爬虫通常采用的页面遍历策略是宽度优先和重要度优先方法。但深度优先遍历适合于垂直搜索和站内搜索的爬虫。

2.4.3　重要度优先遍历策略

基于重要度优先遍历的抓取策略的基本思想是一致的：优先选择重要网页进行抓取。但由于对网页的重要性评判采用不同的标准，就导致出现了多种重要度优先遍历策略。目前主流的遍历策略有三种：非完全的PageRank策略、OPIC策略及大战优先策略。

1. 非完全的PageRank策略（Partial PageRank）

PageRank算法是一种著名的网页重要度计算方法，它是全局的，需要对全网的网页进行计算PageRank值，该值越大说明该网页越重要。非完全的PageRank策略是借鉴了PageRank算法的思想，不同的是它不在全网范围内计算重要度。它将已经下载的网页，连同待抓取URL队列中的URL，形成一个网页集合，在该集合范围内计算每个页面的PageRank值。计算完之后，将待抓取URL队列中的URL按照PageRank值的大小排列，并按照该顺序抓取页面。

虽然PageRank可以计算网页重要度，但是PageRank是一种离线的计算方法，在一次计算过程中不能加入新的页面，如果每次抓取一个页面，就要重新计算PageRank值。并且PageRank计算过程是一个迭代过程，需要较长的计算时间，因此并不适合于网络爬虫的URL调度，不适合动态地决定URL的抓取顺序。

一种折中方案是：每抓取 K 个页面后，就重新计算一次 PageRank 值。但是这种情况还会有一个问题：新下载的页面中所包含的链接之前在未知网页那一部分，因此这些链接没有 PageRank 值，但是很有可能这些链接的重要性非常高，应该优先下载。对于这些新抽取出来但是又没有 PageRank 值的网页，非完全 PageRank 赋予它们一个临时 PageRank 值，把这个网页的所有入链传入的 PageRank 值汇总，作为临时 PageRank 值。如果这个值比待抓取的 URL 队列中已经计算出来 PageRank 值的网页高，那么优先下载这个 URL。

2. OPIC 策略(On - line Page Importance Computation)

该算法又叫作在线页面重要程度计算，它实际上也是对页面的重要性进行打分。在算法开始前，给所有页面一个相同的初始现金(cash)。当抓取了某个页面之后，该页面的 cash 会平均地分配到该页面链接指向的所有页面，并且将该页面的现金清空，使得整个网络图中总的 cash 量是个定值。基于 OPIC 的网络爬虫在抓取过程中将以待抓取页面累积的 cash 的多少为依据，对于待抓取 URL 队列中的所有页面按照现金数进行排序。爬虫优先抓取 cash 数量最多的页面。

与 PageRank 相比，OPIC 思想与 PageRank 基本相似，都是根据链接信息计算重要度。不同之处在于其 OPIC 不需要迭代，可以快速实时计算。同时，PageRank 在计算时，存在向无链接关系网页的远程跳转过程，而 OPIC 没有这一计算因子。实验结果表明，OPIC 是种较好的重要性衡量策略，效果略优于宽度优先遍历策略。开源爬虫 Nutch 中使用了 OPIC 作为默认的 URL 调度策略。

3. 大战优先策略

对于待抓取 URL 队列中的所有网页，根据所属的网站进行分类。对于待下载页面数较多的网站，优先下载。其本质思想倾向于优先下载大型网站。因为大型网站往往包含更多的页面，并且大型网站往往是著名企业的内容，其网页质量一般较高，所以这个思路虽然简单，但是有一定依据。这个策略也因此叫作大站优先策略。

Baeza - Yates 等人(2005)通过实验，对宽度优先遍历、非完全的 PageRank 策略、OPIC 策略及大战优先策略进行了比较。实验结果表明大战优先策略效果最好，要优于 OPIC 策略、宽度优先遍历策略及非完全的 PageRank 策略。

2.5 页面更新

互联网最显著的特征是其具有动态性，每时每刻时都会有新页面出现，页面的内容也可能随时被更改或删除。Ntoulas 等人(2004)在一年内跟踪了 154 个网站的变化，得出每周新页面出现率约为 8%，新链接的出现率为 25%；删除率也很高，一年后，仅有 20% 的初始网页仍在使用。在搜索过程，有时我们会遇见这种情况：当搜索引擎根据某个关键词返回结果列表，我们点击结果列表中某个 URL 时，发现该网页已被删除，而搜索引擎仍然按其旧有内容排序，仍将其作为搜索结果提供给用户，从而影响用户体验效果。所以网络爬虫必须不断地对互联网上的网页进行抓取，尽可能保证下载网页的内容与互联网的内容同步。本小节主要就页面更新策略和爬虫更新方式进行阐述。

2.5.1　网页更新策略

网页更新策略的任务是决定何时要对之前已经下载过的网页重新进行爬取，尽可能使得本地下载网页和互联网原始页面内容保持一致。因此，爬虫需要不断地对它已经爬取过的网页进行访问，看它们是否发生变化。

传统的方式是采用基于 HTTP 协议头的内容分析，一般形式的 HTTP 协议如图 2 − 8 所示。

```
HTTP/1.0200OK
Date:Mon,31Dec200104:25:57GMT
Server:Apache/1.3.14(Unix)
Content-type:text/html
Last-modified:Tue,17Apr200106:46:28GMT
Etag:"a030f020ac7c01:1e9f"
Content-length:39725426
Content-range:bytes554554-40279979/40279980
```

图 2 − 8　HTTP 协议典型的响应消息

HTTP 返回的响应信息中有个字段 Last − modified 列出了页面内容最后一次修改的时间。网络爬虫每次抓取时将响应中获取的 Last − modified 保存起来，并将上次响应中的 Last − modified 值与这次响应的 Last − modified 值进行比较，确定页面是否发生变化。

这种方法的优势在于降低了页面检查的开销，但是没有确定何时对页面进行请求和检查。因为每时每分对页面进行检查是不可能的，这会导致网络爬虫和网络连接的负载大量增加。最简单的更新策略就是定期地对网页进行重新访问，每 n 个星期进行一次。但这种策略只适用于不频繁更新的网页，对那些更新频繁且影响较大的网页(如 www.sina.com 及 www.sohu.com 等)，这种策略则无效。

Cho 和 Carcia − Molina 通过对网页更新频率的研究，证明了这些网页的更新频率可以用泊松分布来描述。泊松分布是一种结合统计学与概率论的数据分布理论，描述的是时间和事件发生频率的关系，对于网页更新而言就是网页发布之后的时间和它的频率关系。因此，根据某一个网页的历史更新数据，通过泊松分布进行建模等手段，我们就可以预测该网页的下一次更新时间，从而确定下一次对该网页爬取的时间，即确定更新周期。这里我们定义一个变量页面年龄，它被用来表示页面抓取更新后的时间长度，如果刚被抓取下载的页面年龄是 0，除非该页面发生变化，否则该页面的年龄会逐渐增加，直到该页面被爬虫再次采集，页面的年龄又回到 0。

由于网页的更新遵循泊松分布，这意味着页面下次更新的时间受指数分布支配。假设一个页面的变化频率为 λ，这意味着我们期望该页面在一天的周期内变化 λ 次。我们可以计算出一个页面从上一次采集 t 天之后该页面的年龄期望值，那么年龄变化的公式为：

$$\text{Age}(\lambda, t) = \int_0^t \lambda e^{-\lambda x}(t - x)\,\mathrm{d}x \tag{2 − 1}$$

式中：$(t-x)$ 表示年龄，假定页面在时间 t 被采集，在时间 x 时页面发生变化。图 2 − 9 给出了该表达式的曲线。此处 $\lambda = 1/7$，也就是页面大约每周变化一次。

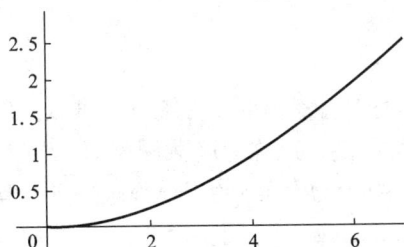

图 2-9　一个页面的平均变化频率 $\lambda = 1/7$（一个星期）时，该页面的年龄期望值

　　泊松分布对网页更新进度进行了预测，解决了大部分网页更新问题，但是仅依赖于泊松分布不能解决所有的问题。更新策略除了需要考虑网页变化的频率和性质外，我们还需要考虑抓取新 URL 所带来的影响。Pandey 和 Olston 对这种影响力定义为：网页出现和即将出现在搜索结果中排名高的位置的次数。可以通过处理已有查询日志来估计网页对查询结果的影响力，对影响力大的网页优先更新。同时分析用户行为（如点击数据），对用户点击次数多的网页也认为是重要网页，优先更新。

2.5.2　爬虫更新方式

　　爬虫更新的工作方式一般分为累计式抓取（cumulative crawling）和增量式抓取（inceremental crawling）。

1. 累积式抓取

　　累积式抓取是指从某个时间点开始，通过遍历的方式抓取系统所能允许存储和处理的所有网页。在理想的软硬件环境下，经过足够的运行时间，累积式抓取的策略可以保证抓取到相当规模的网页集合。但由于 Web 数据的动态特性，集合中网页的被抓取时间点是不同的，页面被更新的情况也不同，因此累积式抓取到的网页集合事实上并无法与真实环境中的网络数据保持一致。

2. 增量式抓取

　　增量式抓取是指在具有一定量规模的网络页面集合的基础上，采用更新数据的方式选取已有集合中的过时网页进行抓取，以保证所抓取到的数据与真实网络数据足够接近。进行增量式抓取的前提是，系统已经抓取了足够数量的网络页面，并具有这些页面被抓取的时间信息。

　　面向实际应用环境的网络爬虫设计中，通常既包括累积式抓取，也包括增量式抓取的策略。累积式抓取一般用于数据集合的整体建立或大规模更新阶段；而增量式抓取则主要针对数据集合的日常维护与即时更新。

2.6 深网抓取

互联网中存在着一些目前搜索引擎爬虫以常规方式难以抓取下来的网页。这些网络爬虫难以抓取的网页，我们称为深层网络（也称为隐藏网络）。这些深层网络（如旅游购物网站）的内容通常从数据库中提取。尽管深层网络的规模很难估计，但属于深层网络的网页所占互联网的比例要远远大于明网（surfacing web）网页。

属于深层网络的大多数站点都可以归为如下三类：

（1）私人站点（private site）。这些站点倾向于隐私内容。没有任何指向它的链接，或者在使用该站点之前，需要使用有效的账号进行注册。这类站点虽然希望它们的内容被主要的搜索引擎索引，但是却通常要求阻止爬虫对页面进行存取，如某些新闻出版商的网站。

（2）表单结果（form result）。这些站点通常在向表单中填写数据之后才能进入，例如人才招聘网站。通常在页面的入口处会询问招聘职位、地点和薪水等信息。在用户提交这些信息后，适合招聘职位的信息才会显示出来。尽管用户可能会考虑使用搜索引擎找到感兴趣的职位，但对大多数爬虫来说，难度比较大。

（3）脚本页面（scripted page）。是使用 JavaScript、Flash 或者其他客户端语言的页面。如果一个链接并不是以 HTML 语言给出，而是通过 JavaScript 动态生成的，那么爬虫必须在该页面上执行 JavaScript 才能找到这个链接。执行 JavaScript 会很大程度地影响爬虫抓取页面的速度，并增加系统的复杂性。

使用表单结果和脚本页面站点的管理员是希望被搜索引擎抓取、索引的。针对这两种情形，一般我们采取提交条件查询或者文本框主动搜索的策略。

1. 提交条件查询

当搜索网站提供多个查询输入框时，每个输入框会表示不同的属性，对每个输入框都须考虑所有可能的属性值。搜索引擎通过对这些属性的组合来缩小搜索范围。Google 提出了"富含信息查询模板"的技术来解决这个问题。对"富含信息查询模板"的定义是：对于固定的查询模板，对模板内的每个属性都赋值，形成不同的查询组合提交给搜索引擎，当返回来的结果内容相差大时，这个查询模板就是富含信息的查询模板。例如，有职位和行业两个属性，其中职位有 3 种不同的赋值，行业有 2 种不同的赋值，则可以产生 6 种查询组合方式。将这 6 种查询提交搜索引擎，观察其返回结果的变化情况，如果大部分返回结果内容相似或者相同，则该查询模板不富含信息，否则可以认为是富含信息的查询模板。

产生这种认识的原因是：如果返回结果重复太多，一种可能是该查询模板维度太高，很多组合并没有搜索结果；另一种可能是构造的查询本身是无效的或者错误的，搜索系统返回了错误的页面。但当查询模板太多时，对于所有查询模板，判断其是否是富含信息的查询模板，往往会降低系统的效率。

为了进一步减少提交的查询模板数量，Google 采用 ISIT 算法。该算法与经典的 Apriori 规则挖掘算法有相似之处，都是从低维向高维扩展。算法的整个过程是：首先对一维模板进行考察，判断其是否是富含信息模板；如果是富含信息模板，则将该一维模板拓展到对应的二维模板，判断扩展的二维模板是否是富含信息模板；如此类推，逐渐增加维数，直到再也找不到富含信息模板为止。

2. 文本框主动搜索

　　文本框主动搜索是在爬虫对目标网站一无所知的情况下，结合人工提示的递归迭代的抓取方式。在上述例子中，首先，人工观察网站提供一个与网站内容相关的初始种子查询关键词表。对于不同的网站需要人工提供不同的词表。其次，爬虫根据初始种子词表，向搜索引擎提交查询，并下载返回的结果。再次，采用文本挖掘方法从返回的结果页面中自动挖掘出相关的关键词，并形成新的查询条件列表，依次将列表中的查询提交给搜索引擎。最后，如此迭代，直到没有新的内容下载为止。通过与人工启发相结合，这种方式能尽可能地覆盖了数据库里面的记录，如图 2 – 10 所示。

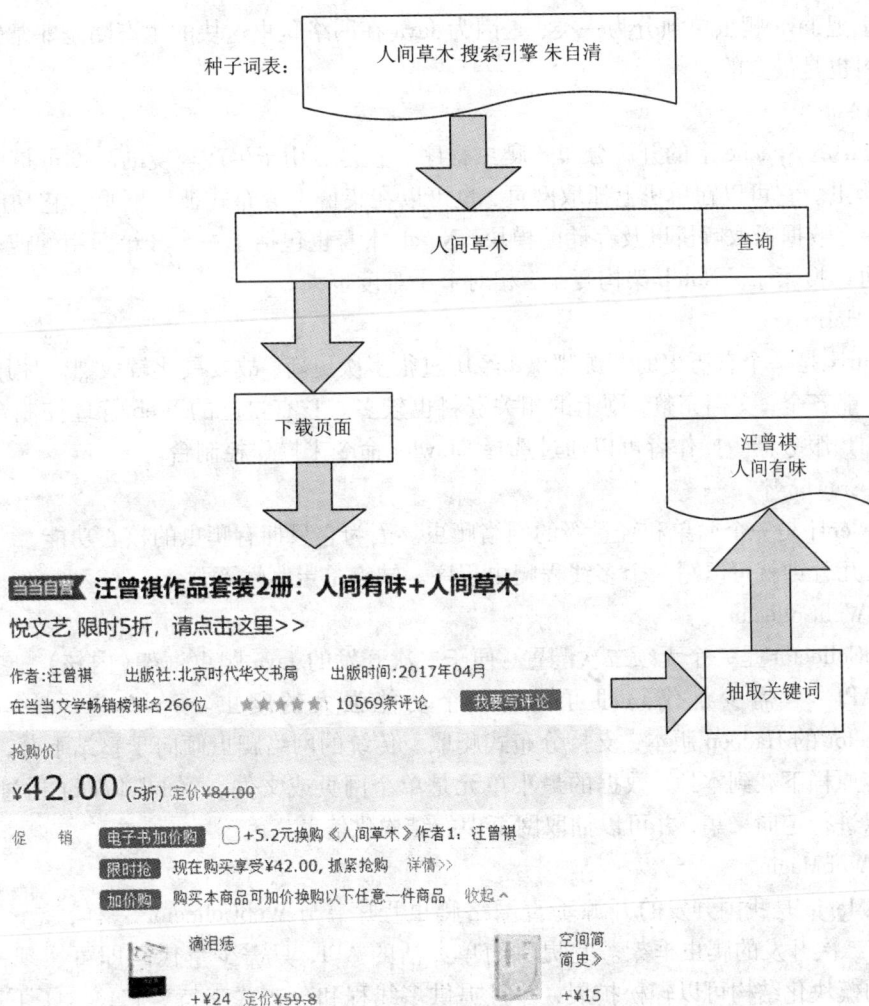

图 2 – 10　文本框自动填写示意图

2.7　开源网络爬虫

目前著名的搜索引擎公司(如 Google 和百度等)都有自己的搜索爬虫,这些都是商业爬虫,不对外公布。目前也有很多开源的网络爬虫框架,用来帮助人们了解爬虫的原理和开发自己的网上信息采集系统。目前主流的开源爬虫有:Nutch,Crawler4j,WebCollector,WebMagic,Scrapy,Pyspider。这些开源爬框架虫都支持多线程、支持代理、能过滤重复 URL 的功能。

根据开发语言,我们可以将爬虫分为两类:基于 Java 开发的爬虫与非 Java 开发的爬虫。

1. 基于 Java 开发爬虫

这里把 Java 爬虫单独分为一类,是因为 Java 在网络爬虫这块的生态圈是非常完善的,相关的资料也是最全的。

(1) Nutch

Nutch 是 Apache 下的开源分布式爬虫程序。它是可用于生产环境的高度可扩展、可伸缩的网络爬虫。它可以在单机上抓取网页,也可以在集群上分布式抓取网页。它功能丰富,文档完整,有数据抓取解析以及存储的模块。Nutch 本身也包括了一个开箱即用的搜索引擎,安装好就可以搜索了。Nutch 架构复杂,相对上手难度也大。

(2) Heritrix

Heritrix 是一个有历史的开源爬虫,经历过很多次更新,故发展比较成熟。使用它的人比较多,功能齐全,文档完整,网上的相关资料也较多。它有自己的 Web 管理控制台,包含了一个 HTTP 服务器。操作者可以通过选择 Crawler 命令来操作控制台。

(3) Crawler4j

Crawler4j 是一个简单和轻量级的网络爬虫。因为它只拥有爬虫的核心功能,所以使用极为简单,几分钟就可以写一个多线程爬虫程序。缺点是定制性不强。

(4) WebCollector

WebCollector 是一个无须二次配置、便于二次开发的 Java 爬虫框架(内核),它可以提供精简的 API,只需少量代码即可实现一个功能强大的爬虫。WebCollector – Hadoop 是 WebCollector 的 Hadoop 版本,支持分布式爬取。传统的网络爬虫倾向于整站下载,目的是将网站内容原样下载到本地,数据的最小单元是单个网页或文件。WebCollector 通过设置爬取策略可以进行定向采集,并可以抽取网页中的结构化信息。

(5) WebMagic

WebMagic 是我国开发的开源垂直网络爬虫程序,与 WebCollector 一样,是一个无须配置、便于二次开发的爬虫框架。它提供简单灵活的 API,只需少量代码即可实现一个爬虫。同时它的模块化结构可以轻松扩展,并且提供多线程和分布式支持。它包含了下载、调度、持久化、处理页面等模块。每个模块用户都可以自己去实现,也可以选择它已经为用户实现好的方案,因此它具有很强的定制性。

2. 非 Java 爬虫

非 Java 爬虫主要是由 Python 和 C++ 语言开发的爬虫。由于 Python 开发上手快，因此，基于 Python 的爬虫学习的难度要小些。与 Python 相比，C++ 爬虫的学习成本会比较大。这里我们主要介绍两种基于 Python 开发的开源爬虫：Scrapy 和 Pyspider。

（1）Scrapy

Scrapy 是一套用 Python 编写的用于抓取 Web 站点，并从页面中提取结构化数据的 Web 数据抓取框架。它是一个异步爬虫框架，基于 Twisted 实现，可运行于 Linux/Windows/MacOS 等多种环境下。它具有速度快、扩展性强、上手快、使用简便等特点。它也提供了多种类型爬虫的基类，如 BaseSpider、Sitemap 爬虫等，最新版本又提供了 Web2.0 爬虫的支持。Scrapy 可以在本地运行，也能部署到云端（scrapyd）实现真正的生产级数据采集系统。

（2）PySpider

PySpider 是用 Python 开发的强大网络爬虫系统并带有强大的 WebUI。它具有分布式架构，支持多种数据库后端。它具有强大的 WebUI 支持脚本编辑器、任务监视器、项目管理器以及结果查看器。

在这些开源的网络爬虫中，没有绝对好的爬虫系统。用户根据自己的采集需求选择最适合的网络爬虫，是自行开发搜索引擎的第一步。表 2-1 对上述介绍的当前主流开源爬虫框架进行了比较。

表 2-1 当前主流开源爬虫框架比较

	语言	上手难度	可扩展性	是否支持分布式	支持 JS 页面抓取
Nutch	Java	难	中	是	不支持
Hetrix	Java	简单	强	否	不支持
Crawler4j	Java	简单	低	否	不支持
WebCollector	Java	简单	强	否	支持
WebMagic	Java	简单	强	否	不支持
Scrapy	Python	简单	强	扩展可支持	不支持
PySpider	Python	简单	强	是	支持

本章小结

网络爬虫是整个搜索引擎的重要组成部分。网络爬虫的架构设计和策略算法的应用直接关系到爬虫的性能。本章对网络爬虫的功能和通用架构进行了详细介绍，并且在通用架构的基础上，将主流的网络爬虫分为批量型网络爬虫、增量型网络爬虫、聚焦网络爬虫三种。在海量信息时代，主流的网络爬虫都采用分布式架构。本章详细地介绍了两种分布架构：主从分布式结构和对等分布式结构。同时对信息采集涉及的协议、页面的遍历策略和页面更新策略进行了详细介绍。针对深网抓取，本章介绍了提交条件查询或者文本框主动搜索的两种策略。本章最后介绍了当前主流的开源网络爬虫，为读者掌握网络爬虫机制提供了很好的材料。

习题

1. 什么是网络爬虫? 网络爬虫分为哪几类?

2. 网络爬虫由哪些组件组成? 请简述网络爬虫的整个工作流程。

3. 查看知名网站的 robots. txt 文件, 有禁止访问的页面和爬虫吗? 为什么?

4. 若一个网页的结构如图 1 所示, 写出分别采用深度优先遍历和宽度优先遍历策略对图 1 进行遍历的结果。

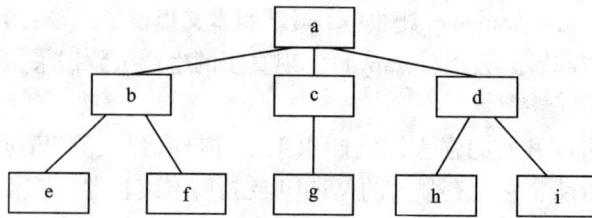

图 1 题 4 图

5. 网页更新策略的任务是什么? 传统的更新策略是什么? 有什么缺陷?

6. 网页爬虫进行网页更新需要考虑哪些因素?

7. 爬虫更新的工作方式有哪些? 在实际的搜索引擎中, 采用哪种工作方式?

8. 本章所描述的深层网络的大多数站点都可以归为哪三类?

9. 除了书上介绍的开源爬虫外, 请大家调查一下还有哪些开源的网络爬虫? 给出对每个爬虫的简短描述, 并总结它们之间的区别是什么。

第3章　文本处理

在搜索引擎系统中，词项是在查询和文档之中建立联系的桥梁，并且最终决定检索和排名的效果。在搜索引擎系统中，建立索引需要将每个文档分成一系列的词项序列，并且将它插入到为搜索而建立的倒排索引中。同时在查询时，查询也会相应地做处理，得到一系列查询词。查询词在索引库中进行查找查询词所在的文档。文本处理是指将网络爬虫搜集到的文本进行预处理，产生词项序列，以便进行网络信息检索的下个流程——索引处理。本章主要围绕文本处理的各种关键技术进行阐述。

3.1　文本信息提取

互联网上不仅存在着网页，而且也存在着各种类型的文件。无论网页与文件，除了文档内容外，都还存在着一些格式数据。对于网页，不仅存在格式数据，还存在着一些垃圾内容，我们称为"噪声"。本小节主要围绕着如何去除格式信息、去除噪声，如何提取文本信息进行阐述。

3.1.1　网页数据获取

网页数据获取的本质是从网页所包含的无结构或半结构的信息中识别出感兴趣的信息，并将其转化为更为结构化、语义更为清晰的格式。目前对网页进行信息抽取有许多种技术手段，主要包括基于归纳学习的信息抽取、基于 HTML 结构解析的信息抽取、基于 Web 查询的信息抽取、基于自然语言处理的信息抽取、基于模型的信息抽取和基于本体的信息抽取。其中，基于 HTML 结构解析的信息抽取的特点是将 Web 文档转换成反应 HTML 文件层次结构的解析 DOM(document object model，文档对象模型)树，如图 3 - 1 所示，通过自动或半自动的方式产生抽取规则。

网页的 HTML 文档由 HTML 元素定义，即图 3 - 1 中提到的"head"等，一篇完整的 HTML 文档由嵌套的 HTML 元素构成。

常见的元素及其描述如表 3 - 1 所示。

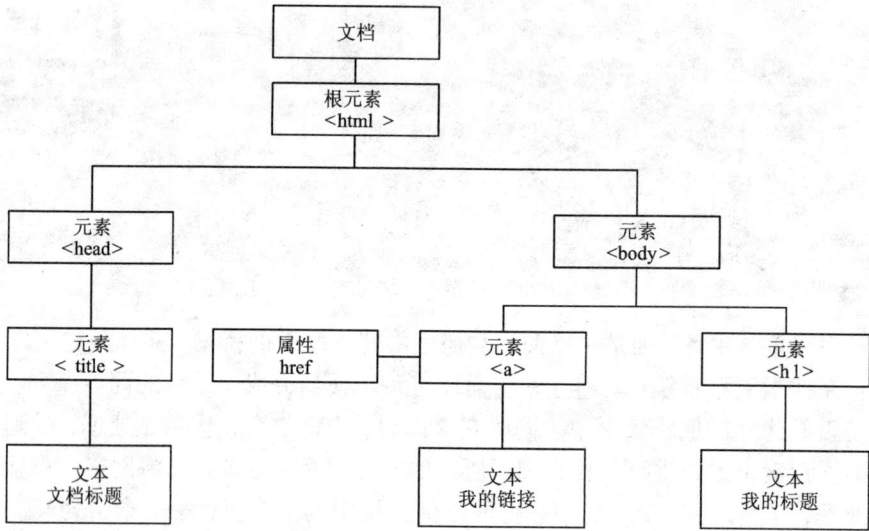

图 3 - 1   DOM 结构树

表 3 - 1   Html 的部分标签说明

元素	描述
head	定义关于文档的信息
title	定义文档的标题
meta	定义页面的元信息
body	定义文档的主体
h1 ~ h6	定义标题, h1 定义最大的标题, h6 定义最小的标题
p	定义文档的一个段落
a	定义链接的 url 地址

下面以人民网实际新闻页面为例来更具体地了解网页元素的实际意义。图 3 - 2 显示了人民网某网页的页面截图, 图 3 - 3 显示了该网页的部分代码样例。

提取网页信息即需要提取上述例子中所示的 < title > </title > 标签中的文章标题和 < p > </p > 标签中的段落, 简洁的 HTML 界面利用正则表达式就可以提取网页信息。而实际的网页 HTML 文档中除了上述的标签, 还包含着大量的其他标签, 如 HTML 注释区、CSS 样式表区、引用的网页样式链接等, 这些称之为噪声信息, 还有一类噪声是页面上可见的, 如导航栏、广告栏等。因此对于搜索引擎, 还需要进行噪声过滤。

HTML 文件中的部分噪声可以通过有特定的标签或者一些规则进行识别, 如 < script > </script > 代表脚本区, < style > </style > 代表样式区, <! – – – –! > 代表 HTML 注释

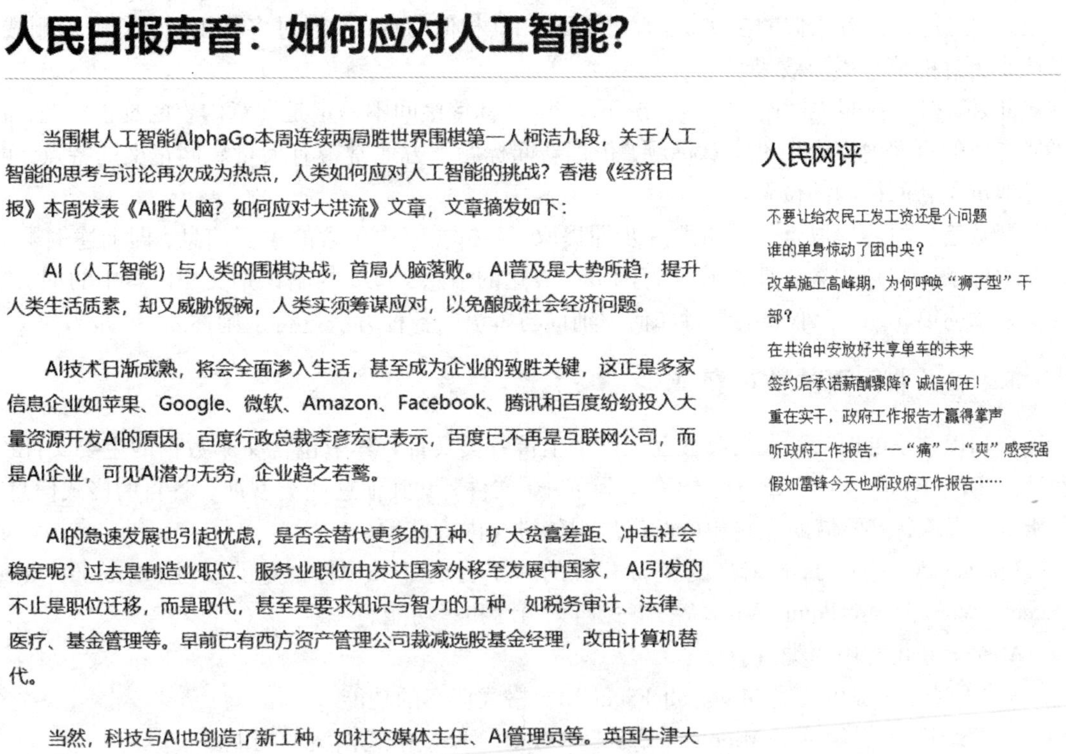

人民日报声音：如何应对人工智能？

当围棋人工智能AlphaGo本周连续两局胜世界围棋第一人柯洁九段，关于人工智能的思考与讨论再次成为热点，人类如何应对人工智能的挑战？香港《经济日报》本周发表《AI胜人脑？如何应对大洪流》文章，文章摘发如下：

AI（人工智能）与人类的围棋决战，首局人脑落败。AI普及是大势所趋，提升人类生活质素，却又威胁饭碗，人类实须筹谋应对，以免酿成社会经济问题。

AI技术日渐成熟，将会全面渗入生活，甚至成为企业的致胜关键，这正是多家信息企业如苹果、Google、微软、Amazon、Facebook、腾讯和百度纷纷投入大量资源开发AI的原因。百度行政总裁李彦宏已表示，百度已不再是互联网公司，而是AI企业，可见AI潜力无穷，企业趋之若鹜。

AI的急速发展也引起忧虑，是否会替代更多的工种、扩大贫富差距、冲击社会稳定呢？过去是制造业职位、服务业职位由发达国家外移至发展中国家，AI引发的不止是职位迁移，而是取代，甚至是要求知识与智力的工种，如税务审计、法律、医疗、基金管理等。早前已有西方资产管理公司裁减选股基金经理，改由计算机替代。

当然，科技与AI也创造了新工种，如社交媒体主任、AI管理员等。英国牛津大

人民网评

不要让给农民工发工资还是个问题
谁的单身惊动了团中央？
改革施工高峰期，为何呼唤"狮子型"干部？
在共治中安放好共享单车的未来
签约后承诺薪酬骤降？诚信何在！
重在实干，政府工作报告才赢得掌声
听政府工作报告，一"痛"一"爽"感受强
假如雷锋今天也听政府工作报告……

图 3 - 2　人民网的某个网页截图

```
<! DOCTYPE HTML>
<html>
<head>
<meta  charset  ="utf-8  ">
<title　人民日报声音：如何应对人工智能？-- 观点-- 人民网
</title>
……
</ head>
<body>
<div  class="clearfix  w1000_320  text_title">
<h1>人民日报声音：如何应对人工智能？</h1>
……
<p>
　　　当围棋人工智能 AlphaGo 本周连续两局胜世界围棋第一人柯
洁九段……
</ p>
</div>
</ body>
```

图 3 - 3　该网页的部分 html 代码

区。这类噪声可以通过一定的规则对其进行过滤。而广告区、导航栏等这些区域经常聚集在一起，而且通常具有相似的层次机构，可以利用其相似的特点，通过多种规则进行噪声删减，以达到更好的信息提取效果。

此外，对于新闻类网站，很多情况下 < title > 标签中间不一定是文章内容的真正标题，需要从提取的页面内容中识别文章标题，依据新闻标题下方通常带有大量新闻正文的特点，可较好地定位新闻标题的位置。

网页信息内容提取解析的重要一步即提取、解析文字中包含的重要信息，即上述例子中的文章标题和文章内容。要正确理解网页中表达的信息，首要的是识别文档内容中的词、短语。本章的第 3、4、5 小节主要对如何识别词与短语的各种方法进行了阐述。

3.1.2　非网页的数据获取

在知识共享的时代，人们会在互联网上上传各类文件，其中包含文本数据的主要文件类型为：PDF、Word、PPT、Excel、txt 等。除了 txt 文件外，其他这些类型都有各自的格式信息，不能直接提取，需要借助一些相应的读取引擎进行内容获取。

Apache POI 是用 Java 编写的免费开源的跨平台的 Java API，提供了对 Microsoft Office（Excel、Word、PowerPoint、Visio 等）格式档案的读和写功能。

Apache POI 常用的类有：

- HSSF——提供读写 Microsoft Excel XLS 格式档案的功能。
- XSSF——提供读写 Microsoft Excel OOXML XLSX 格式档案的功能。
- HWPF——提供读写 Microsoft Word DOC97 格式档案的功能。
- XWPF——提供读写 Microsoft Word DOC2003 格式档案的功能。
- HSLF——提供读写 Microsoft PowerPoint 格式档案的功能。
- HDGF——提供读 Microsoft Visio 格式档案的功能。
- HPBF——提供读 Microsoft Publisher 格式档案的功能。
- HSMF——提供读 Microsoft Outlook 格式档案的功能。

ApachePDFbox 是一个开源的、基于 Java 的、支持 PDF 文档生成的工具库，它可以用于创建新的 PDF 文档，修改现有的 PDF 文档，还可以从 PDF 文档中提取所需的内容。Apache PDFBox 还包含了数个命令行工具。

通过这些开源工具，我们可以提取出 PDF、Word、PPT、Excel、txt 里面包含的信息，并将其输入到文本预处理的分词模块。

3.2　统计语言模型

提取文本信息后，我们需要分析文本信息，并且将其转换为搜索引擎索引库中的索引项，通常索引项是词。因此，我们首先要做的文本预处理就是分词，分词是词法分析、语义分析、自然语言理解的基础。在介绍分词之前，我们先介绍自然语言处理中的统计语言模型。

3.2.1　N 元模型($N-\mathrm{gram}$)的基本概念

N 元模型($N-\mathrm{gram}$)是自然语言处理中非常重要的概念,它可以追溯到香农在信息论中的工作。香农提出了这样一个问题:给定一系列字母,如"for ex",下一个可能的字母是什么呢? 从训练数据中,可以推导下一个字母的概率分布,可以推出一个大小为 n 的历史信息串:$a=0.4$,$b=0.00001$ 等。所有可能的"下一个字母"的概率总和为1.0。

为了方便计算通常只考虑前面 $N-1$ 个词的构成历史,假设 x_i 是第 i 个词(或字),那么 N 元模型可以认为是根据 x_i 的前 $N-1$ 个词(或字)$x_{i-(n-1)}$,$\cdots$,x_{i-1} 来预测 x_i。在概率学上则表示为 $P(x_i|x_{i-(n-1)},\cdots,x_{i-1})$,在进行语言建模时,将假设每个词(或字)相互独立,这便是马尔科夫假设,即下一个字母只取决于它前面的 $N-1$ 个词(或字)。

如 $N=2$,那么就是二元模型:
$$P(x_i|x_{i-(N-1)},\cdots,x_1)=P(x_i|x_{i-1}) \tag{3-1}$$
如 $N=3$,那么就是三元模型:
$$P(x_i|x_{i-(N-1)},\cdots,x_1)=P(x_i|x_{i-1},x_{i-2}) \tag{3-2}$$
对于 N 的取值,N 较大时可以提供更多的语境信息,同时也会因参数过多而产生计算时间空间过大的问题;N 较小时包含的语境信息少,但参数的减少也会提高计算效率。常用的是二元和三元模型,经常应用于分词、词性标注等。在常用的搜索引擎中,当用户输入一个或几个词,如图 3-4 所示,搜索框下拉单中就会出现几个联想词汇,这其实就是以 N-gram 为基础来实现的。

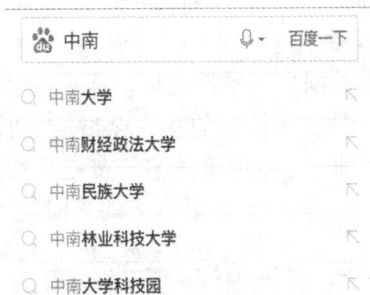

图 3-4　搜索引擎搜索联想

3.2.2　数据平滑方法

在 N 元模型中,我们需要根据前 $N-1$ 个词(或字)$w_{i-(n-1)}$,$\cdots$,w_{i-1} 来预测 w_i。在概率学上则表示为 $P(w_i|w_{i-(n-1)},\cdots,w_{i-1})$。假设语料库 $w_{i-(n-1)}$,$\cdots$,w_{i-1},w_i 共同出现的次数 $C(w_i|w_{i-(n-1)},\cdots,w_{i-1},w_i)$,料库 $w_{i-(n-1)}$,$\cdots$,w_{i-1} 共同出现的次数 $C(w_i|w_{i-(n-1)},\cdots,w_{i-1})$,根据最大似然估计(MLE),得出公式(3-3),通过公式(3-3)计算出 $P(w_i|w_{i-(n-1)},\cdots,w_{i-1})$

$$P(x_i|x_{i-(n-1)},\cdots,x_{i-1})=\frac{C(w_i|w_{i-(n-1)},\cdots,w_{i-1})}{C(w_{i-(n-1)},\cdots,w_{i-1})} \tag{3-3}$$

很多时候，由于语料库的问题，有可能词 w_i, $w_{i-(n-1)}$, ···, w_{i-1} 在某个用于估计的语料库中共同出现的次数为0，导致 $P(w_i | w_{i-(n-1)}, ···, w_{i-1})$ 值为0。但实际上，w_i, $w_{i-(n-1)}$, ···, w_{i-1} 共同出现在语言学中是合理的。大规模数据统计方法与有限的训练语料之间必然产生数据稀疏问题，导致零概率问题，这就是数据稀疏问题。

假设语料库 S 中有三个文档 $\{a, b, c\}$，

a = "Father read Holy Bible"

b = "Mother read a text book"

c = "He read a book by grandpa"

语料库 S 中的词汇表是：$\{$ < BOS > , father, Holly, Bible, mother, read, a, text, book, he, by, grandpa, < EOS > $\}$，则 $|V| = 13$。其中 < BOS > 表示句首，< EOS > 表示句尾。

如果用 MLE 估计，那么：

$$P(\text{father} | <\text{BOS}>) = \frac{1}{3}, \ P(\text{read} | \text{father}) = 1, \ P(\text{a} | \text{read}) = \frac{2}{3}, \ P(\text{book} | \text{a}) = \frac{1}{2}, \ P(<\text{EOS}> | \text{book}) = \frac{1}{2}$$

则有：

$$P(\text{father read a book}) = P(\text{father} | <\text{BOS}>) \times P(\text{read} | \text{father}) \times P(\text{a} | \text{read}) \times P(\text{book} | \text{a}) \times P(<\text{EOS}> | \text{book}) = 0.06$$

如果计算 $P(\text{Grandpa read a book})$ 会出现什么情况？

根据语料 S 计算，$P(\text{grandpa} | <\text{BOS}>) = 0$。

那么，$P(\text{grandpa read a book}) = 0$，表示"grandpa read a book"这句话不成立，但实际上是成立的。这是因为语料 S 太小导致了这种问题的出现。

为了解决这个问题，需要对数据进行平滑处理。所谓的数据平滑技术，是指为了产生更精确的概率来调整最大似然估计的技术。它的基本思想是"劫富济贫"，即提高低概率事件的概率值，降低高概率事件的概率值，尽量使得概率分布趋于均匀。

Laplace 方法是 1814 年 Laplace 提出来的最古老的平滑技术。其计算公式如下：

$$p_{\text{Lap}}(w_1, w_2, ···, w_n) = \frac{C(w_1, w_2, ···, w_n) + 1}{N + T} \tag{3-4}$$

其中，$C(w_1, w_2, ···, w_n)$ 表示 $w_1, w_2, ···, w_n$ 在语料库中共同出现的次数，N 为语料库中总的词个数（包括重复次数），T 为语料库中的词汇表中词的个数（词的重复次数不计）。从公式(3-4)看出，Laplace 方法就是扩大语料库，对词汇表中的所有词（不重复）出现的次数都加1。对于二元模型的条件概率如下：

$$p_{\text{Lap}} = \frac{C(w_{i-1}w_i) + 1}{\sum_w C(w_{i-1}w) + 1} = \frac{C(w_{i-1}w_i) + 1}{C(w_{i-1}) + |V|}$$

其中，$|V|$ 为语料库中的词汇表中词的个数。

如果用 Laplace 平滑的方法计算 $P(\text{grandpa read a book})$ 会出现什么情况？

$$P(\text{grandpa} | <\text{BOS}>) = \frac{1}{16}, \ P(\text{read} | \text{grandpa}) = \frac{1}{14}, \ P(\text{a} | \text{read}) = \frac{3}{16}, \ P(\text{book} | \text{a}) = \frac{2}{15}, \ P(<\text{EOS}> | \text{book}) = \frac{2}{15}$$

$P((\text{Grandpa}|<\text{BOS}>) \times P(\text{read}|\text{father}) \times P(\text{a}|\text{read}) \times P(\text{book}|\text{a}) \times P(<\text{EOS}>|\text{book}) \approx 0.000015$

一种更一般的形式是 Lidstone 提出的 Lidstone 法则

$$p_{\text{Lap}} = \frac{C(w_{i-1}w_i) + 1}{\sum_w C(w_{i-1}w) + 1} = \frac{C(w_{i-1}w_i) + 1}{CC(w_{i-1}) + \delta|V|}, 0 \leqslant \delta \leqslant 1$$

Laplace 平滑方法是最简单实用的方法。除此之外，还有 Add－k smoothing、Jelinek－Mercer interpolation、Katz backoff、Absolute discounting、Kneser－Ney 等方法，具体可以进一步参考《自然语言处理》的相关教材。

3.3　英文分词

提取文本信息后，我们需要把文本信息转换为搜索引擎索引库中的索引项，通常索引项是词。分词是从文档中的字符序列中拆分出词，形成词串的过程。英文单词因为词与词之间有间隔符，如空格和标点，很容易识别，但有时也需要将多个单词识别为一个词，如"New York"等名词。本节将对英文分词的基本原理进行介绍。

3.3.1　词素切分

词素切分是指从文档中的字符序列中获取词的过程。英文的词素拆分主要分为两个步骤：首先将文本进行句子分割；其次对句子进行分割得到词串。

"!""?"这些是句子结束符，可以作为句子的分割符。但英文中的句号"."不仅可以作为句号，也可以作为小数点的符号。通常，可以采用分类器的方法判断"."是否是句子的结束符。分类器可以采用人工定义的规则、正则表达式和机器学习算法。

当进行句子分割后，我们需要对每一个句子进行处理。对于英文文本，其句子基本由符号、空格和词构成，以下列文本为例：

A search engine is an information retrieval system.

传统的词素拆分系统通常会将字符串中的所有大写字母转化为小写，并且以空格作为分割符对字符串进行分割，因此其结果为：

｛"a"，"search"，"engine"，"is"，"an"，"information"，"retrieval"，"system"｝

这种简单的词素拆分可以应对大多数文档，但是英文中还有很多种表达方式需要注意，对搜索的有效性有很大的影响。

（1）缩略词或短小的词，如 am、world war II 等；

（2）带有连字符的词，有些连字符去掉与否都不影响词义，如 co－operation、t－shirts；有些连字符则应该被认为是词的一部分或者词的分隔符，如 X－ray、close－up 等；

（3）带有特殊符号的标签、URL 等，特殊符号是其重要的组成部分；

（4）大写与小写意义不同的单词，如 Polish 为波兰人、波兰语，polish 则为磨光，类似的还有 August/august、Rose/rose 等，按照传统分词直接将其转换为小写，解析出的文本内容则意义完全不同；

（5）"'"撇号，作为所有格或者词的一部分。

由以上可以看出，词素切分包含很多复杂情况，但考虑到文本中所有内容都可能对搜索结果意义重大,因此词素切分规则必须将大多数内容转化为可以搜索的标记,这些复杂情况可以在其他步骤中处理,如词干提取。同时,也可以运用基于统计的分词方法进行词素切分,而统计的样本内容来自一些标准的语料库。利用语料库建立的统计概率,对于一个新的句子就可以通过计算各种分词方法对应的联合分布概率,找到最大概率对应的分词方法,即为最优分词。

3.3.2　词干提取

在英语中,英语词汇由两部分构成:词干和词缀、词缀又分前缀和后缀,如 happiness 之于 happy,这里 happy 叫作 happiness 的词干(stem)。词干提取就是把具有词性变化的单词还原成词干形式,然后再查词典获取单词的基本信息。在搜索引擎中,词干提取是很重要的一个功能。很多搜索系统允许匹配语义相关的词,而不是完全相同的词,这种对同义词的处理通常是采用相同词干作为查询拓展,将包含查询词词干的所有文档返回过来。如查询词为"fishing",fishing 的词干为"fish",那么包含了"fisher""fishes"的文档都会返回过来。

目前,采用的词干提取方法主要有三种:基于词典的、基于规则的和基于统计的方法,它们在性能表现上各不相同。

(1)基于词典的算法:将词干与其变化形式都存储在一个查询词典中,利用词典来查找词干,这种算法简单快速,但没有包含在表中的词则无法处理。

(2)基于规则的方法:此算法利用给定的规则去查找它的词根,如词的结尾是"ly",则去掉"ly",结尾为"ed",则去掉"ed"。这种算法较粗糙,且制定的规则并非对所有词类都适用。

(3)基于统计学的方法:是根据语料库中单词的分布情况,提取单词的词干。其中最著名的算法是后续变化数。

应用最为广泛、中等复杂程度的词干提取算法是马丁·波特博士于 1979 年提出来的波特词干算法,也叫波特词干器(Porter Stemmer),他是基于规则的方法的提取算法。比较热门的检索系统包括 Lucene、Whoosh 等中的词干过滤器就是采用波特词干算法。在 Porter 算法中,v 表示一个元音字母(vowel),c 表示一个辅音字母(consonant),C 表示继续的辅音字母串,V 表示连续的元音字母串。一个英文单词可以表示为如下形式:

$$[C][VC]^m[V]$$

其中,圆括号表示为必选项,方括号表示为可选项,m 表示为括号内成分的重复次数。另外,还定义了一些其他形式:

(1)*S:词干以字母 S 结尾(S 也可以替换为其他字母);

(2)*v*:词干含有一个元音字母;

(3)*d:词干以连续两个相同辅音字母为结尾;

(4)*o:词干以 cvc 形式结尾,其中第二个辅音不是 W、X 或 Y,例如:-WIL、-HOP。
算法中每条规则表示为:

$$(condition)S1→S2$$

其含义为:在 condition 条件下,后缀 S1 替换为 S2。S2 可以为空串,条件 condition 也可以为空(NULL)。

字符串匹配时,优先匹配规则左端最长的字符串。比如有以下两条规则:

$$sses \rightarrow ss$$
$$s \rightarrow NULL$$

单词 addresses 优先匹配第一条规则，转化为 address。

Porter 算法的词干提取过程分为 5 个步骤：第 1 步包括 4 组规则，共 13 条；第 2 步包括 20 条规则；第 3 步包括 7 条规则；第 4 步包括 19 条规则；第 5 步包括 3 条规则。表 3 - 2 列出了 Poter 算法第一步骤的部分规则及其例子。

除了 Porter 提取算法，另外两个经典的基于规则的提取算法是 Lovins Stemmer 和 Lancaster Stemming。任何词干提取算法都无法达到 100% 的准确程度，因为语言单词本身的变化存在着许多例外的情况，无法概括到一般的规则中。但使用词干提取算法能够帮助提高信息检索的性能。

其他语言的词干提取算法则有可能不同，例如西班牙语有很多的例外。因此，一个好的词干提取算法也需要词典，像德语、芬兰语这样的黏着语的词干提取起来就更加困难，对于阿拉伯语也是同样的情况。但是，在汉语中词干提取不会有任何作用。

表 3 - 2　**Porter 算法第一步骤的四组规则及其部分例子**

	规则	转换例子
第一组	$sses \rightarrow ss$ $ies \rightarrow i$ $ss \rightarrow ss$ $s \rightarrow NULL$	addresses $\rightarrow$ address ponies $\rightarrow$ poni address $\rightarrow$ address dogs $\rightarrow$ dog
第二组	$(m > 0)eed \rightarrow ee$ $(*v*)ing \rightarrow NULL$ $(*v*)ed \rightarrow NULL$ …	feed $\rightarrow$ feed walking $\rightarrow$ walk sing $\rightarrow$ sing plastered $\rightarrow$ plaster
第三组	$ational \rightarrow ate$ $izer \rightarrow ize$ $ator \rightarrow ate$ $ize \rightarrow NULL$ …	relational $\rightarrow$ relate digitizer $\rightarrow$ digitize operator $\rightarrow$ operate digitize $\rightarrow$ digit
第四组	$(*v*)y \rightarrow i$	happy $\rightarrow$ happi sky $\rightarrow$ sky

3.3.3　去除停用词

在信息检索中，为了节省储存空间、提高搜索效率，在处理文本文档时，通常将一些没有实际意义的词去除，如英文中的 a、the 等使用频率较高的词，中文中的"他""她""它"等，这些字或词被称为停用词。停用词常为冠词、介词或连词等。

在搜索引擎的文本处理过程中，停用词表现出两个特性：第一，这些词极其普遍，几乎每个文档都包含多个停用词，全面记录这些词需要巨大的磁盘空间；第二，停用词在文本中很少单独表达与文档相关程度的信息，在检索中，这些词基本没有任何作用，反而可能降低检索效率。

通常，搜索引擎会有一张停用词表，通过查询停用词表，删除文档中的停用词。同时，在查询中如果含有停用词，许多系统的做法就是去除查询中的停用词。

目前已经有了一些公开发表的英文停用词表，其中比较著名的是 Van Rijsbergen 发表的停用词表以及 Brown Corpus 停用词表。已公开的中文停用词有：百度停用词表、哈工大停用词表等。构建停用词词表需要根据实际情况，对于特定应用场景，可以定制一个停用词词表，使其更合理。如对于某个领域内的垂直搜索引擎，除了通用领域的停用词外，本领域里文档共同的一些领域词汇也可以作为停用词。

去除过多停用词也可能会影响检索效果。特别是某一小部分的查询，去除停用词会影响检索效果。如《哈姆雷特》独白中的"To be, or not to be：that is the question"就是一经典的例子，这句话几乎都是由停用词构成。因此，在存储空间允许的情况下，可以索引文档中所有的词，如果存储空间有限，那么应该建立一个尽量少的停用词词表，以保证检索效果。

3.4　中文分词

中文文本和英文文本一样，也需要进行分词处理。中文分词与英文分词有很大的不同，对英文而言，一个单词就是一个词，而汉语是以字为基本的书写单位，词语之间没有明显的区分标记，因此中文分词的处理与英文完全不同。本小节主要对中文分词技术进行介绍。

3.4.1　中文分词概述

中文分词（Chinese word segmentation）指的是将一个汉字序列切分成一个个单独的词。如"北京人在纽约"，分词结果为"北京人/在/纽约"。中文分词是中文信息处理的基础和关键。中文分词可以人工完成，但是对于互联网上海量的文本集而言，人工完成分词是不可能的，需要利用计算机程序自动完成分词任务。自动分词的算法有多种，基于词典的分词方法、基于统计的分词方法和基于语义的分词方法等。本小节主要介绍基于词典的分词方法和基于统计的分词方法。

中文自动分词中最难的就是歧义词的处理和未登录词的识别。"地面积了厚厚的雪"，应该分成"地面/积/了/厚厚的/雪"，还是"地/面积/了/厚厚的/雪"？人来判断很容易，要交给计算机来处理就比较困难了。问题的关键就是，"地面积"里的"地面"也是一个词，"面积"也是一个词，从计算机的角度来看，两者似乎都有可能。这种现象叫作分词歧义。梁南元（1987）定义了两种歧义类型：交集型切分歧义和组合型切分歧义。

定义 1：汉字串 AJB 称作交集型切分歧义，如果满足 AJ、JB 同时为词。此时的汉字串 J 称作交集串。

定义 2：如果满足 A、B、AB 同时为词，汉字串 AB 称作多义组合型切分歧义。

"地面积了厚厚的雪"这种分词歧义现象叫作交集型切分歧义。"这个人不参加"可以分为"这/个人/不/参加"和"这/个/人/不/参加"，这种分词歧义现象叫作组合型切分歧义。

对于分词歧义，通常采用多种分词方法，如基于词典的最大匹配方法＋最大概率分词等。同时也定义一些分词规则，将各种分词算法与规则结合，消除分词歧义。

未登录词的识别是中文分词中的一个难点，未登录词是指未被词典收录的新兴词汇或是新形势的词语，也可以是地名、专有名词、公司名称、人名等。中华文化博大精深，未登录词不但数量众多且形式繁杂，且随着网络的发展，新兴词语的扩展速度日益加快，将所有词语都收录词典不可能实现。因此，基于词典的分词方法不能完全地满足中文分词的需求。

未登录词的识别方法有很多，根据其原理可以分为基于规则的方法和基于统计的方法。基于规则的方法是根据语言学原理挖掘出关联规则，通过规则来发现新词。该方法的特点是准确率高，但是规则定制很复杂，通常不同领域的文字对应不同的规则，通用性很差。基于统计的方法是依据大规模语料库，对其进行学习归纳，利用统计方法进行建模，最后用建好的模型来识别未登录词。该方法虽减小了领域对识别的影响，但准确率不高。因此现在应用最为广泛的方法是基于统计和规则相结合的方法，可以充分利用两种方法的优势，有更好的识别效果。

3.4.2 基于词典的机械分词法

基于词典匹配的机械分词方法，主要依据词典的信息，根据一定的规则将输入的字符串与词典中的词逐条匹配，匹配成功则进行相应的切分处理。根据切分过程中字符串扫描方向不同分为最大正向匹配、最大逆向匹配与双向匹配。

最大正向匹配(FMM)方法的基本思想是：假设自动分词词典中最长的词所含字数为 M，则将字符串前 M 个字作为待匹配字符串，在词典中进行查找，如果该 M 个字与词典中的某个词匹配成功，则将其切分出来；若未匹配成功，则将最后一个字从待匹配字符串中删除，再将待匹配字符串与词典进行匹配，以此类推，直到匹配成功为止。具体如图 3-5 所示。

输入例句：S1 = "计算语言学课程有意思"；

定义：最大匹配词长 MaxLen = 5；S2 = " "；分隔符 = "/"；

假设存在词表：…，计算语言学，课程，意思，有意，思…；

最大正向匹配分词算法过程如下：

(1)S2 = " "；S1 不为空，因为最大匹配词长为 5，为从 S1 左边取出候选子串 W = "计算语言学"；

(2)查词表，W 在词表中，将 W 加入到 S2 中，S2 = "计算语言学"，并将 W 从 S1 中去掉，此时 S1 = "课程有意思"；

(3)S1 不为空，于是从 S1 左边取出候选子串 W = "课程有意思"；

(4)查词表，W 不在词表中，将 W 最右边一个字去掉，得到 W = "课程有意"；

(5)查词表，W 不在词表中，将 W 最右边一个字去掉，得到 W = "课程有"；

(6)查词表，W 不在词表中，将 W 最右边一个字去掉，得到 W = "课程"；

(7)查词表，"课程"在词表中，将 W 加入到 S2 中，S2 = "计算语言学/课程"，并将 W 从 S1 中去掉，此时 S1 = "有意思"；

(8)S1 不为空，于是从 S1 左边取出候选子串 W = "有意思"；

(9)查词表，W 不在词表中，将 W 最右边一个字去掉，得到 W = "有意"；

(10)查词表，"有意"在词表中，将 W 加入到 S2 中，S2 = "计算语言学/课程/有意"，并将 W 从 S1 中去掉，此时 S1 = "思"；

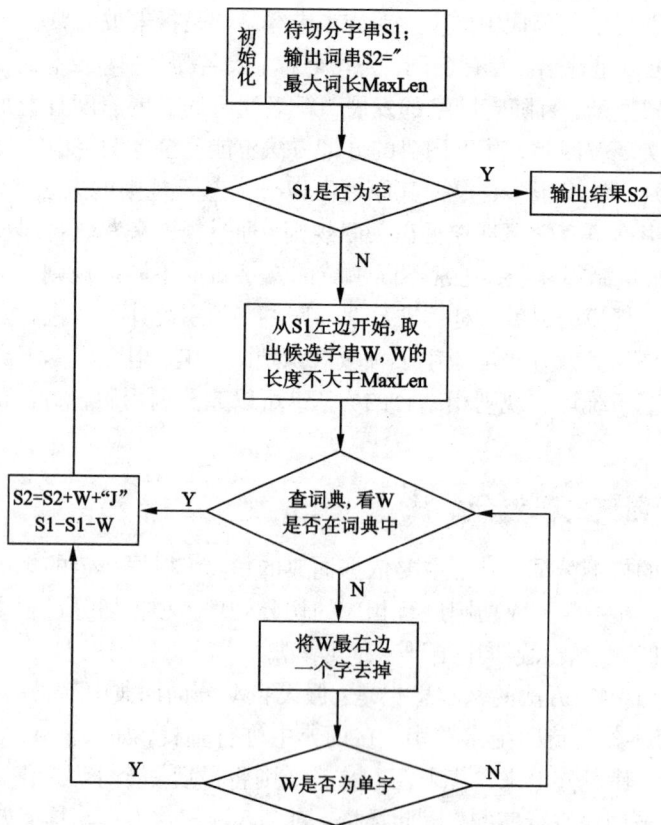

图 3 - 5   最大正向匹配分词的流程图

(11) S1 不为空,于是从 S1 左边取出候选子串 W = "思";

(12) 查词表,"思"在词表中,将 W 加入到 S2 中,S2 = "计算语言学/ 课程/ 有意/思",并将 W 从 S1 中去掉,此时 S1 = "";

(13) S1 为空,输出 S2 作为分词结果,分词过程结束。

逆向最大匹配法(BMM)基本思想与正向最大匹配的基本思想类似,但逆向最大匹配法的匹配方向与最大正向匹配法的相反:从句子的右边取候选子串,匹配不成功时去掉候选子串最前面一个字,其他规则不变。如上例,"计算语言学课程有意思",用最大逆向匹配的方法的分词结果为"计算语言学/课程/有/意思"。

双向最大匹配是将正向最大匹配法与逆向最大匹配法组合,双向最大匹配方法和一些规则结合可以用于消除分词歧义。双向最大匹配的算法流程是:先根据标点对文档进行粗切分,把文档分解成若干个句子,然后再对这些句子用正向最大匹配法和逆向最大匹配法进行扫描切分。如果两种分词方法得到的匹配结果相同,则认为分词正确,否则,按最小分词集处理。如果两种方法切分的词数一样时,则采用一些规则进行处理。如上例"计算语言学课程有意思",无论正向还是逆向,次数都是4,但是正向匹配方法的切分结果包含了一个不能独立成词的单字"思",因此,我们选择逆向匹配方法的分词结果作为最终的分词结果。

3.4.3 基于统计的分词法

统计分词以概率论为理论基础,将汉字上下文中汉字组合串的出现抽象成随机过程,随机过程的参数需要通过大规模语料库训练得到。基于统计的分词采用的原理有互信息、最大概率分词法(N 元统计模型)以及其他的统计模型如隐马尔科夫模型、条件随机场模型、神经网络模型及最大熵模型等。

1.基于互信息的分词方法

基于互信息的分词方法是根据字与字同时出现的概率大小来判断是否为一个词,几个相邻的字同时出现的次数越多,则其构成词的概率越大。因此,字与字的共现概率能够很好地反应它们构成词的可信度。互信息算法的主要思想是对于字符串 x 和字符串 y,使用式(3-5)计算其互信息值 $MI(x, y)$,用互信值的大小判断 x 和 y 之间的结合程度。

$$MI(x, y) = \log_2 \frac{p(x, y)}{p(x, y)} \qquad (3-5)$$

如果 $MI(x, y) > 0$,表示词 x 和 y 会同时出现,MI 值越大,共同出现程度越大;

如果 $MI(x, y) = 0$,表示词 x 和 y 是独立出现;

如果 $MI(x, y) < 0$,表示词 x 和 y 会互斥出现。

2.最大概率分词方法

由于存在分词歧义,在某些语句切分时,同一语句会出现多种切分结果。最大概率分词方法是利用语料库计算每种切分结果的概率,选取概率最高的切分作为最优分词切分。

假设 S 为我们观察到的句子序列,$W = w_1 w_2 \cdots w_n$,为与 S 对应的词串,那么汉语自动分词可以看作是求解使条件概率 $p(W|S)$ 最大的词串 W^*,即:

$$W^* = \mathrm{argmax} w_p(W|S) \qquad (3-6)$$

根据贝叶斯公式得知:

$$W^* = \mathrm{argmax} w_p(W|S) = \frac{p(S|W)p(W)}{p(S)} \qquad (3-7)$$

式(3-7)中的 $p(S)$ 是汉字串 S 的概率,对于每一个待切分的汉字串 S 而言,概率都一样,因此可以不予考虑。$p(S|W)$ 是词串 W 到字串 S 的概率,在已知词串 W,$p(S|W)$ 的概率为 1。因此,$W^* = \mathrm{argmax} w_p(W|S) \cong p(W)$。

$p(W)$ 的计算是基于 N-gram 模型,根据训练语料库估计得到的。假设 $N = 2$,那么:

$$p(W) = p(w_1, w_2, \cdots, w_n) = \prod_{i=1}^{n} p(w_i | w_{i-1}) \qquad (3-8)$$

以二元模型为例,其基本思想是:根据词典找到字串 S 中所有可能的词,并且根据训练语料库,根据所有 S 中出现的词 w_i 和 w_{i-1} 计算 $p(w_i|w_{i-1})$,然后把所有可能的切分路径(词串)都找出来,根据公式(3-8)计算 $p(W)$,并且从这些路径中找出一条概率最大的路径作为输出结果。

3.4.4　分词粒度

在中文分词过程中文本粒度起到关键性的效果。黄昌宁、赵海等人(2007)指出分词粒度受个人的知识结构和所处环境的很大影响,这样就导致多人标注的语料存在大量不一致现象,即表达相同意思的同一字串,在语料中存在不同的切分方式,如"高清电视机"可以切分为"高清/电视机",也可以直接将"高清电视机"作为一个词。自动分词算法同样存在着这样的问题。分词粒度直接影响着搜索引擎的查询准确性。

分词粒度是一个中文词包含汉字的个数。例如"语言学"这个词的分词粒度是3。如果分词粒度越大,那么被切分出来的词的长度就越大。如"高清电视机",当分词粒度为5时,"高清电视机"作为一个整体切分为一个词。当分词粒度小于5时,"高清电视机"的切分结果为:"高清/电视机"。

在搜索引擎建立索引时,分词粒度过大,会导致只有输入特定关键词才能搜索到相应结果。如果粒度过小,则影响搜索引擎查询的准确性。如"高清电视机"作为一个词整体时,必须输入"高清电视机"才能搜索到相关网页。如果输入"高清"和"电视机"不会返回"高清电视机"的相关页面。如果粒度为2,则"高清电视机"可能被切分成"高清/电视/机",这时输入查询关键字"电视机",那么不仅与"电视机"相关的页面会返回,同时与"高清电视机"相关的页面也会返回。

因此,从上例中可以看出,粒度越小,展现就越多,但准确率会下降。并且因为粒度小,切分出来的词多,倒排索引的词表就越大。因此选择合适的分词粒度是构建搜索引擎需要重点考虑的因素。

3.5　网页去重

在互联网如此发达的今天,同一个资料会在多个网站发布,同一新闻会被大部分媒体网站报道,造成了网络上拥有大量的重复信息。同时,多个URL地址页也有可能指向同网页以及镜像站点(mirror site),这些都会使爬虫程序产生大量的重复页面。相关统计数据表明:互联网上近似重复的网页的数量占网页总数量的比例高达29%,完全相同的网页大约占网页总数量的22%。研究表明,在一个大型的信息采集系统中,大约30%的网页与其他页面完全重复,约2%是近似重复的。

3.5.1　通用去重算法流程

当用户搜索某个关键词时,如果搜索引擎返回给用户的URL所对应的页面都是内容重复的或近似重复的,那么用户的体验会非常差。抓取这些重复的网页,本身也浪费了搜索引擎的自身资源。因此重复内容的网站处理也成为搜索引擎所面临的一大问题。

通常对完全重复文档的检测常用检验和(checksumming)技术。检验和是根据文档内容计算一个数值,最直接的检验和是文档中文件中各字节的和。例如,对于含有文本"Tropical fish"的文件,检验和可以按如下的方式计算(以十六进制表示):

对于近似重复文档的检测比较困难。为了解决这个问题,学者们提出了一些用于近似重复文档检测的算法,在爬虫阶段进行近似重复检测的,在索引之前将近似重复的文档删除,

T r o p i c a l   f i s h 和

54 72 6F 70 69 63 61 6C 20 66 69 73 68 508

图 3 – 6　文本"Tropical fish"的检验和

或者将近似重复的文档当作一组文档。

尽管近似重复文档的检测有多种算法，但基本流程框架都是一致的。网页去重算法的基本流程主要由三个步骤组成：

（1）文档预处理与特征抽取：对文档进行分词处理。删除标点、HTML 标签和空格等非文字内容信息，也可以对文档进行去停用词处理。

（2）文档指纹计算：搜索引擎会在页面分词后进行关键词提取，提取部分具有代表性的关键词，并计算这些关键词的"指纹"。每一个网页都会有这样的特征指纹。

（3）文档相似性计算：当网页压缩为特征指纹后，就需要通过相似性计算判断哪些网页是近似重复页面。如果新抓取的网页的关键词指纹和已索引网页的关键词指纹相似度很大，那么该新网页就可能会被搜索引擎视为重复内容而放弃索引。

总结起来，所有的网页去重算法都遵循两个步骤：文档指纹的提取和相似度计算。不同的之处在于这两个步骤具体实现细节的不同。目前 Broder 提出的 Shingling 算法和 Charikar 的 SimHash 算法是业界公认比较好的算法。

3.5.2　Shingling 算法

Shingling 算法是 Broder 等人在 1997 年提出的一种进行相似度计算的方法，并且将该方法应用于检测 Web 中近似重复的网页。在该方法中，将从规范后的网页中提取出来的子字符串定义为 shingle。如果该子字符串的长度为 k，则称其为 k – Shingle。Shingling 算法是将每篇文档看成一个或多个的 k – Shingle 集合。

Shingling 的产生是基于 N – gram 模型基础上的。如果 $N = 4$，文档是由多个 4 – Shingles 组成。如文档"a rose is a rose is a rose"，该文档分词后的词汇（token，语汇单元）集合是（a，rose，is，a，rose，is，a，rose）。

基于 4 – gram，我们设置一个宽度为 4 的滑动窗口，并在文档上移动这个滑动窗口，文档产生多个 4 – Shingles，文档由 4 – Shingles 表示 {（a，rose，is，a），（rose，is，a，rose），（is，a，rose，is），（a，rose，is，a），（rose，is，a，rose）}。

当使用 shingles 表示文档时，通常不用考虑每个 shingles 重复出现的次数。因此，去掉重复 shingles，表示该文档的 4 – Shingles 集合为 {（a，rose，is，a），（rose，is，a，rose），（is，a，rose，is）}。

给定 shingle 的大小 k，两个文档 A 和 B 的相似性（resemblance）取决于它们共有的 shingle 数量，具体定义为：

$$r(A, B) = |S(A) \cap S(B)| \ / \ |S(A) \cup S(B)|$$

其中 $S(A)$ 表示集合 A 的大小。因此，相似度是介于 0 和 1 之间的一个数值，且 $r(A, A) = 1$，即一个文档和它自身 100% 相似。

在中文分词中，Shinglings 的基本分词单元可以是词也可以是字。例如文档"人工智能发展前景大"，如果以字单位分词，结果为 {人，工，智，能，发，展，前，景，大}，对应的 4 - shingles 文本表示为{(人工智能)，(工智能发)，(智能发展)，(能发展前)，(发展前景)，(展前景大)}。

如果是以词为单位：结果为{人工，智能，发展，前景，大}，对应的 4 - shingles 文本表示为{(人工智能发展前景)，(智能发展前景大)}。

明显可以看出，以词为单位进行切分产生的 4 - shingles 的集合规模小，相似度计算速度大。但以词为单位，受分词结果影响大。

Shingling 算法中最重要的参数是 k。对于一般的邮件等较短文档，可以选择 $k = 5$。对于论文等大型文档，$k = 9$ 比较合理

Shingling 算法虽然有很好的数学依据，可以给予严密准确的证明，但因计算文档的交集开销太大而难以实现，从而通过 supershingle，计算文档的 sketch 等对原有算法进行改进。网页查重的难点一方面是网页数量的巨大，另一方面是搜索引擎对用户的查询必须很快响应。

3.5.3　SimHash 算法

SimHash 算法是在大文本重复识别中常用的一个方法，是 Google 用来处理海量文本去重的算法。Google 内部采取以 SimHash 算法为基础的改进去重方法对网页进行网页预处理，并且对此算法进行了专利保护。SimHash 的基本思想是将一个文档的原始特征集合转换为一个固定长度的签名（通常实际应用中，长度设为 64 位），称其为文档指纹，将文档之间的相似度的度量转化为指纹间的汉明距离。通过这样的方式，极大限度地降低了计算和存储的消耗。

SimHash 是一种局部敏感哈希框架（locality sentitive hashing Schema）。局部敏感哈希假定 A、B 具有一定的相似性，在 Hash 之后，仍然能保持这种相似性。SimHash 中产生文档指纹的具体流程如下：

（1）将文档进行特征提取（其中包括分词和计算权重），抽取出 n 个（特征，权重）对。权重的计算可以有多种方法，简单的方法是权重由它们出现的频率来确定。

（2）对每一个特征词，生成 b 位的散列值（指纹的期望长度）。每个词都具有各自不同的散列值。该散列值为二进制数 01 组成的 $n - bit$ 签名。

（3）利用权值改写特征的二进制向量，将权值融入向量中，形成一个实数向量：在每个词的 b 维二进制向量 V 中，分别对每维进行计算权值。如果该词在文档中的权重为 w，该词二进制向量 V 的相应位的散列值为 1，则该位的权值为 w，否则为 $-w$。通过这种方式对向量进行更新，产生该词的实数向量。

（4）将该文档所有词的实数向量在相同位置累加，再将累加得到的实数向量转换为二进制向量。当所有的词都处理完毕之后，如果累加向量 B 中的第 i 维是正数，则将 b 位的指纹中的第 i 位设置为 1，否则为 0。

假设，以"搜索引擎前景大"为例，首先将按文本进行分词为"搜索引擎/前景/大"，如表 3 - 3 所示。

表3-3 "搜索引擎前景大"文本分词和权重

特征词	权重
搜索引擎	3
前景	4
大	4

Simhash 将"搜索引擎/前景/大"中的词汇进行哈希处理,如表3-4所示。

表3-4 对"搜索引擎/前景/大"的分词结果哈希处理

特征词	权重	二进制 Hash 值
搜索引擎	3	100101
前景	4	101011
大	4	010010

根据二进制 Hash 值进行加权,如表3-5所示。

表3-5 对"搜索引擎/前景/大"的哈希结果加权处理

特征词	权重	二进制 Hash 值	加权值
搜索引擎	3	100101	3 -3 -3 3 -3 3
前景	4	101011	4 -4 4 -4 4 4
大	5	010010	-5 5 -5 -5 5 -5

将这三个加权值在相同位置上进行相加,得到文档"搜索引擎前景大"的实数向量:2 -2 -4 -6 6 2。再将实数向量进行二进制转换,得到该文档的最终的 SimHash 签名为"100011"。

在实际应用中,SimHash 算法通常会将散列值的长度 b 定为64,将文档转换为64比特的二进制数值。当文本都转换为 SimHash 签名,并转换为 long 类型存储时,空间大大减少。但是如何计算两个 SimHash 的相似度呢?SimHash 算法是通过汉明距离(Hamming distance)来计算出两个 SimHash 到底相似不相似。

Hamming Distance 表示两个等长字符串在对应位置上不同字符的数目。两个 SimHash 对应二进制(01 串)取值不同的数量称为这两个 SimHash 的汉明距离。举例如下:假设文档 A 的二进制表示为110001,文档 B 的二进制表示为100010,从第一位开始依次有第二位、第五、第六位不同,则海明距离为3。对于二进制字符串的 a 和 b,可以采用 XOR(异或)运算计算海明距离。

SimHash 中,当抓取一个新网页,首先将其转换为64比特的二进制数,之后和索引网页一一比较,判断是否重复。两个网页的汉明距离是不是 $< n$(根据经验,这个 n 一般取值为

3),如果两个网页的汉明距离是小于3,就可以判断两个文档相似。

——比对的方法计算量很大,在海量的网页中是不切实际的。为了加快比对速度,SimHash 采取了变通的方法,其本质思想是将索引网页的64位文档指纹二进制 Simhash 签名均分成4块,每块16位。根据鸽巢原理(也称抽屉原理),如果两个签名的海明距离在3以内,它们必有一块完全相同。

如图3-6所示,新网页只在部分分组内进行匹配,以减少新文档和索引网页的比较次数。主要流程为:

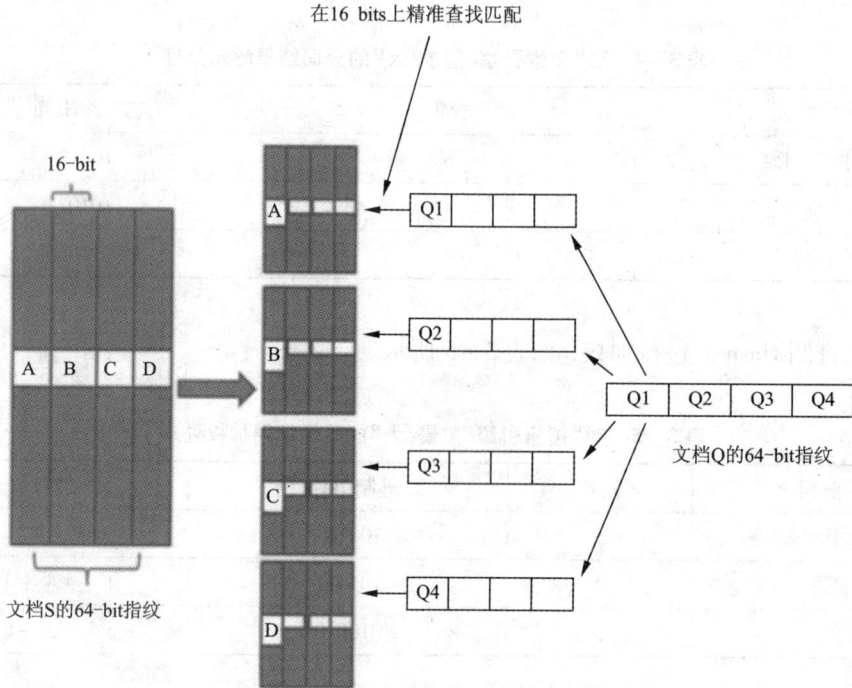

图3-7　文档 Q 与 S 比较示意图

(1)首先,对一个64位长度的二进制数值进行分块,拆分成4块,每块对应一个16位的二进制数值。如图3-6中分为4个16位进制数值 A,B,C,D;

(2)4段中的任意一块作为前16位,总共有四种组合。因此原来存放指纹值的一张表被切分成四张表,分别存储将64-bit 切开的 ABCD 四段中的一段;

(3)新抓取到的文档,同样地分割为 ABCD 字段,与4张表中存放的二进制数值进行精确匹配。

本章小结

文本处理可以去除网页的噪声,提取出有用的信息,并将其进行分词等自然语言处理,将网页转换为索引项集合。本章介绍了网页数据的获取和非网页数据的获取,重点围绕自然语言中的 N 元语言模型、中英文分词技术进行了介绍。针对网页中存在大量重复或近似重复的现象,本章介绍了网页去重算法的流程,重点介绍了 Shingling 和 SimHash 算法。文本处理执行的质量直接影响搜索引擎检索的效果。

习题

1. 基于 HTML 结构解析的信息抽取的特点是什么?

2. 采用本章列出的规则集进行处理,请给出如下词的词干还原结果:

circus canaries boss

3. 与英文分词相比,中文分词有哪些难点?

4. 在 Web 上,某些词出现过于频繁以至于被视为停用词。在至少两个商业搜索引擎上输入如下查询:

www

com

http

判断返回的前 5 条结果,看看哪些是相关的?

5. 在 N 元模型中,为什么要进行数据平滑?

6. 考虑从如下训练文本中构造语言模型:

the martian has landed on the latin pop sensation ricky martin.

请问:

(1)采用 MLE 估计 $P(\text{sensation}|\text{pop})$ 和 $P(\text{pop}|\text{the})$ 的概率是多少?

(2)采用 Laplace 估计 $P(\text{sensation}|\text{pop})$ 和 $P(\text{pop}|\text{the})$ 的概率是多少?

7. 请简述通用的页面去重流程。

8. 假设有两个文档,计算它们的 2 - Shingles 集合,并根据 2 - Shingles 集合计算两者的相似度:

Doc1:To be or not to be, that is the question.

Doc2:To be or not to be, there is the rub.

第 4 章　搜索引擎索引构建

当爬虫将网页抓取下来后，我们需要对这些下载的网页进行索引。索引的建立关系到用户的搜索体验感觉。当用户提交搜索关键字给搜索引擎后，良好的索引结果会大大提高搜索的查找速度。

传统的关系数据库的索引结构是在数据库中进行检索记录的有效方式。但是对于搜索引擎而言，这种方式却不太合适。搜索引擎面对的是海量的网页内容，如百度这样的大型商业搜索引擎，索引的都是亿级甚至百亿级的网页数量。如此多的数据，使得传统的数据库系统很难有效管理。同时，搜索引擎使用的数据操作简单，主要是增、删、改、查几个功能，而一般的数据库系统则支持大而全的功能，损失了速度和空间，使得传统的数据库不能及时地响应用户的查询请求。

面对海量的网页内容，什么样的索引结构适合于搜索引擎，帮助用户快速地查找到包含查询关键词的所有网页？怎么建立索引？本章主要围绕搜索引擎索引构建的各种技术进行介绍。

4.1　倒排索引

倒排索引是为了索引文档集，加快搜索任务的面向词的方案。通过倒排索引表记录哪些文档包含了某个单词，满足搜索引擎快速查找的需要。在全文搜索引擎中，已经被很多实验证明，"倒排索引"是实现单词到文档映射关系的最佳实现方式，目前是所有的搜索引擎都用的数据结构。本章主要围绕倒排索引表基本结构进行介绍。

4.1.1　倒排索引基础

在讲倒排表之前，我们先介绍词项 – 文档矩阵。词项 – 文档矩阵是表达单词和文档之间关系的矩阵。每行表示一个词汇，每列表示一个文档，矩阵某单元元素值为"1"代表单词和文档间包含关系存在，"0"代表单词和文档间不存在关系。在表 4 – 1 中，第 1 行第 1 列值为"1"，就表示第 1 个文档里出现了第一个单词。

表 4 – 1　词项 – 文档矩阵

	文档 1	文档 2	文档 3
词项 1	1	0	1
词项 2	0	1	1
词项 3	1	0	1
词项 4	0	1	0

使用这种词项 – 文档矩阵进行检索非常简单迅速，只要访问一次矩阵就可以知道哪些文档包含了查询词。但存储这种矩阵需要大量的空间（与文档数目和词汇表大小的乘积成正比）。由于这个矩阵是稀疏矩阵，可以将一个文档列表和一个词项关联起来。倒排索引就是这类的具体数据结构。在倒排索引中每个关键词都对应着一系列的文件，这些文件中都会出现这个关键词。倒排索引的结构如下：

"关键词 1"："文档 1"的 ID，"文档 2"的 ID，…

"关键词 2"："文档 2"的 ID，"文档 5"的 ID，…

…

倒排索引的两个主要组成部分是词典和倒排表。

词典（dictionary）：搜索引擎的通常索引单位是词项，词典是用来管理文档集合中出现过的所有词项的数据结构。词典内每条索引项记载单词本身的一些信息以及指向"倒排列表"的指针。

倒排表（又叫位置信息列表，posting list）：倒排表记载了出现过某个单词的所有文档的文档列表及单词在该文档中出现的位置信息，每条记录称为一个倒排项（posting）。根据倒排列表，我们可以知道哪些文档包含用户提交的查询词。

在倒排索引中，文档集合中的每个文档所被赋予的区别于其他文档的唯一的内部编号，叫作文档编号。每个词项也有一个区别于其他词项的唯一内部编号，叫作词项编号。倒排索引以词项编号（Word ID）为索引项的键值，在输入 Word ID 后，可以得到一个文档编号（Doc ID）的列表，即每个文档对应的出现记录信息列表。同一词项在倒排索引项中的文档编号按照逐次递增的顺序排序。图 4 – 1 列出了词典和倒排列表的结构。

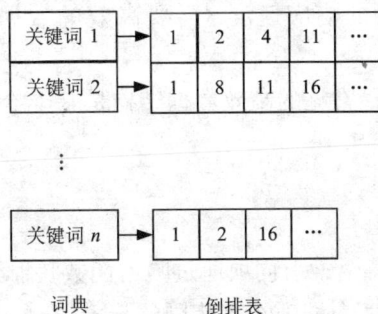

图 4 – 1　倒排索引中的词典和倒排表

词典和倒排表通常存放在内存中。倒排索引需要将所有单词的倒排列表按顺序存储在磁盘的某个文件里，这个文件即被称为倒排文件，倒排文件是存储倒排索引的物理文件。图4-2展示了倒排索引最基本的结构，清晰地描述了这三者间的关系。

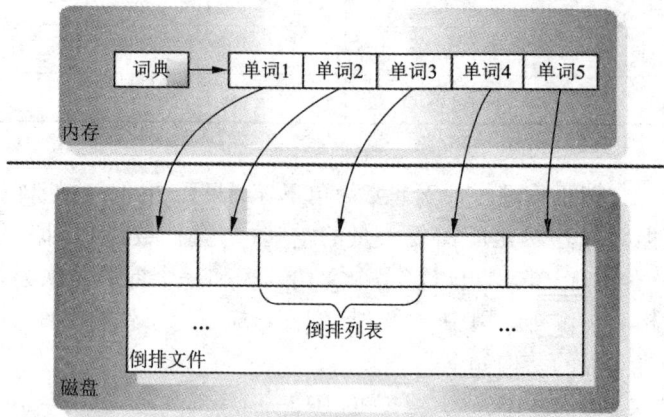

图4-2   倒排索引的基本结构

4.1.2   词典结构

词典是倒排索引中非常重要的组成部分，它用来维护文档集合中出现过的所有单词的相关信息，同时提供了一个从索引词项到其对应的倒排列表地址的映射。在查询阶段，当提交当前查询关键词查询时，定位关键词词项在索引中的位置信息是其中一个首要步骤。在索引阶段，词典的查找功能能使搜索引擎很快就获得每个当前词项的倒排表在内存中的地址，并在该列表后面添加一个新的位置信息。从这里我们可以看出，搜索引擎的词典通常需要支持两种最重要的操作：词项的插入和词项的查找定位。针对这两个操作，词典结构满足下列两个条件：

(1)当抓取到新词时，我们需要对词典进行增加或修改。词典的结构必须确保在词典增加或修改时不用重建全部索引；

(2)对于一个规模很大的文档集合来说，可能包含几十万甚至上百万的不同单词，快速定位某个单词直接影响搜索时的响应速度，需要高效的数据结构来支持单词词典的快速查找。

实现常驻内存词典的两种最常见的高效数据结构是基于哈希的词典结构和基于排序的词典结构。

1.基于哈希的词典结构

基于哈希的词典结构，将每个索引词项通过哈希函数映射为一个整数(哈希值)，在哈希表中都有一个对应的记录。当两个词项都有相同的哈希值时，即存在哈希表中的冲突，可以通过链表方式解决，将有相同哈希值的词项都存放在一个链表中，如图4-3所示。索引结构简单，可以很容易实现增量式索引。

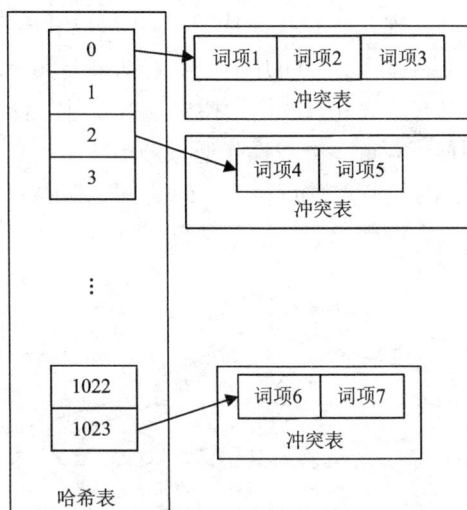

图 4 - 3　基于哈希表的词典结构

建立词典的过程是随着一个个文档解析建立索引时同时进行的。当一个新文档 D 建立索引时，对于该文档 D 中出现的词项 W，首先利用哈希函数获得 W 的哈希值，然后根据哈希值对应的哈希表项读取其中保存的指针，找到对应的冲突链表。如果单词 W 未出现在冲突链表里，说明该单词是首次碰到，则将其加入冲突链表里，否则说明 W 在之前解析的文档里已经出现过，不再需要加入。通过这种方式，当文档集合内所有文档解析完毕时，相应的词典结构也就建立起来了。

2. 基于排序的词典结构

在基于排序的词典中，文档集中所有的词项都是以一定顺序存放在一个有序数组或者一棵树中。在英文中，是按字母进行排序，在中文中，是按照词进行排序。图 4 - 4 就是有序数组形式的词典结构。该结构中，词项是按照汉字拼音的第一个字母进行排列的，存放的是完

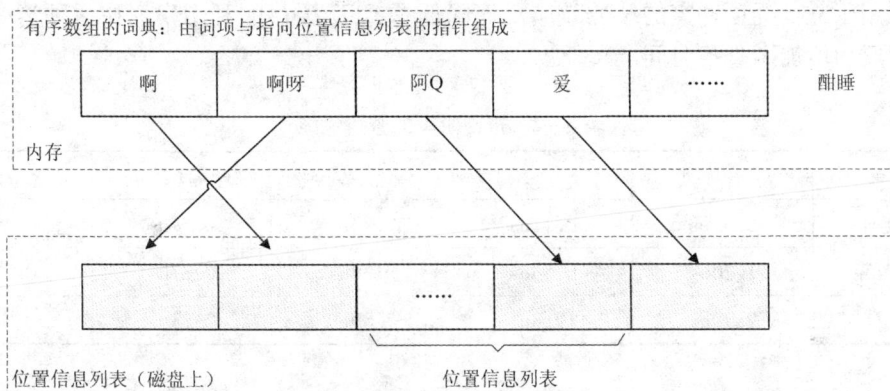

图 4 - 4　基于有序表的词典结构

整的汉语词组。当用有序数组实现词典时，通常采用二分查找法，因此必须要保证每个数组记录的大小都一致，否则难以实现二分查找。从图4-4可以看出，在有序数组结构中，如果插入一个新词时，必须进行重新排序，时间开销比哈希结果要大，因此不容易实现增量索引。

在基于排序的词典中，与有序表相比，搜索树更高效，通常我们采用B树（或B+树）这种高效的数据结构。当使用搜索树时，查找操作通过遍历树。

B树定义：每个内部节点的子节点数目在$[a, b]$之间，其中a, b为合适的正整数，如图4-5所示，$a=2$，$b=4$。子节点的数目在$[2, 4]$之间。

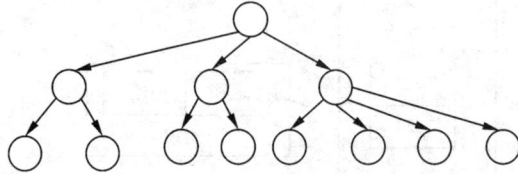

图4-5　B树结构

B树形成了层级查找结构，中间节点用于指出一定顺序范围的词项存储在哪个子树中，起到根据词项比较大小进行导航的作用，最底层的叶子节点存储词项的地址信息，根据这个地址就可以提取出单词字符串。

对于大部分应用而言，基于哈希的词典比基于排序的词典更快，因为它不需要进行耗时的树遍历或二分查找来获得给定词项对应的词典记录。基于哈希的词典比基于排序的词典快多少取决于哈希表的大小。表越小，词项的哈希冲突就越多，就可能大大降低词典的性能。通常，为了使哈希表中冲突链表的长度较短，哈希表的大小应随着词典中的词项数量的增长而线性增加。

表4-2给出了在莎士比亚文集、TERC45和GOV2三个样例文档集合中，查询阶段的查找能力，即排序的词典和基于哈希的词典查找一个词项的平均延时。对于后者来说，哈希表的大小（数组纪录数）在2^{18}到2^{24}之间变化。哈希算法在三个文档集上的表现都比排序词典查询速度快。一般来说，哈希表越大，查询时间越短，但在这里结果却恰恰相反，这是因为莎士比亚文集太小，仅仅23000个不同的词项，而TREC 45为1.2×10^6、GOV为4.9×10^7，导致了本来用于减少词项冲突的缓冲效应反而降低了CPU缓存的利用率。在这种情况下，大的哈希表反而增加了查找时间。

表4-2　查询阶段的查找性能

	有序	哈希（2^{18}）	哈希（2^{18}）	哈希（2^{22}）	哈希（2^{24}）
莎士比亚	0.32us	0.11us	0.13us	0.14us	0.16us
TREC45	1.20us	0.53us	0.34us	0.27us	0.25us
GOV2	2.79us	19.8us	5.80us	2.23us	0.84us

词典不仅保存了各种中英文词汇，同时也保存了这些词汇的一些统计信息（如每个词出现的文档频率nDocs），这些统计信息用于各种排名算法（ranking algorithm）。

4.1.3 倒排表结构

查询处理中使用的实际索引，实际上是存放在索引的倒排表中，通过搜索引擎的词典来访问。每个词项的倒排表中存储着该词项在文档集中出现的位置信息。形式最简单的倒排表只存储包含每个词项的文档编号，没有其他附加信息。

例：

Doc1："走进搜索引擎，学习搜索引擎"

Doc2："利用搜索引擎，学习人工智能"

Doc3："利用人工智能改善搜索引擎"

三个文档分词后为：

Doc1："走进 搜索引擎 学习 搜索引擎"

Doc2："利用 搜索引擎 学习 人工智能"

Doc3："利用 人工智能 改善 搜索引擎"

图 4-6 所示为本例中的文档(句子)的简单倒排索引。

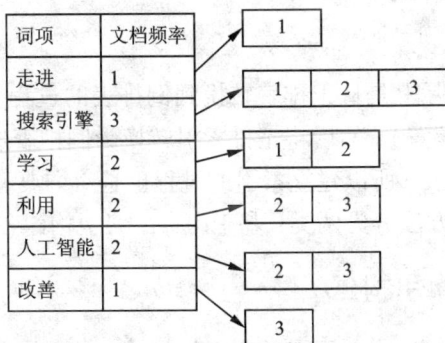

图 4-6 例 4.1 中的文档(句子)的简单倒排索引

这种索引中没有记录每个词项出现的次数和位置，只记录了每个词项出现在其中的文档。但是一般地讲，词频是预测文档相关性的强有力的手段。具体地说，词频可以帮助区分那些文档间的主题性。假设有两个文档，一个是关于"热带鱼"，一个是关于"热带岛屿"。"热带岛屿"的文档可能也包含了"鱼"，但出现次数只有几次。而"热带鱼"的文档中单词"鱼"出现的次数要更多。在这个例子中，当查询关键词为"热带"和"鱼"，使用单词出现的次数有助于我们将最相关的文档排到最前面。

同时在查询与关键词相匹配的文档时，单词在文档中的位置也是一个重要信息来表明文档的相关性。在网页中，标题出现的词往往和主题具有很强的相关性。

因此，倒排表中的每个元素不仅需要记录文档的编号 DocID，同时还需要记录该词在文档中出现的频率、词项在文档中的所有的位置信息，如图 4-7 所示。实际上这个信息不只记录该词项在对应文档中出现的位置，它还包括词项的其他一些信息，比如字体、类别等，我们称此为词项的"出现信息记录"(hit record)。词项在文档中每出现一次，就有一个相应的记录，在 Google 搜索引擎中使用了两个字节(16 个二进制位)来进行记录。

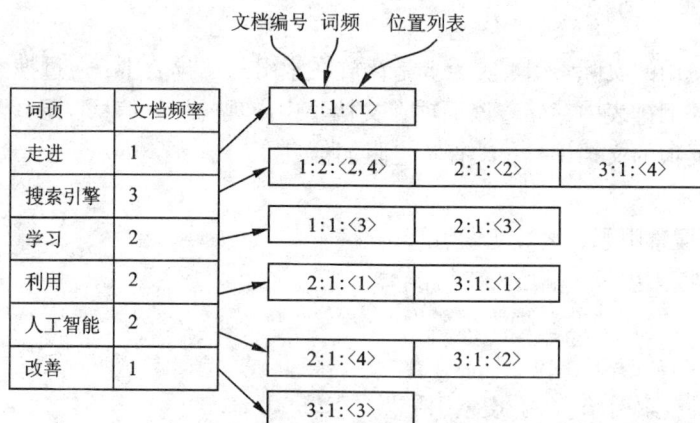

图 4-7 带有词频和位置信息的倒排表

4.2 建立索引方式

建立倒排索引的过程实际上是从正排表转换到倒排表的过程，即分析文档时，得到的是该文档的对（单词 ID，出现位置），然后将正排索引转换为倒排表进行索引。由于倒排索引的主要组成部分是词典和倒排表，所以建立索引的过程也是对词典和倒排表的建立和维护的过程。一般来说，建立索引的方法分为两类：基于内存的索引构建和基于排序的索引构建。

4.2.1 基于内存的索引构建

基于内存的索引构建方法在需要索引的文档集足够小的情况下，完全在内存里完成索引的创建过程。词典和倒排表的建立都完全在内存中完成。

索引过程中的词典实现方法需要对词项查找和词项的插入提供有效的支持。在前面小节中，我们已经介绍了两种高效的词典数据结构：哈希词典和基于 B 树的词典。由于自然语言本身存在着齐普夫（Zipf）分布。齐普夫分布表明在自然语言中，只有极少数的词被经常使用，而绝大多数词很少被使用。因此，大部分的词典查找都是为了查找少数的高频词。如果词典基于哈希实现且通过冲突链表解决哈希冲突，那么高频词的词典记录就必须靠近冲突链表的头部。通常实现的方式是：向后插入启发方法和前移启发式方法。

向后插入启发方法：如果一个词是高频词，那么它在输入的文档中的位置会比较靠前。因此，当向已有的哈希表中的某个冲突链表中加入一个新词时，需要在链表的尾部进行插入。通常，高频词插入得早，留在链表头部，而非高频词插入得晚，留在尾部。

前移启发式方法：该方法仍然是将新的高频词插入到链表尾端，但是在执行一次词项查找时，如果没有在链表头部找到对应的词项，则将该词移到链表头部。

向后插入启发方法和前移启发式方法的性能基本一致，只有当哈希表较小时，前移启发式方法要比向后插入启发方法的性能略微快些。

倒排表构建也是建立索引的重要步骤。通常每个倒排表都是以独立的链表形式实现，可以有效地支持新的文档位置信息插入到已有的链表中。这种形式的缺点是需要消耗大量的内存空间：对于每个 32 位(或 64 位)的位置信息，索引过程需要额外存储一个 32 位(或 64 位)的指针。

目前，研究学者针对该问题提出来多种改进方法，如采用数组代替链表。但这种结构需要事先知道每个词汇的倒排列表的长度。这种方法需要对文档进行两次扫描，创建索引。第一次遍历首先获得全局性的统计信息，从而获得所需内存的大小。统计信息包括：文档集合中的文档总数，每个词项出现的文档数等；第二次遍历充分利用内存的随机访问功能，快速更新每个词项的位置信息列表。两遍扫描，便可完成索引建立，并将内存的倒排列表和词典信息写入磁盘。这种方法叫作两遍文档遍历。具体的流程如下：

输入：文档集合
输出：文档集合的倒排表

算法：

①初始遍历文档集合，统计文档集合中的文档总个数 D，文档集合中不同词项个数 M，对于每一个词项 w，统计包含 w 的文档数 DF_w。

②将所有词的文档数 DF_w 统计总数，总数记为 T，在内存中建立长度为 T 的数组 A。并且对每个词项 w，在数组 A 中生成相应的位置信息列表在数组中的区域，并且生成指向其对应数组区域的指针 p_w。

③在第二次遍历文档集合时，扫描每个文档，计算每个词在该文档中的词频 TF 和出现的位置，并将信息存储在预分配的对应数组中。

在第一次扫描时，每处理一篇文档，文档总个数 D 加 1。顺序扫描文档时，当遇到在文档中第一次出现的词项时，将其插入到词典中并将该词的 DF 值赋予 1，如果词典中已经含有这个词项，则把该词项的 DF 加 1。将所有单词 DF 值相加，可以估计得到倒排表所需总内存大小。在 4.1.3 小节的例题中，所有词的 DF 值相加得到的是 11，词"搜索引擎"的 DF 值为 3，表示为该词对应的倒排列表分配长度为 3 的内存区域。

第二次文档遍历是正式地填充每个词项的倒排列表内存区中的内容。扫描每个文档，计算每个词在该文档中的词频 TF 和出现的位置。结束时，所分配的内存空间也正好被填满。每个词项对应的内存片段，此时已被创建成该单词的倒排列表，如下所示：

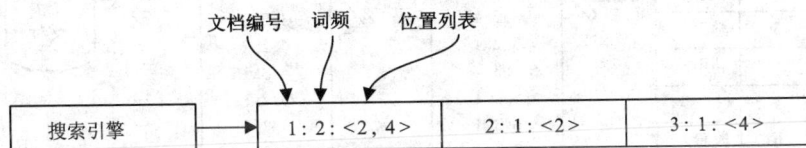

这个简单建立索引的功能可以用于小数据，例如索引几千个文档。然而它有两点限制：

(1)需要有足够的内存来存储倒排表，对于搜索引擎来说，都是 G 级别数据，特别是当规模不断扩大时，根本不可能提供这么多的内存。

(2)算法是顺序执行，不便于并行处理。

4.2.2 基于排序的索引建立

当对大文档集建立索引时,往往因为索引的文档数量过大,有可能导致不能在内存中存储整个倒排文件。如果完全基于磁盘的排序,也存在问题:I/O 操作总是很慢,因此需要尽量减少磁盘的 I/O 操作。基于排序的方法(图 4-8),是既基于内存又基于磁盘的索引。

该方法是在创建索引的过程中,始终在内存中分配固定大小的空间,用来存放字典信息和索引的中间结果,当分配的空间被用完时,把中间结果写入磁盘,并清除中间结果所占的内存空间,释放的空间用于存储新的索引中间结果。在基于排序的索引构建方法中,每个单词的 ID 都是由全局的词典定义,具有唯一性。并且在整个过程中,词典都存储在内存中,只有中间结果写入磁盘。整个过程如下:

首先,分析扫描的文档,对于文档中的单词,产生 <词项 ID,文档 ID,位置信息> 的元组,新的 <词项 ID,文档 ID,位置信息> 元组加入已用内存空间的尾端。整个文档转换为由这些元组组成的序列,并且这些元组按照位置信息进行排序。新文档不断地被扫描进来分析,上述过程不断循环执行,直到内存已没有多少空余空间。<词项 ID,文档 ID,位置信息> 也可以作为倒排表每个单元的信息

其次,对中间结果 <词项 ID,文档 ID,位置信息> 进行排序,这次排序已按词项 ID 从小到大排序。在相同词项 ID 情况下,按文档 ID 从小到大排序。将排好序的倒排表写入磁盘,形成中间结果文件。

最后,循环执行以上处理过程,直到所有文档被处理完毕,合并磁盘中每轮产生的中间结果文件,存放文件的部分数据。在合并过程中,系统会为每个中间结果文件开辟一个缓冲区,合并不同缓冲区的同一个单词 <词项 ID,文档 ID,位置信息>,形成部分单词的倒排表信息,写入磁盘文件。循环将中间结果文件的剩余部分读入缓冲区进行合并,直到所有单词的合并结束为止。

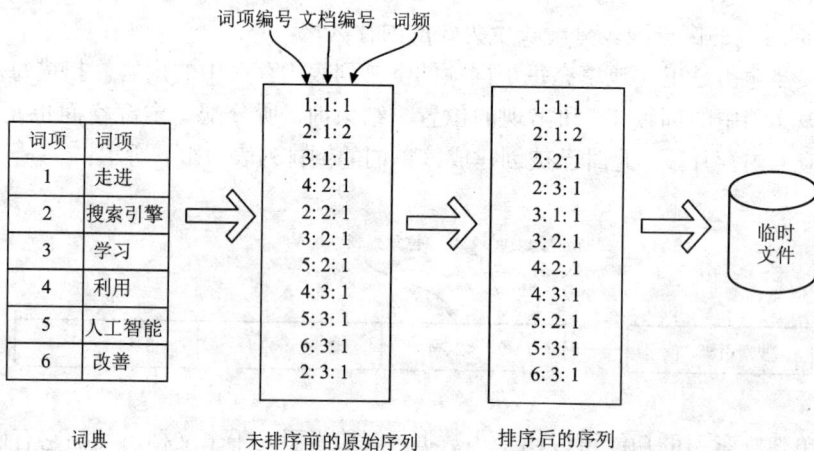

图 4-8 排序法

同样以 4.1.3 小节中例题的三个文档为例:

Doc1："走进 搜索引擎 学习 搜索引擎"

Doc2："利用 搜索引擎 学习 人工智能"

Doc3："利用 人工智能 改善 搜索引擎"

基于排序的索引方法的特点是只对中间结果做写入磁盘操作，词典信息始终在内存中维护，这样可以建立大规模文档集合的索引。但随着内存被不断占用，后续中间结果可用内存会越来越少。

4.2.3　基于合并法的索引构建

与基于排序的索引构建方法不同，基于合并法（图 4-9）的索引构建方法不需要维护一个全局的数据结构，特别是不需要维护全局的词项 ID。每次将内存中数据写入磁盘时，包括词典在内的所有中间结果信息都会被写入磁盘，这样内存可以全部被清空，后续建立索引可以使用全部的定额内存。

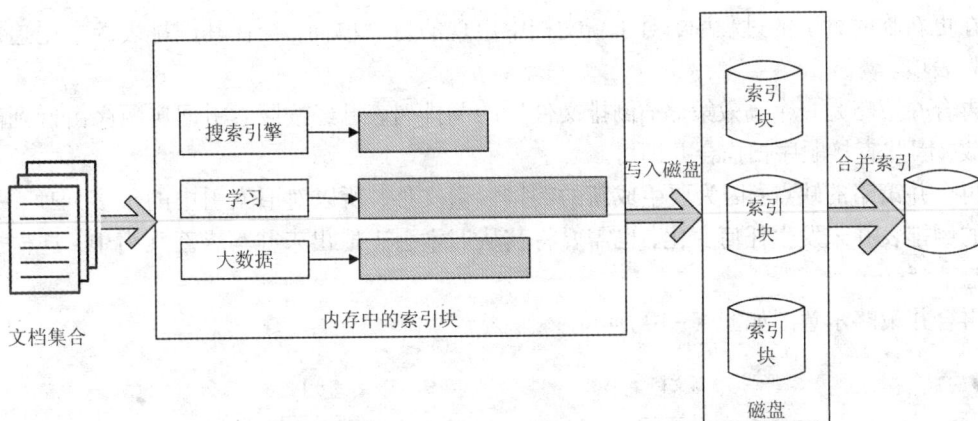

图 4-9　合并法

整个索引过程与基于排序的索引方法非常相似，但在实现方式上不同。它主要是将一个大的文档集合动态切分成多个子文档集合。对每个子文档集合，在内存建立该集合完整的倒排索引，包括词典和倒排表。该索引只代表文档集合的一部分，这样的子索引叫作索引块。当内存不够时，将已生成的索引块作为中间结果输出到磁盘，并删除内存中的索引块。循环执行上面步骤，最后将所有的索引块合并成为最终的索引，即整个文档集的索引。索引块中的倒排表通常都以压缩形式存储。

4.3　索引更新

至今为止，我们都是假设索引是静态创建的。在索引静态创建中，一个静态的文档集合作为索引器的输入，索引器构建索引，并且允许用户访问索引进行查询。但实际上，互联网上的网页一直在动态变化，每时每刻时都会有新页面出现，页面的内容可能随时被更改或删除。爬虫需要不断地对网页进行更新抓取，这也导致了搜索引擎的动态更新。

索引的更新策略有四种：完全重建策略、再合并策略、原地更新策略和混合策略。

1. 完全重建策略

当新增文档达到一定数量，将新增文档和原先的老文档整合，然后利用4.2节讲的静态索引创建方法对所有文档重建索引。新索引建立完成后，旧索引会被删除。

这种策略比较简单，易实现。但是这种方法代价高，重建索引所需时间长。这种策略适合比较小的文档集合，但是目前主流商业搜索引擎也一般是采用这种方式维护索引更新，这跟互联网本身的特性有关。

2. 再合并策略

在内存中保留一个临时索引，当新文档进入系统后，更新内存中维护的临时索引。当新增文档达到一定数量，或者临时索引消耗光指定内存时，将临时索引与磁盘上的老索引合并，生成新的倒排文件。

在更新临时索引的过程中，对于新文档中出现的每个单词，会在其倒排表的末尾追加倒排表列表项。

再合并策略是一个高效策略，倒排文件里的倒排列表已经按照索引词典顺序由低到高排序存放，因此直接顺序扫描合并即可。

再合并策略的缺点：因为要生成新的倒排索引文件，所以对旧索引中的很多词项，尽管它们的倒排表并未发生任何变化，也需要将其从旧索引中取出来并写入新索引中，这样造成了磁盘消耗。

再合并策略示意图如图4-10所示。

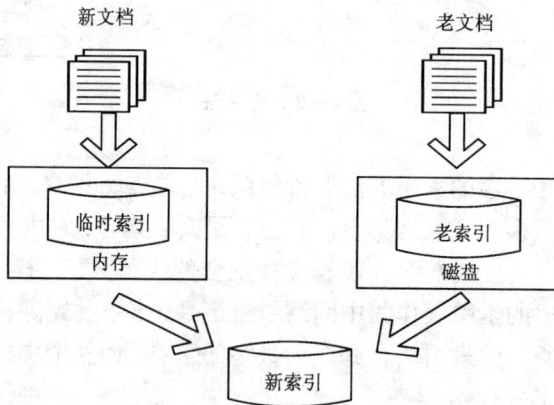

图4-10   再合并策略示意图

3. 原地更新策略

在索引合并时，并不生成新的索引文件，而是直接在原先的索引文件里进行追加操作，将增量索引里词项的倒排列表项追加到旧索引对应的倒排列表项的末尾，原地更新策略不需要搜索引擎将整个旧索引读入内存进行合并，只是将内存中的增量索引里词项的倒排表信息写入到磁盘中进行更新，其他单词信息不做变动。

这需要提前分配一定的空间给未来插入，如果提前分配的空间不够，则需要迁移。实际显示，其索引更新的效率比再合并策略要低。图 4-11 是原地更新策略的示意图。

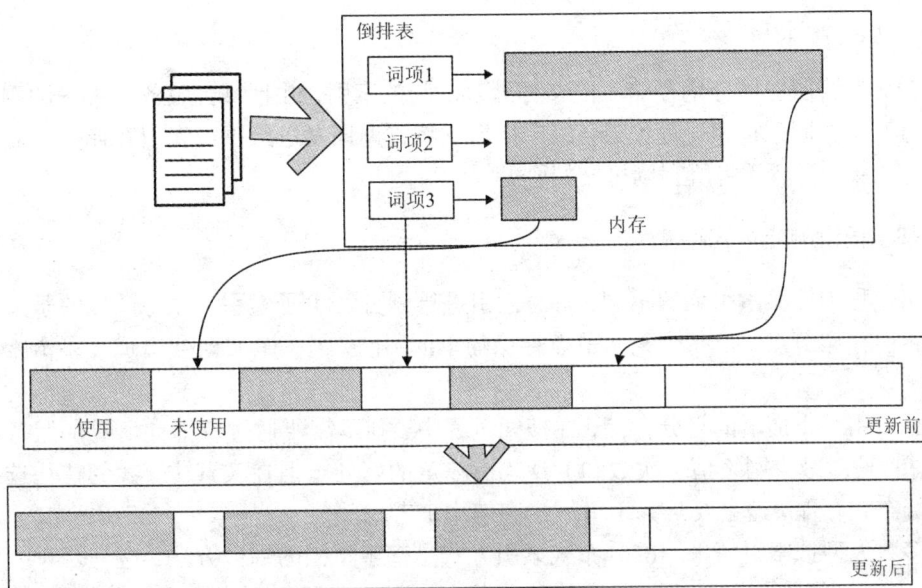

图 4-11　原地更新策略

4. 混合策略

混合策略的出发点是能够结合不同索引更新策略的长处，将不同索引更新策略混合，以形成更高效的方法。在该策略中，每个词项的倒排表可以选择采用再合并策略还是原地更新策略。

互联网的动态性不仅体现在每时每刻有新网页产生，同时也体现在有旧网页消失。如果在倒排索引中没有删除这些消失网页的倒排表信息，那么就会在搜索引擎的查询结果中出现这些网页的信息，导致用户的体验差。

在增量式更新中，每次删除文档之后都会从索引中删除掉这些文档对应的倒排表，更新后再写入磁盘，这种方式效率太低，并不可行。另一种方法是消失文档的信息记录在一个无效列表中。当用户提交搜索请求后，搜索引擎再索引进行查找，并返回一个查询结果。将该查询结果与无效列表进行交集运算，过滤掉消失文档的位置信息，或者在返回给用户最终搜索结果前过滤掉整个消失文档。

4.4　分布式索引

4.4.1　数据划分

由于互联网上的数据量太大，造成索引数据也在快速增长。往往对抓取下来的文档建立的索引采用单台机器进行索引存储已经满足不了海量数据索引的要求。因此，需要采用分布式存储的方法对数据进行存放和处理。

在分布式处理中，数据分散到多台计算机上，合理的分布式数据存储是高效处理数据的基础。分布式存储方式可以按照基于文档和基于词语进行划分。

1. 基于文档的分布式存储

每台分布式服务器分别存储不同文档编号区间的索引，并且每台服务器维护的倒排索引文档编号互不相同。检索过程中，会以广播形式将查询词发送给每台索引存储节点获得对应的倒排文档集合，然后将所有倒排文档合并。

2. 基于词语的分布式存储

索引过程中按照索引词的不同，将总索引进行划分产生子索引，并将产生的子索引存储在各个索引存储节点中。每个索引节点存储的单词不同，但一个文档会出现在多个索引服务器上。

如果采用基于词语的划分存储，在搜索过程中，则不需要通过广播向所有的服务器发送搜索请求，这对减少网络请求次数和 I/O 均有一定的好处。但在实践中，我们往往选择基于文档的分布式存储，这主要是基于可靠性和效率来考虑。

大多数大型搜索引擎采用的分布式索引方式是基于文档的划分方法，这是因为：

（1）基于词语划分无法保证单点故障。若在索引服务器集群中，某一服务器发生故障，则可能导致该服务器上对应的词语都无法实现正常搜索，甚至无结果返回。而基于文档的划分至多是这部分文档无法被搜索出，其他文档依然可以正常被检索。

（2）基于词语划分方式并行处理效率较低。搜索结果的索引如果仅来自某台索引服务器，则整个检索过程中，都会等待该索引服务器返回数据。而采用文档的划分存储，索引数据的获取由各个索引服务器并发共同完成。

4.4.2 冗余和容错

在分布式索引中，如果某台服务器出现故障，那么该服务器上的倒排表就访问不到，影响搜索引擎的检索质量，进而影响众多用户。因此，在索引的设计实现过程中不仅要考虑响应时间和检索质量，还要考虑冗余和容错。

通常在分布式索引中，冗余和容错的解决方法有三种。

1. 复制

一个索引节点可以有多个副本，并且这些副本并行地处理查询。如果索引节点的 n 个副本中有一个出现了故障，那么故障副本的负载会被剩下的 $n-1$ 个副本分担。这种方法简单易行，但缺点是有可能剩下的 $n-1$ 个副本会超载，特别是在 n 值很小的情况下。

2. 部分复制

不是将整个索引复制 n 份，只复制那些重要文档的索引信息。这个方法背后的思想是认为大多数的搜索结果并不重要，很容易使用等价的相关文档取代它，但是这个方法的缺点是很难预测哪些文档是重要的。

3. 休眠复制

假设搜索引擎由 n 个节点组成。每个节点 v_i 上的索引都分成了 $n-1$ 个片断，并平均分发到其他 $n-1$ 个节点中。这些在 $n-1$ 节点上的 v_i 索引副本平时在磁盘上休眠，不使用它们处理查询。只有当该节点失效时，v_i 相应的 $n-1$ 个副本才被激活，装入内存中参与查询的处理。将副本装入内存中是非常重要的，否则每次查询引起的磁盘寻找总数将加倍。由于每个节点都需要在其他的 $n-1$ 个节点上存储休眠副本，使得存储开销增加一倍。

在实际的应用中，上述三种策略可以联合起来，提高系统的冗余性和容错性。

4.4.3　Elastic Search 的分布式索引

Elastic Search(ES)是一个基于 Lucene 的开源分布式搜索引擎。它提供了分布式的索引机制。

Elastic Search 的分布式索引机制是在集群上实现的。ES 集群是一个或多个节点的集合。集群里的每个服务器被称为一个节点(node)，而这些服务器被统称为一个集群(cluster)。它们共同存储了整个数据集，并提供了联合索引以及可跨所有节点的搜索能力。多节点组成的集群拥有处理大型数据集并实现容错功能，它可以在一个或几个节点出现故障时保证服务的整体可用性。集群靠其独有的名称进行标识，默认名称为"elasticsearch"。节点靠其集群名称来决定加入哪个 ES 集群，一个节点只能属于一个集群。

Elastic Search 中通过索引分片将海量数据进行分割并分布到不同节点。通过副本(索引部分的拷贝)可以实现更强的可用性和更高的性能。Elastic Search 提供的"分片"(shard)机制可将一个索引内部的数据分布地存储于多个节点，它通过将一个索引切分为多个底层物理的 Lucene 索引，完成索引数据的分割存储功能，每一个物理的 Lucene 索引称为一个分片(shard)，也就是单个主机上的 Lucene 索引，被命名为分片。

每个分片内部都是一个全功能且独立的索引，因此可由集群中的任何主机存储。创建索引时，用户可指定其分片的数量，默认数量为 5 个。shard 有两种类型：primary 和 replica，即主 shard(分片)及副本 shard(分片)。primary shard 用于文档存储，每个新的索引会自动创建 5 个 primary shard。在索引创建之前，primary shard 的数量可以通过配置自行定义。一旦创建完成，primary shard 的数量就不可更改。replica shard 是 primary shard 的副本，用于冗余数据及提高搜索性能。每个 primary shard 默认配置了一个 replica shard，但也可以配置多个。在索引创建之后，replica shard 数量也是可以动态修改的。ES 会根据需要自动增加或减少这些 replica shard 的数量。ES 集群可由多个节点组成，各 shard 分布式地存储于这些节点上。ES 可自动在节点间按需要移动 shard，例如增加节点或节点故障时。简而言之，分片实现了集群的分布式存储，通过将一个单独的索引分为多个分片，我们可以处理不能在一个单一的服务器上面运行的大型索引，而副本实现了其分布式处理及冗余功能，提高了查询的负载能力。

4.5   索引压缩

压缩编码技术是管理存储器层的有力工具。由于倒排索引包括词位置、词频、文本范围等信息，使得大规模文档集的倒排索引表自身也非常大。如使用开源搜索引擎 Indri 构建的 TREC 文本集的索引，其大小也是文件集的 25%～50%。压缩可以大大减少倒排表所占空间，降低对磁盘和存储器的需求。更重要的是，压缩使得更多数据存入存储器层，能够在处理器缓存中存储更多的有用数据，大大加快数据处理速度。在磁盘上，压缩也将数据压得更紧密，这就降低了寻道时间。

倒排索引的压缩包括两个方面的压缩：词典的压缩和倒排列表的压缩。词典的 Hash 结构和 B + 树结构本身就是很好的压缩方案，在 4.1.2 小节中，我们已经对基于 Hash 结构的词典和基于树的词典进行了详细的阐述。本小节主要对倒排表的压缩进行阐述。

4.5.1   评价压缩算法的指标

评价倒排列表压缩算法考虑三方面的指标：压缩率、压缩速度和解压速度。

压缩率，就是数据压缩前大小和压缩后大小的比例关系。很明显，压缩率越高，就越节省磁盘空间，同时也节省了倒排列表从磁盘读入到内存的时间。

压缩速度是指压缩一定量的数据所花费的时间。相对而言，这个指标不如其他两个指标重要，因为压缩往往是在建立索引过程中进行的，而建立索引是一个后台运行过程，不需要即时响应用户查询，即使速度慢些也没有太大关系。另外，建立索引的次数相对而言也不算多，所以从几个方面考虑，压缩速度不是一个重要指标。

解压速度在三个指标中是最重要的，其含义是将压缩数据再次恢复为原始数据所花的时间。因为搜索引擎在响应用户查询时，从磁盘读入的是压缩后的数据，需要实时解压以快速响应用户，所以解压速度直接关系到系统的用户体验，其重要性不言而喻。

4.5.2   Delta 编码（D – Gaps）

本小节考虑的所有编码技术都假设小数字比大数字更常见。对于词频，这是一个很好的假设，文档中许多词仅出现一次，有些出现两次或者三次。只有很少的词出现超过 10 次。这也符合自然语言中的齐普夫定律。因此，我们使用小代码对小数字编码，大代码对大数字编码。

然而，文档编号性质则不同，一个典型的倒排表包含一些小的文档编号和一些非常大的文档编号。有些大编号文档包含很多单词，因此会在倒排表中出现多次。如果考虑文档编号之间的差值而不是文档编号自身，情况就不一样了，倒排表一般是按文档编号进行排列的。例如，无计数倒排表就是一些文档编号的列表，这些文档编号是从小到大排列，如下所示：

$$1, 5, 9, 18, 23, 24, 30, 44, 45, 48$$

既然这些文档编号是有序的，那么序列中的每个文档编号都比它前面的大，比后面的小。使得可以通过邻接文档编号之间的差额对列表进行编码：

$$1, 4, 4, 9, 5, 1, 6, 14, 1, 3$$

该编码列表以 1 开始，说明第一个文档编号是 1。接下来是 4，说明第二个文档编号比第一个大 4, 1 + 4 = 5, 第二个文档的编号为 5。第三个数也是 4, 说明第三个文档的编号比第二个大 4, 5 + 4 = 9, 第三个文档的编号为 9。这一过程称作 Delta 编码 (Delta encoding), 这个间距经常被称作 D - Gaps。

Delta 编码自身不节省任何空间, 只是将大文档编号转换为小文档编号, 使得倒排表中的位置列表是一个小数字列表。如图 4 - 12 所示。

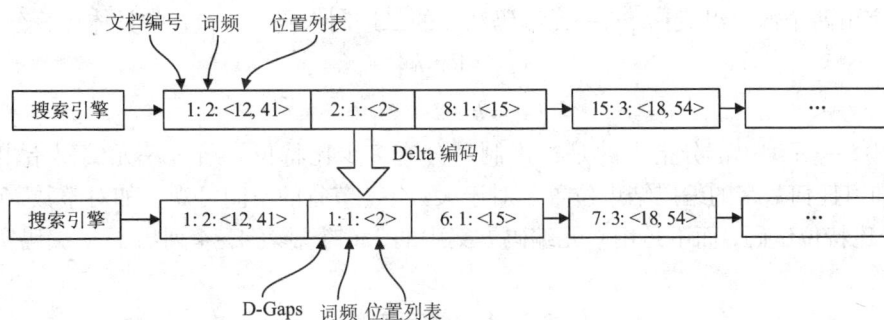

图 4 - 12　倒排表的 Delta 编码

下面将讨论对小数字列表的压缩方法。倒排索引中的倒排表的压缩方法一般可分为两类: 参数码和非参数码。当对列表中的位置信息进行编码时, 非参数码通常不考虑给定倒排列表实际的间距分布, 而参数码则需要在压缩前分析待压缩的倒排列表的统计信息。基于分析结果, 选择一个参数值, 编码位置信息串的码字由这个参数决定。

4.5.3　无参数间距压缩编码

1. 一元编码

一元编码和二进制编码是所有倒排列表压缩算法的基本构成元素。所有的索引算法都是以这两种格式对数据进行表示。一元编码是非常直观的数据表现形式。对于整数 k, 使用 k 个二进制数 "1" 和末尾的 "0" 表示这个整数, 表 4 - 3 是一元编码示例。从例子中可以看出, 一元编码仅适合非常小的数据, 而对于大数据, 一元编码会很长, 明显不经济。

表 4 - 3　一元编码示例

整数 k	一元编码
1	10
2	110
3	1110
4	11110
5	111110
…	…

二进制编码是计算机内部的标准数据表示形式，即二进制数字"0"和"1"进行组合表示具体数值。

2. γ 编码

最简单的正整数无参数码是一元编码，另外一个重要的无参数间距编码是 γ 编码，它是由 Elias 在 1975 年首先提出来的，结合了一元编码和二进制编码的优势。在 γ 编码中，正整数 k 的码字由两个部分组成：k_d 的一元编码和 k_r 的二进制编码。k_d 和 k_r 的具体计算公式如下：

$$k_d = \lfloor \log_2 k \rfloor$$
$$k_r = k - 2^{\lfloor \log_2 k \rfloor} \tag{4-1}$$

该码中，一元编码部分指出的是二进制部分有多少比特位。通过一元编码指出的比特位，可以知道任何数字的编码结束位置。对于大数字，节省的空间可观。如对整数 255 而言，是用 15 个比特位编码，而不是用一元编码方案中的 256 个。表 4-4 列出了 γ 编码实例。

表 4-4   γ 编码实例

整数 k	k_d	k_r	编码
1	0	0	0
3	1	1	10 1
6	2	2	110 10
15	3	7	1110 111
255	7	127	11111110 1111111

对于任意整数 k，γ 编码需要 $2\lfloor \log_2 k \rfloor + 1$ 个比特位。像 γ 编码这种编码长度在最优编码长度的某个倍数之内的编码方式，被称为通用性编码(universal code)。

除了通用性之外，γ 编码还具有两种适合于索引压缩的性质。第一，γ 编码方法是前缀无关码(prefix-free code，也称 prefix code)，即一个 γ 编码不会是另一个 γ 编码的前缀。这也意味着对于一个 γ 编码序列来说，只可能有唯一的解码结果，不需要对编码进行切分，而如果切分则会降低解码的效率。第二，γ 编码方法是参数无关性(parameter free)，对于很多其他高效的编码方式，需要对模型(比如二项式分布模型)的参数进行拟合，使之适应于索引中间距的分布情况，而这样做会加大压缩和解压的实现复杂性。比如，必须对这些参数进行存储和检索。另外，在动态索引环境下，间距的分布会变化，因此原有的参数可能不再合适。但对于参数无关编码方法来说，上述问题就不存在。

3. δ 编码

尽管 γ 编码是对一元编码的很大的改良，但是它对于可能包含大数字的输入并不理想，需要两倍的比特位使其编码无歧义。

δ 编码是建立在 γ 编码基础上并进行改进的结果。它通过改变 k_d 的编码方式解决了上述问题。它将 k_d 进一步分解，分解结果为：

$$k_{dd} = \log_2(k_d + 1)$$
$$k_{dr} = k_d - 2\left[\log_2(k_d + 1)\right] \tag{4-2}$$

因为 k_d 可能为 0，但 $\log_2 0$ 并没有定义，所以在此使用 $k_d + 1$。使用一元编码对 k_{dd} 编码，k_{dr} 用二进制编码，k_r 仍然用二进制编码，那么 k_{dd} 值就是 k_{dr} 的长度，k_d 的值是 k_r 的长度，使得该码无歧义。

δ 编码中，k_{dd} 需要 $\left(\left[\log_2 k\right] + 1\right) + 1$ 位，二进制的 k_{dr} 需要 $\left[\log_2\left(\left[\log_2 k\right] + 1\right)\right]$ 位，二进制的 k_r 需要 $\left[\log_2 k\right]$ 位。总共需要大约 $2\left[\log_2\left(\left[\log_2 k\right] + 1\right)\right] + \left[\log_2 k\right]$ 位。表 4-5 列出了 δ 编码实例。

表 4-5　δ 编码实例

整数 k	k_d	k_r	k_{dd}	k_{dr}	编码
1	0	0	0	0	0
3	1	1	1	0	10 0 1
5	2	2	1	1	10 1 10
15	3	7	2	0	110 00 111
255	7	127	3	0	1110 000 1111111

4.5.4　参数间距压缩

无参数编码的缺点在于没有将待压缩列表的特殊特征考虑进去。如果给定的倒排列表的间距不满足于压缩码暗含的分布，那么我们就需要采用参数间距压缩的方法。

参数压缩的方法可以分为两类：全局（global）方法和局部（local）方法。全局方法对索引中的所有倒排列表都使用同一个参数值。局部方法是为索引中的每一个倒排列表（或列表中的位置信息块）选择一个不同的参数值。在大多情况下，局部效果比全局效果好。无论哪种方式，选择的参数都是压缩模型的重要描述。

基于参数间距压缩的算法中经典的是 Golomb/Rice 编码。Golomb/Rice 编码思路大致与 δ 编码、γ 编码一样，区别在于采用了和 Elias 不同的分解公式。整个过程如下：

（1）Golomb/Rice 编码选择一整数 M 作为模。

（2）将间距 k 分解成两个部分：商 q 和余数 r：

$$q(k) = (k-1)/M, \quad r(k) = (k-1) \bmod M$$

（3）将 $q(k) + 1$ 写成一元码，将 $r(k)$ 写成二进制编码。

在 Golomb/Rice 编码压缩算法中，M 值是一个很重要的参数。Golomb 编码和 Rice 编码的不同也在于 M 取值方式的不同。假设一个待压缩的数值序列的平均值为 Avg，则 Golomb 编码算法则将 M 设定为：

$$M = 0.69 \times Avg$$

这里的 0.69 是个经验参数。当 M 为任意整数时，这种压缩编码算法叫作 Golomb 编码。如果 M 取值为 2 的幂，则这种压缩编码方式叫作 Rice 编码。假设 Avg 的值为 123，如果 Golomb 编码的话，那么 M 的值应该是 84；如果是 Rice 编码的话，因为 M 必须是 2 的幂，那么 M 的值是 64，64 是小于 113 但最接近 113 的值。

4.5.5 高查询性能的编码

压缩倒排列表主要有两个目的：能减少索引的存储空间；能减少磁盘 I/O 的开销，从而提高查询性能。前面介绍的算法主要是为了第一个目的，而忽略了第二个目的。以上介绍的压缩算法都是以比特(bit)位作为存储的基本单位，是位对齐码算法。但是在处理字节的处理器上，处理变长比特位码仍然会比较麻烦，使得解码的复杂性增大，导致了查询性能的降低。本小节主要介绍两个专门设计的用于高解码吞吐量的方法。

1. 字节对齐编码

处理器能有效地处理字节，而不是比特位。所以在实际应用中，以字节为存储单位的压缩算法解码速度会更快。目前，有很多种以字节为存储单位的压缩算法，这里主要介绍一种比较流行的方法：变长字节算法，又叫作 v – Byte("变长字节"的英文缩写)。与前面算法的变长比特算法类似，都是小数值用短码表示，大数值用长码表示。但是存储的单位不再是比特位，而是字节。v – Byte 码比较简单，每个字节的第 7 位是二进制编码，高位是一个标志位。标志位是用来指示当前块是否最后一个块。如果每个编码最后一块的标志位置为 1，那么其他块的标志位置为 0。

以下列的可变长字节编码为例：

0	0000001	0	0011100	1	0100000

第一个字节正文对应的二进制码"0000001"代表数字"1"，因为该字节的标志位为"0"，表示还有后续字节。第二个字节正文对应的二进制码"0011100"代表数字：$2^4 + 2^3 + 2^2 = 28$。第二个字节标志位为"0"，表示还有后续字节。第三个字节标志位为"1"，表示这是最后的字节。第三个字节正文对应的二进制码"0100000"代表数字：$2^5 = 32$，那么最终这种序列对应的整数为：$1 \times 128^2 + 28 \times 128 + 32 = 20000$，该可变长的字节编码对应的 16 进制为：01 1C A0。

使用字节对齐码存储压缩倒排表中的位置信息比位对齐码而言，解压速度更快。

图 4 – 13 所示为 v – Byte 编码和解码过程的伪代码。

```
VBE_NCODE_N_UMBER(n)

1   bytes ← ( )
2   while true
3   do P_REPEND(bytes, n mod 128)
4      if n < 128
5         then B_REAK
6      n ← n div 128
7   bytes[L_ENGTH(bytes)] + = 128
8   return bytes


VBE_NCODE(numbers)

1   bytestream ← ( )
2   for each n ∈ numbers
3   do bytes ← VBE_NCODE_N_UMBER(n)
4      bytestream ← E_XTEND(bytestream, bytes)
5   return bytestream


VBD_ECODE(bytestream)

1   numbers ← 0
2   n ← 0
3   for i ← 1 to L_ENGTH(bytestream)
4   do if bytestream[i] < 128
5         then n ← 128 × n + bytestream[i]
6         else n ← 128 × n + (bytestream[i] − 128)
7            A_PPEND(numbers, n)
8            n ← 0
9   return numbers
```

图 4 – 13　v – Byte 编码和解码过程的伪代码

2. 字对齐编码

与上述想法类似，在解压被压缩的倒排列表时，访问整个机器字一般会比逐个获取所有字节更有效。因此，可以将倒排表中的多个文档间隔值($\triangle$ – value)用一个 32 位的机器字存储。Anh 和 Moffat(2005)讨论了多种字对齐的编码方法，最简单的方法叫作 Simple – 9。在 Simple – 9 编码中，每个字的前 4 位是指示位，而后面的 28 位是数据存储区。指示位的取值可以从下面的 9 个值中取：1，2，3，4，5，7，9，14，28。指示位值为 1，表明后面数据存储区中的基本单元比特宽度为 1，数据存储区由 28 个基本单元组成；指示位值为 2，表明后面数据存储区中的基本单元比特宽度为 2，数据存储区由 14 个基本单元组成。根据指示位的这 9 种取值，共有 9 种不同的方法将 28 位的数据存储区划分成等大的块，这也是这种方法命名的来由。表 4 – 6 是 Simple – 9 的字对齐位置信息压缩。

表 4 – 6   Simple – 9 的字对齐位置信息压缩

	1	2	3	4	5	6	7	8	9
指示位取值	1	2	3	4	5	7	9	14	28
基本单元的比特宽度	1	2	3	4	5	7	9	14	28
存储区的基本单元数	28	14	9	7	5	4	3	2	1
未用的位数	0	0	1	0	3	0	1	0	0

本章小结

本章重点介绍了搜索引擎主要的索引结构——倒排索引，倒排索引由单词词典和所有单词对应的倒排列表构成。并且介绍了三种建立索引的方式：基于内存的索引方式、基于排序的索引方式和基于合并法的索引方式。同时也介绍了四种索引更新策略：完全重建策略、再合并策略、原地更新策略以及混合策略。针对快速增长的索引数据，本章介绍了索引的分布式存储方式和索引压缩算法。重点介绍了几种常用的索引压缩算法：Delta 编码、无参数间距压缩编码、参数间距压缩和高查询性能的编码。索引是整个搜索引擎的工作基础，良好的索引结构和构建方式会大大地提高了文档的存取和访问效率。

习题

1.已知文档集：

文档 1：new home sales top forecasts.

文档 2：home sales rise in july.

文档 3：increase in home sales in july.

文档 4：july new home sales rise.

（1）写出单词文档矩阵。

（2）画出下列文档集所对应的倒排索引(索引列表中仅包含文档编号)。

2.对下列文档先进行分词再建立倒排索引，索引列表中要包含文档编号和每个词出现的频率和位置。

（1）农业银行行长跳槽中国银行。

（2）农业银行行长加盟中国银行。

（3）农业银行行长张云离开农行加盟中国银行。

（4）农业银行行长跳槽中国银行与职位调整有关。

（5）农业银行行长张云加盟工商银行。

3. 请简述建立索引的三种方式，比较它们之间的区别。

4. 请简述索引的更新策略。

5. 大多数大型搜索引擎采用哪种分布式索引存储方式? 为什么?

6. 在分布式索引中，如何解决冗余和容错问题?

7. 对某倒排记录表对应的间距表 (4, 6, 9, 1)，如何用一元编码、γ 编码进行编码?

8. 下面是采用可变长编码产生的编码值，请写出源码。

0	0000001	0	0010100	1	0100110

第 5 章 基于文本内容的检索模型

在知识大爆炸的年代，搜索引擎是人们获取知识的桥梁。对用户而言，搜索引擎最重要的功能，就是要在爬虫抓取下来的一个很大的文本集合中，找到与用户查询关键字相关的可以满足用户查询需求的文档。搜索引擎最重要的功能就是如何计算和评价文档与用户的查询需求匹配程度。在互联网上评价网页是否与用户的查询需求相关，不仅与网页本身的内容紧密关联，同时也与网页的链接结构相关。检索模型是搜索引擎的重要核心，用来判断网页内容与用户查询的相关性。搜索引擎所采用的检索模型的好坏，直接影响到最后检索结果的排名及用户的查询体验。本章主要围绕文本内容，介绍基于文本内容的各种检索模型。

5.1 检索模型概述

模型是采用数学工具，对现实世界某种事物或某种运动的抽象描述。

检索模型是搜索引擎的理论基础，它为量化相关性提供了一种数学模型，是描述文档和用户查询的表示形式以及它们之间的关系框架。没有信息检索模型就不能准确地描述信息检索的过程和本质，也就无法指导信息检索系统的研制与开发。一个典型的检索模型可以表示为一个四元组：

$$[D, Q, F, R(q_i, d_j)]$$

其中，D 为文档集的表示；Q 为用户需求的表示，这些表示称为查询。F 为文档与查询之间的匹配框架，它是在文档集合（D）和查询集合（Q）之间建立的模型化框架，如集合与布尔的关系、向量与线性代数运算、样本空间与概率分布等；$R(q_i, d_j)$ 为排序函数，给 query q_i 和 document d_j 评分。所有的检索模型都具有这四种成分：D、Q、F 和 $R(q_i, d_j)$。这些成分在后面的介绍中不再显式地讨论。

图 5-1 描述了检索的过程。给定一个查询和文档的表示形式，例如 q_i 和 d_j，排序函数 $R(q_i, d_j)$ 给查询 q_i 所对应的文档 d_j 赋予一个排名（一个实数）。从图 5-1 可以看出，信息检索模型取决于三个因素：从什么样的角度看到查询和文档；基于什么样的理论去看待查询关键词和文档的关系；如何计算查询和文档之间的相似程度。

自 20 世纪 50 年代以来，信息检索研究人员先后提出了不同类型的信息检索数学模型。其中最经典的模型有三种：布尔模型、向量空间模型和概率模型。随着人工智能和机器学习的发展，随着互联网信息的膨胀，有学者在传统的信息检索技术上与机器学习相互结合，提出了各种基于机器学习的排序算法。本章其余部分主要围绕这三种经典检索模型和当前热门的机器学习排序算法进行讨论。

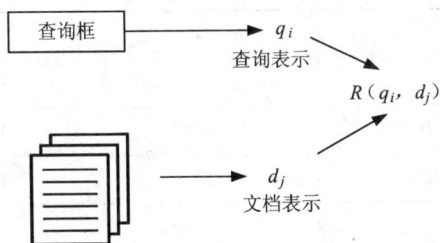

图 5 - 1　检索过程

5.2　布尔模型

布尔模型是一种简单的检索模型，它建立在集合论和布尔代数的基础上，也是最早的信息检索模型。1957 年，Y. Bar - Hille 对布尔逻辑应用于计算机信息检索的可能性进行了探讨。布尔模型在 20 世纪 60—70 年代得到了较大的发展，出现了许多基于布尔模型的商用检索系统，如 Dialog、Stairs、Medlars。当前流行的开源搜索引擎 Lucene 也是采用了布尔模型作为其的信息检索模型。

布尔模型又称为精确匹配检索，因为该模型检索到的文档都能够精确匹配检索的需求，不满足条件的文档都不会被检索到。在布尔模型中，文档被表示为关键词的集合。给定一个文档集合 D 包含了 m 篇文档，这 m 篇文档中出现的关键词组成词典集合 $\{w_1, w_2, \cdots, w_n\}$，单词 w_i 在文档 d 中的特征值只有两个取值 0 或 1，1 表示单词 w_i 出现在文档 d 中，0 表示没有出现在文档 d 中。假设文档集 d 有如下 4 个文档：

d_1：iPhone 8 于 9 月 13 号问世。

d_2：2017 苹果秋季新品发布会发布了 iPhone 8。

d_3：中国消费者认为华为比苹果强。

d_4：ipad 是苹果公司生产的平板电脑。

查询是由查询关键词和逻辑运算符"and""or"和"not"组成。文本与查询的匹配规则遵循布尔运算的法则。假设，查询词为苹果 and（iPhone or 华为），我们将查询转为（苹果 and iPhone）or（苹果 and 华为）。

效率最低的方法是线性扫描的方式：从头到尾扫描所有文档，对每个文档判断它是否包含苹果和 iPhone，或者是否包含了苹果和华为。这种方法效率太低，通常我们用单词文档矩阵表示单词文档间的包含关系，对包含文档关系的词向量进行交集、并集或取非的操作。

以上面的文档集合 D 为例，我们将文档简化，词典里只考虑"iPhone""苹果""华为"这 3 个词。那么产生了文档集 - 词典集之间关系的单词 - 文档矩阵，如表 5 - 1 所示。

表 5 - 1   单词 - 文档矩阵

	d_1	d_2	d_3	d_4
iPhone	1	1	0	0
苹果	0	1	1	1
华为	0	0	1	0

对"苹果"的行向量"0111"和"iPhone"的行向量"1100"进行交集运算得到｛0100｝，表示只有文档 d_2 包含了"苹果"和"iPhone"。对"苹果"的行向量"0111"和"华为"的行向量"0010"进行交集运算得到｛0010｝，表示只有文档 d_3 包含了"苹果"和"华为"。这样算法找出了符合查询条件的结果文档集｛d_2, d_3｝。其中结果文档集中的每个文档都是满足指定查询条件的文档，但是没有对结果文档进行排名。

布尔模型的主要优点是速度快，易于理解，能表达一定程度的结构化信息，易于表达同义关系，如"电脑" or "计算机"。其缺点是把布尔模型作为文本的表示很不精确，不能反映词频、词位置等重要信息对于文本的重要性，缺乏灵活性，更谈不上模糊匹配，没有返回排名结果，忽略了许多满足用户需求的文本。

5.3   向量空间模型

20 世纪 60 年代末，为了弥补布尔模型"准确匹配"造成的检索缺陷，美国著名学者 G. Salton(萨顿)基于"部分匹配"(partial matching)策略的信息检索思想，在其开发的实验性的系统 SMART(system for mechanical analysis and retrieval)中提出并采用了线形代数理论和方法，构建出了一种新型的检索模型，这就是后面广为人知的向量空间模型(vector space model，VSM)。

向量空间模型属于代数检索模型。它是基于统计学方法的一种经典的信息检索模型。它的基本思想是将检索系统中的每一篇文档和每一个查询都用等长向量来表示，从而构成一个向量空间。于是，检索系统中的文档与提问的匹配处理过程就转化为向量空间中文档向量与查询向量的相似度计算问题。向量空间模型作为一种文档表示和相似性计算的工具，不仅在搜索领域，而且在自然语言处理、文本挖掘等诸多其他领域也是普遍采用的有效工具。

在向量空间模型中，存在两个问题：如何表示文档和查询的向量？如何计算文档和查询的相关度(即相似度)？

5.3.1   文本表示

在向量空间模型中，每个文档被看作是一个 t 维的向量形式：
$$d_j = (w_{1j}, \cdots, w_{ij})$$
其中，w_{ij} 表示文档 d_j 的第 i 个特征的权重。文档中的特征可以是单词、词组、$N-gram$ 等多种形式，对于中文而言，可以以字作为特征。通常，我们以单词作为特征项，称作词项。所有文档的 t 维向量表示构成了一个文档向量矩阵，如表 5-2 所示。

表 5 - 2 文档向量矩阵

	词项 1	词项 2	⋯	词项 m
文档 1	w_{11}	w_{12}	⋯	w_{1m}
文档 2	w_{21}	w_{22}	⋯	w_{2m}
文档 3	w_{31}	w_{32}	⋯	w_{3m}
文档 4	w_{41}	w_{42}	⋯	w_{4m}

查询项采用与文档相同的方式表示,查询项 q_t 可以表示为 t 个词项的权值向量。

每个特征会根据一定的依据计算其权重。通常的权重计算方法主要有两种:词频(TF)和 TFIDF。

1. TF(词频)

该方法中,文档中的每个单词的权重取决于该单词在文档中出现的次数。首先,我们对于单词 t,根据其在文档 d 中的权重来计算它的得分。简单的方式是将权重设置为 t 在文档 d 中的出现次数。这种权重计算的结果称为词项频率(term frequencey),记为 $tf_{d,t}$,其中的两个下标分别对应词项 t 和文档 d。如下面的文档集合:

d_1:爱吃苹果的人也爱玩苹果手机。

d_2:苹果手机比华为手机贵。

d_3:今年苹果丰收。

用户输入的查询关键词往往很少有虚词,因此我们将虚词作为停用词去掉。本例中,"的""也"被去掉,得到的文档集合的词典为{爱,吃,苹果,玩,手机,比,华为,贵,今年,丰收}。那么,以词频为权值的文档向量矩阵如表 5 - 3 所示。

表 5 - 3 基于 tf 的文档向量矩阵

	爱	吃	苹果	玩	手机	比	华为	贵	今年	丰收
d_1	2	1	2	1	1	0	0	0	0	0
d_2	0	0	1	0	2	1	1	1	0	0
d_3	0	0	1	0	0	0	0	0	1	1

tf 函数背后的含义是在同一个文档中多次出现的单词比少数几次出现的单词的权重更高,但是它的值并不随着词频的增长而线性增长。尽管出现两次的词比出现一次的词应被赋予更高的权重,但也不必是两倍那么多。以下的函数满足这些要求:

$$tf = \begin{cases} \lg(f_{t,d}) & \text{如果} f_{t,d} > 0 \\ \cdots & \\ 0 & \text{其他} \end{cases} \tag{5-1}$$

式中,$f_{t,d}$ 为单词 t 在文档 d 中出现的频率。当此公式用于查询向量时,通常使用词项 t 在查询 q 中的词频 q_t 来代替 $f_{t,d}$。

　　另一种被充分研究的 tf 权重归一化方法是，采用文档中最大的词项频率对所有词项的频率进行归一化。对每篇文档 d，假定 $tf_{max}(d) = \max_{t \in d} tf_{t,d}$，其中 t 可以是 d 中的任一词项。于是，可以对文档中的每个词项 t 计算归一化后的 tf，计算公式如下：

$$ntf_{t,d} = \alpha + (1 - \alpha) \frac{tf_{t,d}}{tf_{max}(d)} \qquad (5-2)$$

　　式中，阻尼系数 α 是一个 0 到 1 之间的数，通常取 0.4，而在一些早期的工作中使用的是 0.5。α 主要起平滑（smoothing）作用，它在式（5-2）中主要是抑制后一部分的贡献，而后一部分可以看成是通过 d 中最大的 tf 值来对词项的 tf 进行缩减的结果。

2. 逆文档频率

　　tf 假设文档中所有单词的全局重要性是一样的，它只考虑查询关键词在文档中出现的次数。实际上，某些单词对于相关度计算来说几乎没有或很少有区分能力。如果在信息检索的论文集中，"信息检索"几乎出现在所有的文档中，那么"信息检索"这个词就没有区分能力。上例中，"苹果"也出现在文档集的 3 个文档中，没有区分能力。从这些例子可以看出，如果某个单词在多个文档中出现次数较多，那么，其区分度就降低，重要度也下降。我们将文档集合中出现单词 t 的文档个数，定义为单词 t 的文档频率，记作 df_t。如上例，"苹果"的文档频率为 3。

　　对于搜索引擎而言，由于爬取下来的文档集庞大，导致有些词的 df 值很大。以路透社的 RCV1 文档集为例，"try"的 df 值为 8760。由于 df 本身往往较大，所以通常需要将它映射到一个较小的取值范围中去。为此，假设文档集的文档总数目为 N，词项 t 的 idf（inverse document frequency，逆文档频率）的定义如下：

$$idf_t = \lg \frac{N}{df_t} \qquad (5-3)$$

　　在式（5-3）中，对数的底不重要，这里我们假设为 10。

　　从逆文档频率的定义可以看出，idf 可以用来衡量不同单词对文档的区分能力，其值越高则其区分不同文档差异的能力就越强，反之则区分能力越弱。表 5-4 列出了上面文档集中的"苹果""手机""华为"三个单词的 df_t 和 idf_t 值。

表 5-4　"苹果""手机""华为"的 df_t 和 idf_t 值

单词	df_t	idf_t
苹果	3	0
手机	2	0.176
华为	1	0.477

3. tf-idf 权重计算

　　tf-idf 框架就是结合了上述的词频因子和逆文档频率的权重计算框架。对于每一篇文档中的每个词项，可以将其 tf 值与 idf 值组合在一起形成最终的权重。tf-idf 的权重机制对文

档 d 中的词项 t 赋予的权重公式如下：

$$tf - idf_{t, d} = tf_{t, d} \times idf_t \qquad (5 - 4)$$

根据式（5 – 4），以上面的文档集合 D 为例，计算单词 t 在文档 D 中的 $tf - idf$ 值，表 5 – 5 列出了 $tf - idf$ 值。

表 5 – 5　基于 $tf - idf$ 权重的文档 – 词矩阵

	爱	吃	苹果	玩	手机	比	华为	贵	今年	丰收
D_1	0.954	0.477	0	0.477	0.176	0	0	0	0	0
D_2	0	0	0	0	0.352	0.477	0.477	0.477	0	0
D_3	0	0	0	0	0	0	0	0	0.477	0.477

式（5 – 4）中，tf 值可以是词频，也可以是词频的函数。如果式（5 – 4）中的 tf 使用式（5 – 1），那么公式为：

$$tf - idf_{t, d} = \lg(f_{t, d}) \times idf_t \qquad (5 - 5)$$

从式（5 – 4）和式（5 – 5）可以看出，对于某个文档 D 来说：

（1）如果 d 中单词 t 的词频很高，但是这个单词在文档集合 D 中的其他文档中很少出现，那么单词 t 的权重会较高。

（2）如果 d 中单词 t 的词频很高，但是这个单词在其他文档中也经常出现，那么单词 t 的权重会很低，因为该单词 t 没有区分能力。

（3）如果 D 中单词 t 的词频很低，但是这个单词在文档集合 D 中的其他文档中很少出现，那么单词 t 的权重也会很低，因为该单词 t 对文档 D 的内容表现能力较差。

（4）如果 d 中的单词 t 的词频很低，并且这个单词在文档集合 D 中的其他文档中很少出现，那么单词 t 的权重也会很低，因为该单词 t 不仅对文档 D 的内容表现能力较差，而且该单词 t 的区分能力也差。

在向量空间模型中，查询与文档一样，都用等长的文档向量表示。如果查询词为"苹果"和"手机"，词典为{爱, 吃, 苹果, 玩, 手机, 比, 华为, 贵, 今年, 丰收}，那么，查询 q 是一个长度为 10 的向量：

$$q = \begin{bmatrix} 0 & 0 & 1 & 0 & 1 & 0 & 0 & 0 & 0 & 0 \end{bmatrix}$$

5.3.2　查询相关度计算

当得到了查询 q 和文档 d 的向量表示后，我们要考虑的是如何计算查询 q 和文档 d 的相关度。在向量空间下，如何对两篇文档的相似度进行计算？通常我们采用向量间的余弦相似度（cosine similarity）（图 5 – 2）：

$$sim(d, q) = \frac{q \cdot d}{\parallel q \parallel \parallel d \parallel} \qquad (5 - 6)$$

式中，分子是查询向量 q 和文档向量 d 的内积（inner product）或称点积（dot product），分母是两个向量的欧几里德长度（Euclidean length，简称欧氏长度）的乘积。这个余弦向量的取值为 0 ~ 1，并且相似性越高，余弦值越大。

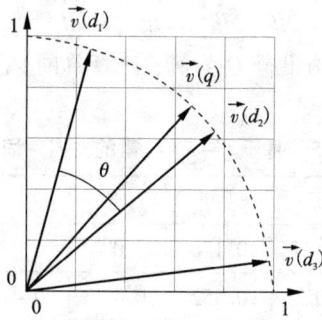

图 5 - 2   余弦相似度示意图

在向量空间中，查询关键字的检索过程就是：将查询和文档都表示为向量，计算查询向量和文档集中每个文档向量的余弦相似度，根据余弦结果并根据得分按照降序排序。在搜索引擎中，引擎返回的第一页往往是用户最关注的查询结果，因此往往设置参数 K，希望第一页的结果是排名最高的前 K 个结果。如果 $K = 10$，那么第一页上是 10 篇得分最高的文档。

实质上，向量空间模型的整个查询过程是将查询词项的位置列表执行合并操作。图 5 - 3 给出了计算向量相似度的一个基本流程。在该流程中，步骤 3 是将包含查询词项的列表执行合并，并且计算文档的向量表示。步骤 5、6、7 是 while 的循环内部，将一个文档的编号和文档得分在一个数组 result 中。最后，根据 score 值对 result 进行排名，并返回排名最高的前 K 篇文档。

result rankScore($[t_1, \cdots, t_n]$, K)
输出参数： $[t_1, \cdots, t_n]$：为查询向量 q K：返回的文档数 输出参数：按降序排列的文档集合 result
主要流程： 1   q < -$[t_1, \cdots, t_n]$ 2   j < -1 3   docList < -fetch postings list for every t in $[t_1, \cdots, t_n]$ 4   while d in docList 5   result[j].doc = d.id 6   d_vector = d.vector 7   result[j].score = $\dfrac{\text{d\_vector}}{\mid \text{d\_vector} \mid} \cdot \dfrac{q}{\mid\mid q \mid\mid}$ 8   sort result by score 9   return result[1..K]

图 5 - 3   向量空间模型中的排名检索查询处理过程流程

向量空间模型的优点是：①单词项的权重公式提高了检索质量；②它的部分匹配策略检出了近似于查询条件的文档；③它的余弦公式可以提供文档的相关性排名，而不是只是一个相关的文档集。但是，在向量空间模型中，单词项被假定为相互独立的，没有考虑单词之间的依赖性。实际上，单词间是存在依赖关系的，并且这种依赖关系蕴含了语义信息，对查询非常有用。向量空间模型相对比较简单，到目前为止，仍然是一种流行的信息检索模型。

5.4　概率检索模型

概率检索模型是一种基于概率框架的信息检索方案。它是应用文档与查询相关的概率来计算文档与查询的相似度。本小节主要对各种概率检索模型进行介绍，包括二元独立模型、BM25 模型和 BM25F 模型。

5.4.1　概率检索模型概述

最早的概率检索模型是由 Maron 和 Kuhns 于 1960 年提出的第一概率检索模型。1976 年 Robertson 和 Sparck Jones 等提出了第二概率检索模型。

概率检索模型的基本思想是：根据给定的一个用户查询，将文档集中的文档划分为两个部分：与查询相关的文档集合 R 和与查询不相关的文档集合 $\overline{R}$。与查询相关的文档集合 R 被称为理想文档集合。将信息检索的过程看成是寻找理想文档集合 R 的特征。图 5－4 表示了查询与文档的关系。

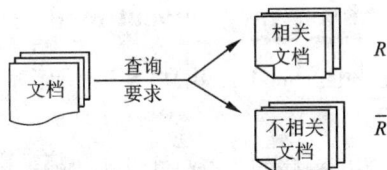

图 5－4　查询与文档的关系

概率模型的排名是基于 Robertson 产生的假设。

概率排名原则（probability ranking principle）：给定一个用户查询，如果一个信息检索系统对该查询的响应结果排序是按照文档的相关性概率递减排名的，那么对用户来说，系统就达到了最大的检索性能。

根据概率排名原则，概率检索模型的核心是"用户判断这个文档和这个查询相关的概率是多少"。

假设：d 是文档，q 是查询，二元随机变量 R 是用户对相关性的判断。当 $R=1$ 时，表示相关，否则表示不相关。根据上述表述，文档 d 与查询 q 的相关性概率可以表示为：$p(R=1|D=d, Q=q)$，简化为：$p(R|d, q)$。文档 d 与查询 q 的不相关性概率可以表示为：$p(R=0|D=d, Q=q)$，简化为：$p(\overline{R}|d, q)$。给定查询 q，那么文档 d 和查询 q 的相似度是由 $p(R|d, q)$ 和 $p(\overline{R}|d, q)$ 的比率决定，具体的公式如下：

$$sim(d, q) = \frac{P(R|d, q)}{P(\overline{R}|d, q)} \tag{5-7}$$

贝叶斯定理中：

$$P(R|d, q) = \frac{P(R, d, q)}{P(d, q)} = \frac{P(d|R, q)P(R|q)p(q)}{P(d, q)} \tag{5-8}$$

那么：

$$R(d, q) = \frac{P(R|d, q)P(d, q)}{P(\overline{R}|d, q)P(d, q)} = \frac{P(d|R, q)P(R|q)}{P(d|\overline{R}, q)P(\overline{R}|q)} \tag{5-9}$$

$p(d|R, q)$表示从查询q的相关文档集R中随机选择文档d的概率。而$p(R|q)$表示从整个文档集中任意随机选择的文档和查询q相关的概率。$p(d|\overline{R}, q)$表示从查询q的不相关文档集$\overline{R}$中随机选择文档d的概率。而$p(\overline{R}|q)$表示从整个文档集中任意随机选择的文档和查询q不相关的概率。

如果对式(5-9)取对数，那么式(5-9)就变为：

$$\lg \frac{P(d|R, q)P(R|q)}{P(d|\overline{R}, q)P(\overline{R}|q)} = \lg \frac{P(d|R, q)}{P(d|\overline{R}, q)} + \lg \frac{P(R|q)}{P(\overline{R}|q)} \tag{5-10}$$

词项$\dfrac{P(R|q)}{P(\overline{R}|q)}$独立于文档$d$，可以认为它是一个查询难度的指标。这里我们忽略它，那么文档与查询的相关度排名就变为：

$$R(d, q) \sim \lg \frac{P(d|R, q)}{P(d|\overline{R}, q)} \tag{5-11}$$

式(5-11)是概率检索模型的核心，在后面小节都将围绕式(5-11)介绍各类概率检索模型。

5.4.2 二元独立模型(binary independent model)

二元独立模型(binary independent model，BIM)基于下面两个假设。

假设1：二元假设

这个假设与布尔检索模型类似，就是每个文档和查询都是由词典中的n个词组成。文档d表示为：$\{w_1, w_2, \cdots, w_n\}$，如果$w_i$取值为1，表示单词$t_i$出现在文档$d$中；如果$w_i$取值为0，表示单词$t_i$没有出现在文档$d$中。

假设2：给定相关性，词项在统计上相互独立

无论是在给定正相关判断的情况下还是在给定负相关判断的情况下，文档里出现的单词之间没有任何关联，任一单词在文章中的分布率不依赖于另一个单词是否出现。如果不在相关性上给予前提条件，词项之间并不是相互独立的。

基于上述两个假设，那么从查询q的相关文档集R中随机选择文档d的概率$p(d|R, q)$为：

$$p(d|R, q) = \prod_i p(t_i|R, q)$$
$$= \prod_{i:\, w_i = 1} p(t_i|R, q) \prod_{i:\, w_i = 0} p(t_i|R, q) \tag{5-12}$$

式中，$w_i = 1$表示w_i的词在文档d中出现过，$w_i = 0$表示w_i的词在文档d中没有出现过。

同样，从查询q的不相关文档集$\overline{R}$中随机选择文档d的概率$p(d|\overline{R}, q)$为：

$$p(d \mid \bar{R}, q) = \prod_i p(t_i \mid \bar{R}, q)$$

$$= \prod_{i:\, w_i=1} p(t_i \mid \bar{R}, q) \prod_{i:\, w_i=0} p(t_i \mid \bar{R}, q) \tag{5-13}$$

为了简约表示，我们假设：$p_{iR} = p(t_i \mid R, q)$，$q_{iR} = p(t_i \mid \bar{R}, q)$。

由于 $p(t_i \mid R, q) + p(\bar{t_i} \mid R, q) = 1$，$p(t_i \mid \bar{R}, q) + p(\bar{t_i} \mid \bar{R}, q) = 1$，那么：

$$
\begin{aligned}
\frac{P(d \mid R, q)}{P(d \mid \bar{R}, q)} &= \frac{\prod_i p(t_i \mid R, q)}{\prod_i p(t_i \mid \bar{R}, q)} \\[2mm]
&= \frac{\prod_{i:\, w_i=1} p_{iR} \prod_{i:\, w_i=0} (1 - p_{iR})}{\prod_{i:\, w_i=1} q_{iR} \prod_{i:\, w_i=0} (1 - q_{iR})} \\[2mm]
&= \Big(\prod_{i:\, w_i=1} \frac{p_{iR}}{q_{iR}} \times \prod_{i:\, w_i=1} \frac{1 - q_{iR}}{1 - p_{iR}} \Big) \times \Big(\prod_{i:\, w_i=1} \frac{1 - p_{iR}}{1 - q_{iR}} \times \prod_{i:\, w_i=0} \frac{1 - p_{iR}}{1 - q_{iR}} \Big) \\[2mm]
&= \prod_{i:\, w_i=1} \frac{p_{iR}(1 - q_{iR})}{q_{iR}(1 - p_{iR})} \times \prod_i \frac{(1 - p_{iR})}{(1 - q_{iR})}
\end{aligned}
\tag{5-14}
$$

由式(5-14)可以看出，分为两个部分：第一个组成部分代表在文档中出现过的词项所计算得到的词项概率乘积；第二个组成部分代表所有特征值计算所得到的词项概率乘积。由于是针对所有特征值计算的，所以第二个组成部分对所有文档都可以忽略。并且对公式(5-14)取对数，公式(5-11)变为：

$$R(d, q) \sim \lg\Big(\prod_{w_i=1} \frac{p_{iR}(1 - q_{iR})}{q_{iR}(1 - p_{iR})} \Big) = \sum_{i:\, w_i=1} \lg \frac{p_{iR}(1 - q_{iR})}{q_{iR}(1 - p_{iR})} \tag{5-15}$$

如果想计算出相似度，我们必须先计算出 p_{iR} 和 q_{iR}。首先我们建立词项的列联表如表5-6所示。

表5-6　词项 t_i 的列联表

	相关文档	不相关文档	文档数量
$w_i = 1$	R_i	$n_i - r_i$	n_i
$w_i = 0$	$R - r_i$	$N - n_i - (R - r_i)$	$N - n_i$
文档数目	R	$N - R$	N

表中第3行的 N 为文档集合总共包含的文档个数，R 为相关文档的个数，于是 $N - R$ 就是不相关文档集合的大小。对于某个词语或单词 t_i 来说，假设包含这个词语的文档数量共有 n_i 个，而其中相关文档有 r_i 个，那么不相关文档中包含这个单词的文档数量则为 $n_i - r_i$。再考虑表中第2列，因为相关文档个数是 R，而其中出现过单词 t_i 的有 r_i 个，那么相关文档中没有出现过这个单词的文档个数为 $R - r_i$ 个。同理，不相关文档中没有出现过这个单词的文档个数为 $(N - R) - (n_i - r_i)$ 个。从表中可以看出，如果我们假设已经知道 N、R、n_i、r_i 的话，其他参数是可以靠这4个值推导出来的。

根据表格数据，即可估算 q_{iR} 和 p_{iR}。因为 q_{iR} 代表第 i 个词语在相关文档集合内出现的概率,在 BIM 模型的二元假设下,可以用包含这个词语的相关文档个数 r_i 除以相关文档总数 R 来估算,即 $p_{iR} = r_i/R$。而 q_{iR} 代表第 i 个单词在不相关文档集合内出现的概率,所以可以用包含这个单词的不相关文档个数 $n_i - r_i$ 除以不相关文档总数 $(N-R)$ 来估算,即 $q_{iR} = n_i - r_i/(N - R)$。把这两个估算公式带入相关性估值公式即可得出如何计算相关性,但是这里有个问题,相关性估值公式采用了 lg 形式,如果 $r_i = 0$,那么会出现 lg(0) 的情形,为了避免这种情况,我们对 q_{iR} 和 p_{iR} 的估值公式进行平滑,分子部分加上 0.5,分母部分加上 0.5,即:

$$p_{iR} = (r_i + 0.5)/(R + 0.5) \tag{5-16}$$

$$q_{iR} = (n_i - r_i + 0.5)/((N-R) - (n_i - r_i) + 0.5) \tag{5-17}$$

将式(5-16)和式(5-17)代入可得:

$$R(d, q) \sim \sum_{i:\ w_i = q_i = 1} \lg \frac{(r_i + 0.5)/(R - r_i + 0.5)}{(n_i - r_i + 0.5)/((N-R) - (n_i - r_i) + 0.5)} \tag{5-18}$$

这个公式代表的含义就是:对于同时出现在查询 q 和文档 d 中的每个词项进行估值,这些词项的估值结果就是文档 d 和查询 q 的相关性度量。

在很多情况下,我们并不清楚相关的文档数 R 和 r_i 的值,那么式(5-18)就无法计算。这时,我们通常设置 $R = r_i = 0$,那么相关性计算公式近似等于:

$$R(d, q) \sim \sum_{i:\ w_i = q_i = 1} \lg \frac{(N - n_i + 0.5)}{(n_i + 0.5)} \tag{5-19}$$

在预先不知道哪些文档相关,哪些文档不相关的情况下,式(5-19)是概率模型用来计算排名的公式。该公式中每个词项的估算值类似于向量空间模型(VSM)中的 IDF 因子(逆文档频率)。

BIM 模型比较简单,但只注意词项是否在文档中存在的信息,忽视了其他信息,实际证明该模型的实际使用结果不好,但是它是 BM25 模型的基础。

5.4.3 BM25 模型

二元独立模型(BIM 模型)的优点也是概率检索模型的优点:能计算文档与查询的相关概率,并按照降序排列。但是它没有考虑词项出现在文档中的频率,只是将权重值设置为二值:"0"或"1"。本小节介绍的 BM25 模型就是在二元独立模型上的改进。

BM25 算法的全称是 Okapi BM25,这是因为 20 世纪 80 年代和 90 年代在伦敦城市大学开发的 Okapi 信息检索系统,是第一个实现该模型的系统。

BM25 模型是通过引入查询词在查询 Q 以及文档 D 中的权重,对 BIM 模型进行了改进。BM25 模型对权重的考虑,参照了向量空间模型中的原则。在考虑词项的权重时,不仅要考虑词项的逆文档频率,还应该重视词项频率和文档长度。

假设给定的查询 $q = [q_1, q_2, \cdots, q_n]$,其中 q_i 是查询 q 的第 i 个关键词。那么查询 q 与文档 d 的相关度为:

$$R(q, d) = \sum_{i=1}^{n} IDF(q_i) \frac{f(q_i, d)(k_1 + 1)}{f(q_i, d) + k_1(1 - b + b \frac{|d|}{avgdl})} \tag{5-20}$$

第一部分:词项权重　第二部分:词项与文档的相关性

由式(5-20)可以看出，BM25 模型的相关度计算公式由两个部分组成。式(5-20)中，$f(q_i, d)$ 是查询关键词 q_i 在文档 d 中出现的词频，$|d|$ 是文档的长度，$avgdl$ 是根据文档集中的所有文档统计出来的平均文档长度。参数 k_1 是用于对文档中的词频进行缩放控制，$k_1 \geqslant 0$。参数 b 是用来控制文档长度的缩放程度，它的取值范围是 $0 \leqslant b \leqslant 1$。如果 $k_1 = 0$，BM25 模型退化为对应 BIM 模型；如果 k_1 取较大的值，则第二部分和词频 fi 保持线性增长，即放大了词频的权值。$b = 1$ 表示基于文档长度对词项权重进行完全的缩放，$b = 0$ 表示归一化时不考虑文档长度因素。第一部分 $IDF(q_i)$ 表示的是 qi 的逆文档频率：

$$IDF(q_i) = \lg \frac{(N - n_i + 0.5)}{(n_i + 0.5)} \qquad (5-21)$$

第一部分考虑了查询词 q_i 在文档中的逆文档频率，第二部分中考虑了 q_i 在文中的词频和文档的长度。但没有考虑查询词 q_i 本身的权重。该公式适合于短查询。如果需要查询较长时，则需要考虑词项在查询中的词频。对式(5-20)中进行改进，增加了第三部分词项与查询的关联性，得到下面公式：

$$R(d, q) = \sum_{i=1}^{n} IDF(q_i) \frac{f(q_i, d)(k_1 + 1)}{f(q_i, d) + k_1 (1 - b + b \frac{|d|}{avgdl})} \frac{qf_i(k_2 + 1)}{k_2 + qf_i} \qquad (5-22)$$

$$\Uparrow$$
$$\text{词项与查询的关联性}$$

式中，qf_i 表示 q_i 在查询中的词频。

k_1，k_2 和 b 的参数取值对 BM25 模型的影响很大。理想情况下，k_1，k_2 和 b 取值可以在一个单独的开发测试集上搜索检索性能最佳的参数值来确定。搜索过程可以通过手工方法来实现，也可以采用如网格搜索方法(grid search)等某些优化策略。搜索得到的优化参数可以用于实际的测试集。如果没有采用上述开发测试集进行优化，那么目前有很多文献对参数的不同值进行了调整，给出了这些参数的一个合理的取值范围。k_1 的取值区间为 $1.2 \sim 2$。k_2 的取值为 $0 \sim 1000$，也就是 b 取 0.75。

举一个计算的例子，考虑一个包含两个词项("中国"和"制造")的查询，每个词项在查询中只出现一次。文档总数为 $N = 100000$，文档集合中包含词项"中国"的文档个数是 $n_{中国} = 2000$，文档集合中包含词项"制造"的文档数为 200，文档 d 中词项"中国"出现的次数为 20，文档 d 中词项"制造"出现的次数为 10。参数 k_1 设置为 1.2，k_2 设置为 100，$b = 0.75$。

假设文档长度是平均文档长度的 0.9 倍($|d|/avgdl = 0.9$)，那么 $k_1(1 - b + b \frac{|D|}{avgdl})$ 值为 1.11。

$$R(\text{"中国制造"}, d) = \lg \left[\frac{(100000 - 2000 + 0.5)}{(2000 + 0.5)} \times \frac{(1.2 + 1) \times 20}{20 + 1.11} \times \frac{(100 + 1)}{100 + 1} \right]$$
$$+ \lg \left[\frac{(100000 - 200 + 0.5)}{(200 + 0.5)} \times \frac{(1.2 + 1) \times 10}{10 + 1.11} \times \frac{(100 + 1)}{100 + 1} \right]$$
$$= 5.003$$

BM25 模型公式可以在用户不能提供相关信息的情况下用来计算(即不用知道 R 和 r 的值)。而且更多文献表明，一旦进行了参数的调整，该模型在一般文档上产生的结果要比经典向量模型更好，因此它取代了向量模型成为了目前最成功的内容排序模型。Sphinx、

Lucene 和 Elastic Search 等当前流行的开源搜索引擎都支持 BM25 模型。Sphinx 的默认相关性算法是 BM25。Lucene4.0 之后也可以选择使用 BM25 算法(默认是向量空间的 TF - IDF)。

5.4.4　BM25F 模型

BM25 在计算相关性时,没有考虑文档结构,将文档看作一个整体。但随着搜索技术的发展,文档慢慢地被结构化数据所取代,每个文档都会被切分成多个独立的域,尤其是垂直化的搜索。比如网页有可能被切分成标题、内容、主题词等域,这些域对文章主题的贡献不能同等对待,所以权重就要有所偏重。

针对 BM25 的这个缺陷,2004 年提出来的 BM25F 算法就在 BM25 的基础上做了一些改进,不仅考虑每个词项,并且将文档根据结构划分为域,对不同域赋予不同的权重。BM25F 是每一个词项在各个域中分值的加权求和。

BM25F 的实现要求文档包含合适的标签,并要求词频计算是针对每个区域的。搜索引擎抓取的 HTML 网页具有这种结构,它被分为两部分:第一部分是头 < head > 部分,以 < head >…</head > 划定的,包含了一个标题与其他描述的文档的元数据;第二部分是正文 < body > 部分,以 < body >…</body > 划定的包含了提供显示的文章内容。HTML 通过标签划定区域,如 < title >…</title > 标签标识出文档的标题区域,并且针对不同区域的重要性赋予不同的权重。

在 BM25F 的模型中,我们将 $f(q_i, d, s)$ 定义为词项 t 在文档 d 区域 s 中出现的次数。并使用类似于 BM25 归一化的方法,在区域的层次上应用面向区域的文档长度归一化,从而反映出不同区域类型之间平均长度的区别。例如,网页的标题与正文相比,常常要短小很多。

$$f'(q_i, d, s) = \frac{f(q_i, D, s)}{(1 - b_s) + b_s(l_{d,s}/l_s)} \tag{5-23}$$

式中,$l_{d,s}$ 是文档 d 中区域 s 的长度;l_s 是文档 d 中区域 s 的长度;b_s 是一个与 BM25 中参数类似的区域参数,和 b 参数一样,b_s 的值为 0~1,从而产生完全无归一化公式和完全归一化公式。

这些面向区域调整的词频称为伪频率,与面向文档调整的词频合并为一个:

$$f'(q_i, d) = \sum_s v f'(q_i, d, s) \tag{5-24}$$

式中,vs 是区域 s 的权重。例如,我们可以定义 $v_{title} = 5$,$v_{body} = 1$。

在 BM25 的相关度计算式(5-22)中,我们用实际的 $f'(q_i, D)$ 替 $f(q_i, D)$,就能得到新的 BM25F 的相关度计算公式:

$$R(D, Q) = \sum_{i=1}^{n} IDF(q_i) \frac{f'(q_i, D)(k_1 + 1)}{f'(q_i, D) + k_1(1 - b + b\frac{|D|}{avgdl})} \frac{qf_i(k_2 + 1)}{k_2 + qf_i} \tag{5-25}$$

从公式上看,与 BM25 相比较,BM25F 主要在文档的词项频率上进行了修正,考虑了区域 s 的权重影响。

5.5　基于统计语言建模的检索模型

基于语言模型的检索模型是从 Ponte 和 Croft 在 SIGIR 上面发表的一篇论文开始,并且发展成为当前新的信息检索系统中的主流框架,代表系统是 Lemur。

我们已经介绍的模型都是聚焦在描述如何从给定的信息需求生成(相关)文档:给定查询,如何找到相关文档。而语言模型相反,它是从由文档到查询:为每个文档建立不同的语言模型,判断文档生成用户的查询可能性有多大,然后按这种生成概率由高到低对搜索返回结果排序。这种思路是将用户的需求与文档 d 联系起来。因此,可以将 d 看作是为 q 提供了一个产生式模型。

假设我们将组成文档的词项集合看作是个袋子,那么查询 q 的生成类似于从这个袋子里面随机抽取词项,一次抽取一个。对于查询 q 中的词项而言,每个词项都对应一个抽取概率,将这些词项的抽取概率相乘就是文档生成查询的总概率。视假设查询 q 为 $\{q_1, q_2, \cdots, q_n\}$,基于二元独立模型中的独立假设,那么:

$$P(q|D) = p(q_1|D)p(q_2|D)\cdots p(q_n|D)$$

如何估计 $p(q_t|D)$ 呢?为了估计这个概率,首先我们用文档为将要输入用来检索该文档的查询创建一个语言模型。最简单的语言模型就是基于统计每个词在文档中出现次数的最大似然模型 $M_d^{ml}(t)$:

$$M_d^{ml}(t) = \frac{f_{t,d}}{l_d} \tag{5-26}$$

式中,$f_{t,d}$ 是指词项 t 在文档 d 中出现的次数;l_d 是文档长度。对于没有出现在文档中的词项 $M_d^{ml}(t) = 0$,$M_d^{ml}(t)$ 仅仅是一个用文档长度度量的词频,因此不足以用来估计概率 $p(q|d)$,获得一个文档的相关度。例如,查询词"制造"在文档 d 中没有出现,那么这个词项的生成概率为 0,导致这个查询的生成概率为 0。这种问题被称为语言模型的数据稀疏性问题,在3.2 小节中有详细描述。

语言模型的稀疏性可以采用 3.2 小节的平滑方法解决。语言模型的检索方法是使用背景语言模型进行平滑。使用背景语言模型,是将文档集视为一个整体来计算词频:

$$M_c(t) = \frac{l_t}{l_c} \tag{5-27}$$

式中,l_t 为文档集合 C 中的 t 出现的次数,l_c 为文档集合 C 中所有词项出现的次数。

第一种 Jelinek – Mercer 平滑是文档语言模型和背景语言模型的一个简单的线性组合:

$$M_d^{\lambda}(t) = (1 - \lambda)M_d^{ml}(t) + \lambda M_c(t) \tag{5-28}$$

λ 为一个在 0~1 的参数,用于控制文档语言模型和集合模型的相对权重。

我们将平滑得到的 $M_d^{\lambda}(t)$ 做为 $p(q_t|d)$ 的估计值,带入 $p(q|d)$ 的计算公式:

$$p(q \mid d) = \prod_{t=1}^{n} \left[(1 - \lambda)\frac{f_{t,d}}{l_d} + \lambda \frac{l_t}{l_c} \right] \tag{5-29}$$

5.6 机器学习排序

近几年来,机器学习迅速发展,互联网上的信息也快速增长。与传统的文档不同,网页不仅具有与文档一样的内容特性,并且也具有其他结构特征。最近在信息检索领域的热门研究都是将传统的信息检索技术与机器学习相互结合,融合多种特征,提出各种基于机器学习的排序算法。本小节主要围绕机器学习排序算法进行讨论。

5.6.1 机器学习排序概述

经典的思维流派是假设在文档和信息需求(由查询可知)之间存在着一个独立的随机生成过程。传统的信息检索模型所考虑的因素不多,主要是利用词频、逆文档频率和文档长度这几个因素,并且利用这些信息进行人工拟合排序公式。但是随着搜索引擎的发展,对每个网页进行排序可以考虑的因素很多,比如:网页的 pagerank 值、查询和文档匹配的词项个数、网页 URL 链接地址长度等对网页排名产生的影响。Google 目前的网页排序公式考虑了 200 多种因子。但是,传统的信息检索模型无法利用这样大量的信息。

与传统方法不同,机器学习可以利用更多的特征进行相关度的预测。在现代的信息检索领域研究者认识到了机器学习的力量,转向利用机器学习进行排序。网页搜索的一个重大进展是学习排序(learning to rank, LTR),它的目标就是利用人工标注设计算法以抓住隐藏在数据中的规律从而实现对任意查询请求给出反映相关性的文档排序。

图 5 - 4 描述了基于机器学习的排序算法框架。与传统的机器学习一样,排序算法分为两个阶段:训练阶段和预测阶段。训练数据包括一个文档集合和一个查询集合。每个训练样

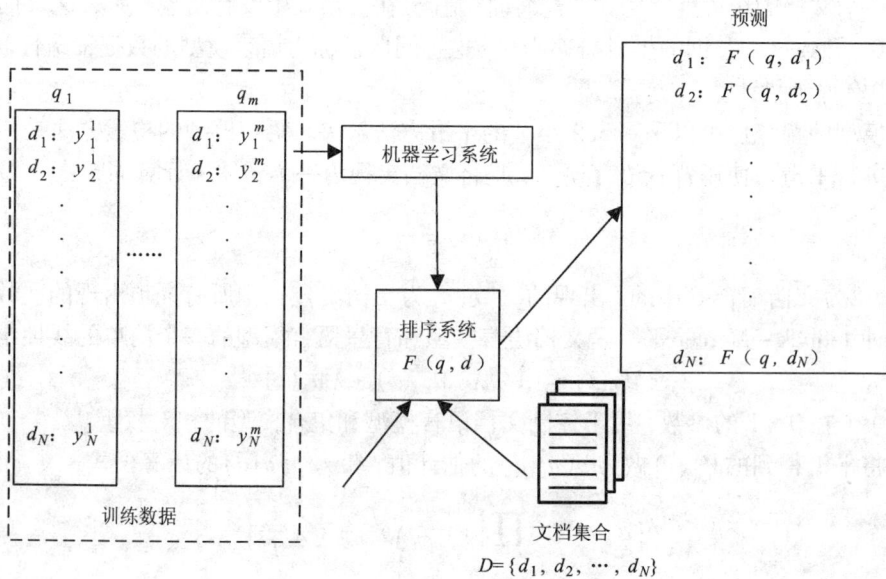

图 5 - 4 基于机器学习的排序算法框架

本都由三部分组成：查询 q，文档集合 D 和查询 q 和文档 d_i 的相关值 y_i。y_i 是一个评分值，训练阶段是学习得到排序系统中的排序函数 $F(q, d)$。预测阶段是对新查询 q，根据学习得到的排序函数得到文档 d 与查询 q 的相关值。

在训练集中，对每个文档都必须提取特征，生成文档的特征向量。比较常用的特征有：查询词在文档中的词频信息，查询词的 IDF 信息，文档长度，网页的入链数量，网页的出链数量，网页的 PageRank 值，网页的 URL 长度，查询词的 Proximity 值（文档中多大的窗口内可以出现所有的查询词）。

学习排序的三个主要模式是单文档方法、文档对方法和文档列表方法。本小节主要对单文档方法、文档对方法和文档列表方法三种方法进行详细介绍。

5.6.2 单文档方法（pointwise approach）

单文档方法（pointwise approach）的处理对象是单独的一篇文档，将文档转换成为特征向量后，机器学习系统根据从训练数据中学习得到的分类或者回归函数对文档打分，打分的结果是搜索结果。

假设对于查询 q，与其相关的文档集合为 $\{d_1, d_2, \cdots, d_n\}$，那么对 n 个 pair (q, d_i) 抽取特征并表示成特征向量。单文档方法采用的机器学习方法可以分为两类：回归和分类。

基于回归的单文档排序方法是将查询 q 与 d_i 之间的相关度做为连续值，通过回归模型预测 q 与 di 之间的相关度。

$$Score(x) = w1 \times F1 + w2 \times F2 + w3 \times F3 + \cdots + w136 \times F136$$

PRank 算法是基于单文档的排序学习、顺序回归学习问题。

基于分类的单文档排序方法是将查询 q 与 di 之间的相关度作为标签，一般的标签等级划分方式为 $\{Perfect, Excellent, Good, Fair, Bad\}$，一共五个类别。

应用单文档模型的算法有 Subset Ranking、OC SVM、McRank 等。

单文档方法实现简单、易于理解，但它只对给定 Query 单个文档的相关度进行建模，仅仅考虑了单个文档的绝对相关度，单文档只学习到了文档和 Query 的全局相关性，对排序先后顺序有一定的影响。在某一些场景下，排在最前面的几个文档对排序结果的影响非常重要，如搜索引擎的第一页的内容非常重要，而没有考虑这方面的影响，不对排序的先后顺序优劣做惩罚。

5.6.3 文档对方法（pairwise approach）

对于搜索系统来说，系统接收到用户查询后，返回相关文档列表，所以问题的关键是确定文档之间的先后顺序关系。与单文档方法没有考虑文档之间的顺序关系不同，文档对方法则将重点转向量对文档顺序关系是否合理进行判断。

Pairwise 的主要思想是：对于查询 q 而言，判断任意两个文档组成的文档对 $<d_1, d_2>$ 是否满足顺序关系，即判断是否 d_1 应该排在 d_2 的前面。它将排序的问题形式化为二元分类问题：如果 d_1 排在 d_2 前面，那么类别标签为 1，如果 d_1 排在 d_2 后面，那么类别标签为 -1。

查询 q 返回结果按照得分大小顺序逆序排列，比如：$DOC_1 > DOC_2 > DOC_3 > DOC_4$，那可以构成文档对 $\{(DOC_1, DOC_2)(DOC_1, DOC_3)、(DOC_1, DOC_4)、(DOC_2, DOC_3)、(DOC_3, DOC_4)\}$，这样的文档对是正值，也就是类别标签是 1；而余下的文档对如 (DOC_3, DOC_2) 的

值应该是 −1 或 0。图 5 −5 展示了文档对方法示意图，展示了查询 q 对应的搜索结果列表如何转换为文档对的形式，每个文档对转换为特征向量，与查询一起形成了一个具体的训练实例。

查询 q 的返回结果

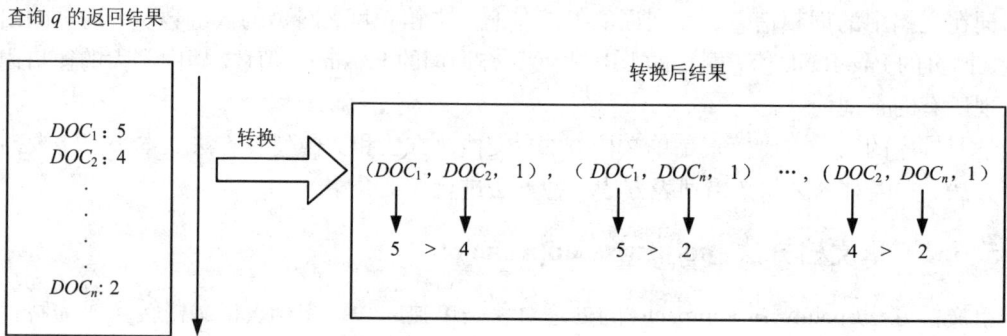

图 5 −5　文档对方法示意图

　　基于文档对的表示方法与机器学习集合，文档对文档对的实现方法有很多，如基于 SVM 的 SVM Rank(开源)与 Rank Boost 等。

　　尽管文档对的方法对单文档做出了改进，但是该方法还是存在明显的问题。它只考虑了两篇文档的相对顺序，没有考虑它们出现在搜索结果列表中的位置。对于用户而言，更偏重于查看排在前面的文档。如果出现在前面的文档判断错误，那么用户的体验就很差。因此需要引入位置因素，每个文档对根据其在结果列表中的位置具有不同的权重，越排在前面权重越大，错误判断受到的惩罚就越大。

　　同时，对于不同的查询，相关文档集的数量差异很大，转换为文档对后，有的查询可能只有十几个文档对，而有的查询可能会有数百个对应的文档对，这对学习系统的效果评价带来了偏置。假设查询 1 对应 500 个文档对，查询 2 对应 10 个文档对，假设机器学习系统对应查询 1 能够判断正确 480 个文档对，对应查询 2 能够判断正确 2 个。总的文档对该系统准确率是 $(480+2)/(500+10)=95\%$，但从查询的角度，两个查询对应的准确率分别为：96% 和 20%，平均为 58%，与总的文档对判断准确率相差巨大，这将使得模型偏向于相关文档集大的查询。

5.6.4　文档列表方法(listwise approach)

　　单文档方法中的每个训练实例是针对单个文档，每个训练实例从单个文档扩展到了文档对之间。文档列表方法更进一步，将每个训练实例是单个查询所对应的搜索结果列表，通过用查询返回的整个文档集合作为训练集实例，来进行评分函数 F 的训练。训练得到一个最后评分函数 F 后，对测试集中一个新的查询 q，函数 F 对每一个文档进行打分，获得文档与查询 q 的相关度值，之后按照得分顺序由高到低排序即是对应搜索的结果。

　　在文档列表方法中，不再将 Ranking 问题直接形式化为一个分类或者回归问题，而是直接优化在每个查询的文档排名列表上定义的(平滑)损失函数。

　　整个学习过程是：首先我们根据人工打分的方式对部分样本集打分，得到一个正确的打分函数，该得分函数被设想成最优评分函数。其次，我们的任务是找到一个函数，使得其对 $Q1$ 的搜索结果打分顺序尽可能地接近标准函数 g。在随后的学习过程不断进行优化，迭代地更新参数值，使得实际打分函数和正确函数 g 之间的差异越来越小。评价实际打分函数和正确函数 g 之间差异的函数称为排序学习的损失函数。

　　损失函数的构造有很多种方式。Rank Cosine 是使用正确排序与预测排序的分值向量之间的 Cosine 相似度（夹角）来表示损失函数。ListNet 使用正确排序与预测排序的排列概率分布之间的 KL 距离（交叉熵）作为损失函数等等。概率分布 P 和 Q 之间 KL 距离的计算公式如下：

$$D(P \mid \mid Q) = \sum_{x \in X} p(x) \lg \frac{P(x)}{Q(x)} \tag{5-30}$$

　　图 5 - 6 列出了整个学习流程示意图。假设用户输入查询 $Q1$，返回的搜索结果集合里包含 A、B 和 C 三个文档，搜索引擎要对搜索结果排序，而 3 个文档顺序共有 6 种排列组合方式：ABC、ACB、BAC、BCA、CAB 和 CBA，每种排列组合都是一种可能的搜索结果排序方法。对查询 $Q1$ 来说，人工打分结果为 g：$\{A:6, B:4, C:3\}$，函数 f 和 h 在学习过程中得到实际评分函数，我们要判断 f 和 h 哪个是最接近假想的最优函数 g，选择差异小的作为最后的输出结果。图 5 - 6 中的学习流程中采用的是 KL 距离来衡量两个分布的距离。通过比较两个概率分布之间的 KL 距离，发现 f 比 h 更接近假想的最优函数 g，故选择函数 f 为搜索的评分函数。

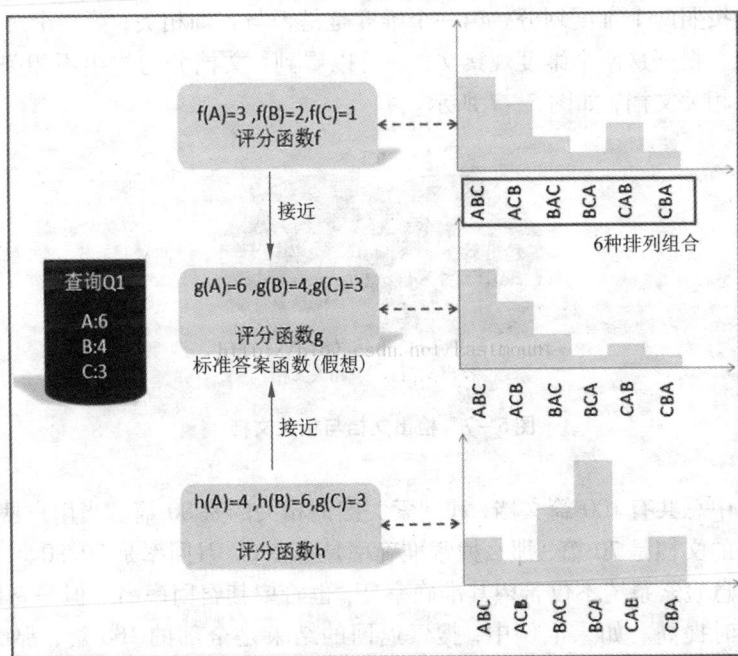

图 5 - 6　文档列表方法的学习流程示意图

5.7 检索质量评价标准

检索模型提供了根据查询返回相关文档的机制。搜索返回结果的好坏直接影响用户的体验。检索评价针对信息检索系统响应用户查询的返回结果,系统化也给出了一个量化的指标。这个指标直接与检索结果和用户的相关性联系在一起。计算这个指标的通常方法是:对于给定的一组查询,将检索系统产生的结果和人为产生的结果进行比较。

5.7.1 准确率和召回率

常规的 IR 系统评价方法主要是围绕相关和不相关文档的概念来展开。对于每个用户信息需求,将测试集中的每篇文档的相关性判定看成一个二类分类问题进行处理,并给出判定结果。信息检索中常用的两个基本指标是正确率和召回率。它们定义于一种非常简单的情况下:对于给定的查询,IR 系统返回一系列文档集合,其中的文档之间并不考虑先后顺序。

正确率(precision)是返回的结果中相关文档所占的比例,定义为:

$$P = \frac{返回结果相关文档的数目}{返回结果的数目} \tag{5-31}$$

而召回率(recall)是返回的相关文档占所有相关文档的比例,定义为:

$$R = \frac{返回结果相关文档的数目}{所有相关文档数目} \tag{5-32}$$

我们将文档按照两个维度划分。第一个维度是是否与查询相关;第二个维度是是否在返回的检索结果内。根据这两个维度观察文档,可以看到:文档分为检出不相关文档,检出相关文档和未检出相关文档,如图 5-7 所示。

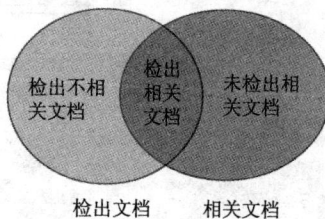

图 5-7 检出文档与相关文档

假设文档集中总共有 100 篇文档,和搜索关键词相关的是 80 篇。当用户搜索时,返回了 90 篇,其中相关的文档是 70 篇,那么搜索准确率是 70/90,召回率是 70/80。

一个好的信息检索系统不仅希望其准确率高,也希望其召回率高。但是召回率和准确率很多时候不能同时提高。如果上例中,搜索返回的结果是全部的 100 篇,那么召回率会为100%,而准确率为 80%。同时,检索模型如果只返回一个文档,且该文档相关,那么准率为 100%,但召回率为 1/80。

尽管召回率和查准率是早期信息检索系统中的一个经典的检索质量评价指标。但是对于大规模语料库集合,特别是搜索引擎,例举出每个查询所有相关的文档是不可能的事情。因此,不可能准确地计算召回率。

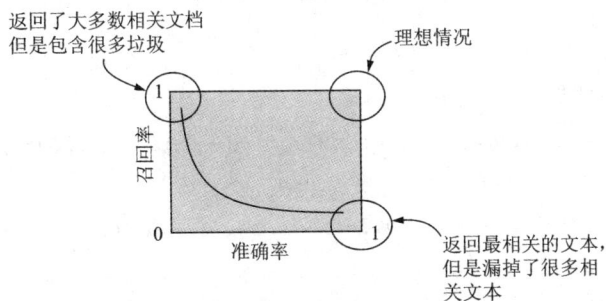

图 5-8　召回率与准确率的关系图

5.7.2　前 k 个文档的查准率（P@k）

在搜索引擎这种特殊的检索实践中，没有一个用户会把所有与查询相关的网页都浏览一遍。一般情况下，用户最为关注的仅仅为搜索结果中的前几条。而查准率在很大程度上决定了搜索的质量，在前 k 条搜索结果（搜索结果首页）中满足用户的查询目的是搜索引擎查准率的主要体现。因此，我们使用了前 k 个文档的查准率这个指标。

前 k 个文档的查准率（precision at k documents，"precision@k"，或"P@k"）：对于一个较小的 k 值（通常 k 为 10 或 20），返回排名最高的 k 个文档的列表给用户，并根据返回的 k 个文档结果计算查准率。定义如下：

$$P@k = \frac{|Res[1..k] \cap Rel|}{k}$$

其中，$Res[1..k]$ 表示的是系统返回的排名最高的 k 个文档；Rel 表示相关文档集合；$Rel[1..k] \cap Rel$ 的结果是排名最高的 k 个文档中相关的文档数。

假设查询 q_1 返回的结果为 5 个文档的有序序列，如图 5-9 所示。

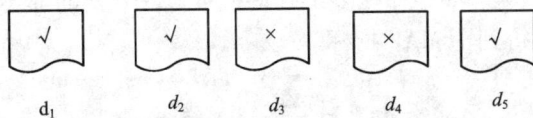

图 5-9　查询 q_1 返回结果示意图

在这个例子中，如果 k 为 2，我们只考虑的返回结果集为 $\{d_1, d_2\}$，d_1、d_2 都为相关文档，$P@1$ 的值为 1。如果 k 为 5，考虑的返回结果集为 $\{d_1, d_2, d_3, d_4, d_5\}$，其中相关文档只有 $\{d_1, d_2, d_5\}$，那么 $P@5$ 的值为 3/5。

$P@k$ 指标必须设置 k 值，只能对设定的 k 值计算指标值。我们从上列中看出不同的 k 值，指标值计算结果不同。因此，$P@k$ 没有整体考虑查全率，$P@k$ 只能表示单个查全率点的策略效果，为了体现策略的整体效果，我们需要使用 AP（average precision）。

$P@k$ 中的 k 一般取 10，因为许多搜索引擎默认在返回结果的第一页显示前 10 个结果。

AP 是在所有可能的查全率点层次上的查准率的平均和。

$$AP = \frac{1}{|Rel|} \sum_{i=1}^{|Res|} \text{relevant}(i) P@i \qquad (5-33)$$

如果 Res 中的第 i 个文档是相关的（即 $Res[i] \in Rel$），那么 $\text{relevant}(i)$ 为 1，否则为 0。假设文档集为 10 个文档的集合 $\{d_1, d_2, d_3, d_4, d_5, d_6, d_7, d_8, d_9, d_{10}\}$，其中与查询 q 相关的文档集合为 $\{d_1, d_2, d_3, d_4, d_5, d_6\}$，与查询 q 不相关的文档集合为 $\{d_7, d_8, d_9, d_{10}\}$。针对查询 q，检索算法 1 返回的有序结果列表为 $\{d_1, d_2, d_7, d_3, d_4, d_5, d_8, d_9, d_{10}, d_6\}$，检索算法 2 返回的有序结果列表为 $\{d_7, d_1, d_8, d_9, d_2, d_3, d_4, d_{10}, d_5, d_6\}$，那么对于检索算法 1 而言，AP 值为：

$$
\begin{aligned}
AP_{\text{算法1}} &= \frac{1}{6}\left(\frac{1}{1} + \frac{2}{2} + \frac{3}{4} + \frac{4}{5} + \frac{5}{6} + \frac{6}{10}\right) \\
&= \frac{1}{6}(1 + 0.67 + 0.75 + 0.8 + 0.83 + 0.6) \\
&= 0.83
\end{aligned}
$$

对于检索算法 2 而言，AP 值为：

$$
\begin{aligned}
AP_{\text{算法2}} &= \frac{1}{6}\left(\frac{1}{2} + \frac{2}{5} + \frac{3}{6} + \frac{4}{7} + \frac{5}{9} + \frac{6}{10}\right) \\
&= \frac{1}{6}(0.5 + 0.4 + 0.5 + 0.57 + 0.56 + 0.6) \\
&= 0.52
\end{aligned}
$$

由于 $AP_{\text{算法1}} > AP_{\text{算法2}}$，因此检索算法 1 的性能更好。直观上，算法 1 返回的结果列表中，排在最前面的相关文档数要比算法 2 的多，更满足用户的查询需求。

5.7.3　平均查准率均值(mean average precision，MAP)

对于一次查询，AP 值可以判断优劣，但是如果涉及一个策略多次查询的效果，我们需要引入另一个指标 MAP(mean average precision)。MAP 指标是针对多次查询的平均准确率的衡量标准，是评价检索系统质量的常用指标。

MAP 指标的计算过程是：如果存在多个查询，那么每个查询都会有自己的 AP 值，对这些查询的 AP 值求平均就得到了 MAP 指标。

$$MAP = \frac{\sum_{i=1}^{Q} AP(q_i)}{|Q|} \qquad (5-34)$$

对于某个检索算法 s，查询 q_1 返回的有序结果列表如下：

√ × √ × × √ × × √ √

查询 q_2 返回的有序结果列表如下：

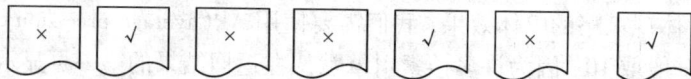

× √ × × √ × √

第 5 章 基于文本内容的检索模型 95

那么查询 q_1 的 AP 值为 $(1.0 + 0.67 + 0.5 + 0.44 + 0.5)/5 = 0.62$，出现 q_2 的 AP 值为 $(0.5 + 0.4 + 0.43)/3 = 0.44$，算法 s 的 MAP 值为 $(0.62 + 0.44)/2 = 0.53$，使用 MAP 进行评估时，我们认为 MAP 值较高的算法效果更好。

5.7.4 NDCG(normalize DCG)

在 MAP 计算公式中，只有相关和不相关两种文档。但搜索引擎一般会对搜索结果进行等级的打分，而在本小节介绍的 NDCG 评价指标中，文档的相关度可以分多个等级进行打分。在介绍 NDCG 前我们先介绍 CG 和 DCG 的概念。

1. CG

累积收益(cumulative gain, CG)是在单个查询输出结果里面前 p 个位置的等级得分的总和。公式如下：

$$CG_n = \sum_{i=1}^{p} rel_i \tag{5-35}$$

式中，rel_i 表示第 i 个文档的相关度等级，如 2 表示非常相关，1 表示相关，0 表示无关，-1 表示垃圾文件。

假设我们现在在谷歌上搜索一个词，然后得到 5 个结果。我们可以对这些结果进行 3 个等级的区分：Good(好)，Fair(一般)，Bad(差)，然后赋予它们的分值分别为 3、2、1。假定通过逐条打分后，得到这 5 个结果的分值分别为 3、2、1、3、2。用 CG 值评价这次查询的效果，那么该次查询结果的 CG 值为：CG = 3 + 2 + 1 + 3 + 2 = 11。如果调换第二个结果和第三个结果的位置，那么 CG 值为：CG = 3 + 1 + 2 + 3 + 2 = 11，并没有改变总体的得分。但是第一个查询结果与第二个查询结果相比较，第一个更接近用户需求些，因为第一个查询结果中好的结果排在了前面。因此我们需要设置一个指标，不仅评估返回结果质量，还要考量输出排序。

2. DCG(discounted cumulative gain)

为了完成评估排序的目的，我们引入了 DCG(discounted cumulative gain)值。DCG 的思想比较容易理解，就是引入对位置信息的度量计算，既要考虑文档的相关度等级，也要考虑它所在的位置信息。搜索引擎返回的查询结果的重要度是从大到小排序的，它们的价值依次递减。返回结果列表中第 i 个位置的价值为：$\frac{1}{\log_2(i+1)}$，那么排在第 i 个位置的文档所产生的效益就是：$\frac{rel_i}{\log_2 i}$。由于分母不能为 0，所以第一个位置文档产生的效益仍为 rel_1。DCG 计算公式为：

$$DCG_p = rel_1 + \sum_{i=2}^{p} \frac{rel_i}{\log_2 i} \tag{5-36}$$

DCG 的公式中采用的是以 2 为底的对数函数。在上面谷歌查询的例子中，DCG = 3 + (1 + 1.26 + 1.5 + 0.86) = 7.62。

3. Normalize DCG(NDCG)

由于每个查询语句所能检索到的结果文档集合长度不一，p 值的不同会对 DCG 的计算有较大的影响。所以不能对不同查询语句的 DCG 进行归一化处理。NDCG 采用的归一因子是 IDCG。

IDCG 是理想情况下的 DCG，对于一个查询语句和 p 来说，DCG 的最大值 IDCG 如何计算？首先要拿到搜索的结果，然后对这些结果进行排序，排到最好的状态后，算出这个排列下的 DCG，就是 IDCG 值。

$$IDCG_p = \sum_{i=1}^{|REL|} \frac{2^{rel_i} - 1}{log_2(i+1)} \tag{5-37}$$

式中，|REL| 表示文档按照相关性从大到小的顺序排序，取前 p 个文档组成的集合，也就是按照最优的方式对文档进行排序。

NDG 就是用 IDCG 进行归一化处理，表示当前 DCG 比 IDCG 还差多大的距离。NDCG 公式如下：

$$NDCG_p = \frac{DCG_p}{IDCG_p} \tag{5-38}$$

这样每个查询语句的 $NDCG_p$ 的值在区间 $[0,1]$，$NDCG_p$ 越靠近 1，说明策略效果越好，或者说只要 $NDCG_p < 1$，策略就存在优化调整空间。

在上面的例子中，理想的排序应该是 3、3、2、2、1，那么 IDCG = 3 + 3 + 1.26 + 1 + 0.43 = 8.69，$NDCG = DCG/iDCG = 7.62/8.69 = 0.88$。

我们介绍了查全率和查准率，平均查准率均值和 NDCG 等评价指标，每一种评价指标都不能覆盖所有的应用场景。一般情况下，我们需要根据自己的需求选择评价指标，并且可以根据具体场景的要求，适当地对这些评价指标进行改进。比如，在 NDCG 中调整评分的等级，甚至根据自身用户的特征调整衰减函数的计算方式等。但在所有的评估改进中，都无法忽略召回率、正确率和排序三个基本维度的效果。

本章小结

检索模型是搜索引擎排序的理论基础，用来计算网页和用户查询的相关性。检索模型在很大程度上决定了搜索引擎的质量及用户接受的程度。本章重点介绍了几种常用的传统检索模型：布尔模型、向量空间模型、概率模型和基于语言建模的检索模型。同时介绍了当前热门的基于机器学习的排序算法。对于信息检索而言，需要有些评价标准来衡量检索模型的质量。本章介绍了四种检索质量的评价标准：准确率和召回率、前 k 个文档的查准率、平均查准率均值和 NDGG。

习题

1. 什么是布尔模型？比较布尔模型和向量空间模型的优缺点。

2. 考虑一个假想的文档集，其中 $N = 1\,000\,000$，词项"苹果""华为""手机"的文档频率分别是 5 000、50 000、10 000。设某文档 d 的 tf 向量为 $[1, 0, 1]$。考虑查询 $q =$ "华为 手机"，问该文档 – 查询的相似度打分 score(q, d) 是多少？

3. 请比较向量空间检索模型与概率检索模型的优缺点。

4. 简述 BIM、BM25 和 BM25F 模型的区别。

5. 请简述机器学习排序的思想。

6. 考虑一个有 4 篇相关文档的信息需求, 考察两个系统的前 10 个检索结果(左边的结果排名靠前), 相关性判定的情况如下所示:

系统 1: R N R N N N N N R R

系统 2: N R N N R R R N N N

(1)计算两个系统的 MAP 值并比较大小。

(2)上述结果直观上看有意义吗? 能否从中得出启发如何才能获得高的 MAP 得分?

(3)计算两个系统的 R - precision 值, 并与(1)中按照 MAP 进行排序的结果进行对比。

第6章 基于链接的检索模型

搜索引擎在查找能够满足用户请求的网页时，主要考虑两方面的因素。一方面是用户发出的查询与网页文本内容的相关性得分，第6章已经介绍了多种基于文本内容的检索模型；另一方面是通过链接分析方法计算获得的得分，这个分值表示的是网页的重要度。当前主流的搜索引擎都是综合考虑这两方面的因素，获得网页与用户查询之间相关度的评分函数。本章主要介绍基于链接关系的检索模型。

6.1 Web 图

Web(world wide web)即全球广域网，也称为万维网，它是一种基于超文本和HTTP的、全球性的、动态交互的、跨平台的分布式图形信息系统。它是建立在Internet上的一种网络服务，为浏览者在Internet上查找和浏览信息提供了图形化的、易于访问的直观界面。

Web上的重要的文档形式是网页。网页中不仅有文本内容，同时还有超链接。网页的超链接指向另外一个网页(或其他类型文档)。网页与超链接将Internet上的信息节点组织成一个巨大的有向图 $G = <V, E>$。V是指顶点集，每个顶点表示Web上的一个页面；E是指边集，E中的每条有向边表示页面间的链接。每条有向边的方向是由超链接的指向决定。一个网页不仅可以指向另外的网页，也可以被其他网页所指向。我们将指向某个网页的链接称为入链接(in-link)，而从某个网页指出去的链接称为出链接(out-link)。一个网页的入链接数目被称为这个网页的入度(in-degree)，在一系列研究中得到的网页平均入度大概从8到15不等。同样，我们可以定义某个网页的出链接数目为其出度(out-degree)。图6-1给出了展示这些概念的一个例子。对于节点 a 对应的网页，它的入度为2，出度为1。

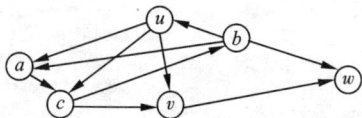

图6-1 一个小型Web图的例子

有向图 $<V, E>$ 通常用邻接矩阵表示：

$$a_{ij} = \begin{cases} 1, & if <i, j> \in E \\ 0, & otherwise \end{cases} \qquad (6-1)$$

也就是说，如果网络中有一个中网页 i 指向网页 j 的超链接，那么 $a_{ij}=1$，否则 $a_{ij}=0$。

网页链接信息是网页排序的重要因素，是链接分析的基础。除此之外，在基于链接分析的网页排序算法中，锚文本也是很重要的。锚文本是位于 <a> </a> 标签中的页面链接的导航文字，是超链接的载体，用户点击它就可以链接到一个新的页面（或同一页面的另一个位置）。锚文本比较短，可能有两个或三个词，并且这些词通常能够简洁地描述所指向网页的主题。锚文本不是网页作者写的，而是别人对该网页的描述。这意味着锚文本可能是从另一个角度来描述网页，或者强调这个网页被某个群体视为最重要的特性。

6.2　Page Rank 算法

6.2.1　基于简单模型的 Page Rank 算法

Page Rank 算法是最著名的链接分析算法，于1997年由谷歌公司的创始人拉里·佩奇和谢尔盖·布林在构建初期的搜索排名系统原型的时候所提出的链接分析算法。自从谷歌公司在商业上获得巨大的成功，该算法也成为了其他搜索引擎与学术界非常关注的排名计算模型。

直观地看互联网，某网页 A 链接网页 B，则可以认为网页 A 觉得网页 B 有链接价值，是比较重要的网页。Page Rank 算法的提出基于了这两个假设：

（1）数量假设：某网页被指向的次数越多，则它的重要性越高。

（2）质量假设：越是重要的网页所链接的网页，被链接的网页的重要性也越高。

在图6-2中，因为"人民网"和"中国青年网"的网页都指向"中国经济网"。"人民网"和"中国青年网"都是重要度很高的网页，因此"中国经济网"很重要。

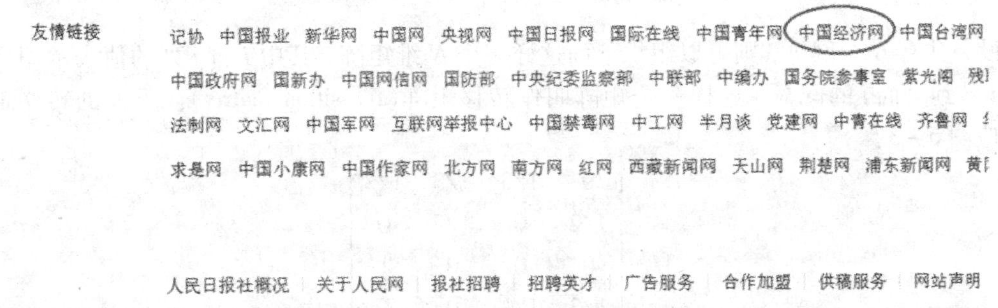

(a)人民网首页链接

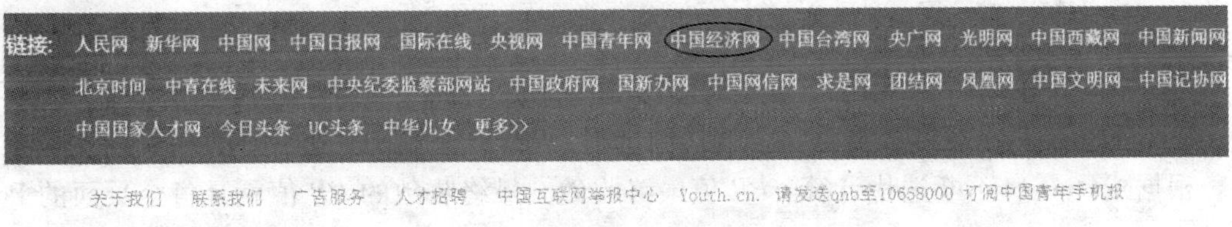

(b)中国青年网首页链接

图6-2　网页链接

优质网页的重要度通过链接传递给被指向的网页，被越多优质网页所指的网页，它的优质网页的概率就越大。对网页 q 而言，沿着网页 q 上的任意链接进入下一个网页的概率一样。如果网页 q 的重要度为 $PR(q)$，网页 q 上有 $outlink(q)$ 个链接，q 传递给 p 的重要度为 $PR(q)/outlink(q)$。考虑两种浏览途径，q 的重要度值 $PR(q)$ 为：

$$PR(p) = \sum_{(q,p)\in E} \frac{PR(q)}{outlink(q)} \qquad (6-2)$$

式中，$(q, p) \in E$ 表示网页 q 链接到网页 p。

以图 6 – 3 Page Rank 计算实例 1 为例，图中 A 页面链向 B、C、D，所以一个用户从 A 跳转到 B、C、D 的概率各为 1/3。用户从 D 跳转到 A、B 的概率各为 1/2。对于网页 B 而言，它的重要度为：

$$PR(B) = \frac{PR(A)}{3} + \frac{PR(D)}{2} \qquad (6-3)$$

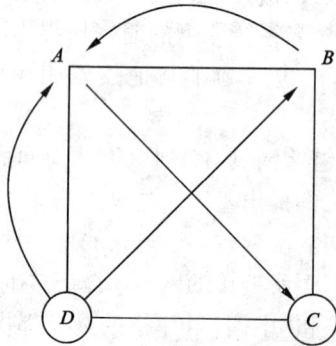

图 6 – 3　Page Rank 计算实例 1

设一共有 N 个网页，则可以组织下面这样一个 N 维矩阵：其中 i 行 j 列的值表示用户从页面 i 转到页面 j 的概率。这样一个矩阵叫作转移矩阵（transition matrix）。下面的转移矩阵 M 对应图 6 – 3：

$$M = \begin{bmatrix} 0 & 1/3 & 1/3 & 1/3 \\ 1/2 & 0 & 1/2 & 0 \\ 0 & 0 & 0 & 1 \\ 1/2 & 1/2 & 0 & 0 \end{bmatrix}$$

那么，整个 Web 图上所有网页的重要度计算公式为：

$$PR^{(i+1)} = M^T \times PR^{(i)} \qquad (6-4)$$

Web 图上网页重要度计算是一个迭代的过程，$PR(i)$ 是第 i 次迭代计算得到的网页重要度。根据式（6 – 4）不断迭代计算，PR 值最终收敛。最终收敛的 PR 值就是各个页面的 Page Rank 值。

以图 6 – 3 为例，最初图上的 4 个节点具有相同的重要度：$PR^{(0)} = [1/4, 1/4, 1/4, 1/4]$。那么第一次迭代计算后的重要度为：

$$PR^{(1)} = M^{\mathrm{T}} \times PR^{(0)} = \begin{bmatrix} 1/4 \\ 5/24 \\ 5/24 \\ 1/3 \end{bmatrix}$$

上面的向量经过几步迭代后，大约收敛在(1/4，1/4，1/5，1/4)，这就是 A、B、C、D 最后的 Page Rank。

上面介绍的是简单的 Page Rank 模型。它基于一种理想化的超链接环境，如假设 Web 是强连通的。在实际的网络超链接环境下，Page Rank 会面临两个问题：Rank Leak 和 Rank Sink。

Rank Leak：指的是某个节点只有入度，没有出度，如图 6-4 中的网络节点 D。这种没有出度的网页容易产生等级泄露，使得经过几次迭代计算之后，会发现所有节点的权重都变为 0。图 6-4 所示的 Page Rank 计算实例 2 的迭代过程描述在表 6-1 中。

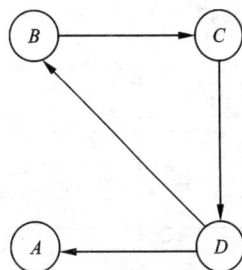

图 6-4　Page Rank 计算实例 2

表 6-1　Page Rank 计算实例 2 的迭代过程

迭代次数	$PR(A)$	$PR(B)$	$PR(C)$	$PR(D)$
初始	0.25	0.25	0.25	0.25
一次迭代	0.125	0.125	0.25	0.25
二次迭代	0.125	0.125	0.125	0.25
三次迭代	0.125	0.125	0.125	0.125
四次迭代	0.0625	0.0625	0.125	0.125
…	…	…	…	…
n 次迭代	0	0	0	0

Rank Sink：整个 Web 图上如果有网页没有入度链接，那么该节点的 PR 值会被该网页所在的强连通部件的其他网页所"吞噬"，产生排名下沉，造成该网页的 PR 值为 0。如图 6-4 所示，节点 A 没有入度，其所产生的贡献被节点 B、C、D 构成的强联通分量"吞噬"，节点 A 的 PR 值在迭代后会趋向于 0。

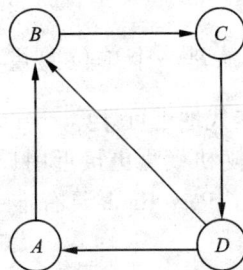

图 6-5　Page Rank 计算实例 3

表 6 – 2 **Page Rank** 计算实例 **3** 的迭代过程

迭代次数	$PR(A)$	$PR(A)$	$PR(A)$	$PR(D)$
初始	0.25	0.25	0.25	0.25
一次迭代	0	0.375	0.25	0.375
二次迭代	0	0.375	0.375	0.25
三次迭代	0	0.25	0.375	0.375
四次迭代	0	0.375	0.25	0.375
…	…	…	…	…
n 次迭代	0	…	…	…

6.2.2 基于随机冲浪模型的 Page Rank 算法

为了解决这个问题，Lawrence Page 和 Sergey Brin 采用了随机冲浪模型对用户的浏览网页行为建模，他们把用户点击链接的行为视为一种不关心内容的随机行为。用户进入网页有两种方式。一种是用户点击页面内的链接进入下一个网页。点击链接的概率完全由链接到该页面上的链接数量的多少决定，一个页面通过随机冲浪到达的概率就是链入它的其他页面上的链接被点击概率之和；另一种方式是用户以一定概率随机地输入 url 地址，跳入另一个页面。

基于随机冲浪模型的 Page Rank 基本思想是：①用户在 Web 上的随机漫步（即有两种途径进入页面 p），或是以概率 d 随意地选择 p，或是以 $1-d$ 的概率沿着其他网页的链接中到达页面 p；②如果存在从页面 q 到 p 的链接，页面 q 的作者含蓄地将页面 q 的部分重要度赋予 p。q 的重要度值 $PR(q)$ 为上述两种方式访问新网页 q 的概率：

$$PR(q) = \frac{d}{N} + (1-d) \sum_{(p,q) \in E} \frac{PR(p)}{outlink(p)} \qquad (6-5)$$

式中，$(1-d)$ 称为阻尼系数（damping factor），随机跳转一个新网页的概率，通常设为 0.85；d 为按照超链接进行浏览的概率；N 为总网页数。

所有网页重要度计算公式为：

$$PR^{(i+1)} = \frac{d}{N}\vec{e} + (1-d)M^{\mathrm{T}} \times PR^{(i)} \qquad (6-6)$$

式中，$\vec{e}$ 是一个单位向量；$\frac{\vec{e}}{N}$ 表示每个网页的被直接浏览的概率是相等的。根据式 (6-6) 迭代地进行计算。图 6-6 列出了伪代码。

这种随机模型更接近用户的浏览行为，一定程度上解决了 Rank Sink 和 Rank Leaf 的问题，保证了 Page Rank 具有唯一值。

PR Page Rank(G, M)
输入：G 为网页组成的图。G 的顶点集合为，边集合是 E。 M 为转移矩阵 输出：存放每个网页最后的重要度数组 PR
主要流程： PR← e/|G|　　#e 为单位向量，|G|顶点的个数 　k = 1 　repeat 　PR^{old}← PR 　PR←(1 − d) × e + d × M^T × PR^{old} 　until ||PR − PR^{old}||$_2$ < ε 　return PR

图 6−6　Page Rank 迭代计算的伪代码

Page Rank 算法是一个查询无关的静态算法。所有网页的 Page Rank 值可以通过离线计算获得，有效地减少在线查询时的计算量，极大地降低了查询的响应时间。

Page Rank 算法完全基于链接分析，并且该链接信息相对静态，没有考虑网页使用的动态信息：

（1）Page Rank 算法仅利用网络的链接结构，无法判断网页内容上的相似性，并且算法根据外链接平均分配权值使得主题不相关的网页获得与主题相关网页同样的重要度，出现主题漂移。

（2）Page Rank 依赖于入链接，但一些权威网页往往互相不连接，比如新浪、搜狐、网易、腾讯这样的大门户之间基本上不相互连接，学术领域也是这样。

（3）偏重旧网页问题。决定网页的主要因素是指向它的链接个数的多少，一个有重要价值的新网页，可能因为链接数目的限制很难出现在搜索结果前面，不能获得与实际价值相符合的排名。算法并不一定能反应新网页的重要性，存在偏重旧网页的现象。

（4）Page Rank 算法在设计之初，没有考虑到用户的个性需求，个性化搜索引擎的兴起对 Page Rank 排序算法也提出了新的挑战。

6.2.3　主题敏感的 Page Rank

Page Rank 计算得到的"网页重要性"是一个全局性的网页重要性衡量标准，忽略了主题相关性，导致结果的相关性和主题性降低。但对于不同的用户，是有着很大的差别的。例如，当搜索"Java"时，一个 IT 从业者可能是想要看编程语言 Java 的信息，一个旅游爱好者可能是想看印尼爪哇岛的旅游咨询，而一个咖啡爱好者可能在找 Java 咖啡的信息。理想情况下，应该为每个用户维护一套专用的重要度向量，但面对海量用户这种方法显然不可行。

Topic − Sensitive Page Rank（主题敏感的 Page Rank）是 Page Rank 算法的改进版本，是在经典 Page Rank 算法中引入主题相关性。对于某网页，不同的主题类型下都有相应的 Page Rank 值。Topic − Sensitive Page Rank 的做法是预定义几个话题类别，如体育、娱乐、科技等，为每个主题单独维护一个向量，然后想办法关联用户的话题倾向，根据用户的话题倾向排序结果。

主题敏感的 Page Rank 计算步骤有两步：主题相关的 Page Rank 向量集合的计算；在线利用算好的主题 Page Rank 分值来评估网页和用户查询的相似度，并按照相似度排序提供给用户搜索结果。

1. 主题相关的 Page Rank 向量集合的计算

首先，参考 ODP 网站(www.dmoz.org)，以该网站的一级主题 16 个类别作为事先定义的主题类型。ODP 网站是互联网上最大的、最广泛的人工目录。它是由来自世界各地的志愿者共同维护与建设的最大的全球目录社区。图 6 - 7 是 ODP 网站首页界面，列出了 Dmoz 的一级主题。

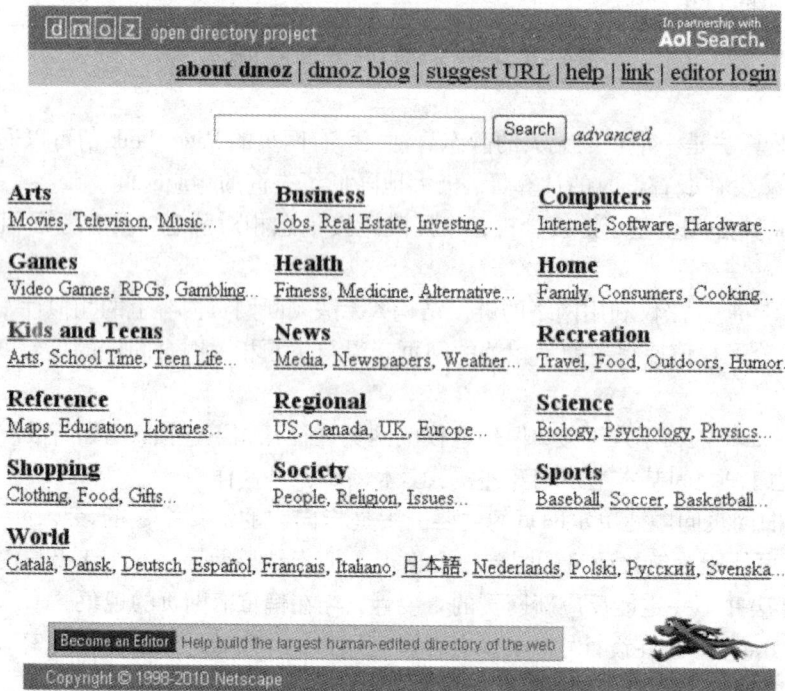

图 6 - 7 Dmoz 网站首页

使用在 ODP16 个顶层目录下的 URL，建立基于这些 URL 的带有主题偏见的 Page Rank 向量。T_i 表示在 ODP 的顶层类别 c_j 下的 URL 集合。定义向量 $\vec{v_j}$，表示主题 c_j 下的 Page Rank 的平均阻尼向量，计算公式如下：

$$v_{ij} = \begin{cases} \dfrac{1}{|T_j|} & i \in T_j \\ 0 & i \notin T_j \end{cases} \tag{6-7}$$

用 $\vec{v_j}$ 来代替式(6-7)中的 $\dfrac{\vec{e}}{N}$。那么计算主题 c_j 的 Page Rank 向量 PR_j 的公式为：

$$PR_j^{i+1} = d\,\vec{v}_j + (1-d)M^{\mathrm{T}}PR_j^i \qquad\qquad (6-8)$$

假设有页面 A，B，C，D，假设页面 A 归为 Arts，B 归为 Computers，C 归为 Computers，D 归为 Sports。那么对于 Computers 这个 topic，$\vec{v}_j$ 就是：

$$\vec{v}_j = \begin{bmatrix} 0 \\ 1/2 \\ 1/2 \\ 0 \end{bmatrix}$$

将 $\vec{v}_j$ 带入式 $(6-8)$ 计算，最后算出的向量就是 Computers 这个主题下每个网页的 Rank 值。如果实际计算一下，会发现 B、C 页在这个 topic 下的权重相比上面非 Topic – Sensitive 的 Rank 会升高，这说明如果用户是一个倾向于 Computers topic 的人（如程序员），那么在他呈现的结果中 B、C 会更重要，因此可能排名更靠前。

2. 在线相似度计算

在用户提交搜索时，首先利用"用户查询分类器"对查询进行分类，即计算查询词 q 属于主题 c_j 的概率 $p(c_j|q)$。然后再计算页面 p 在查询 q 下的总 PR 值。总 PR 值是该页面在所有主题下 PR 值的加权和。

$$PR(p) = \sum_{j=1}^{16} p(c_j|q)PR(j,\,p) \qquad\qquad (6-9)$$

式中，$PR(j,\,p)$ 是在主题 j 下页面 p 的 PR 值；$PR(p)$ 为最终该网页在此查询词 q 下的 PR 值。

如果向搜索引擎提交"Java"，查询词"Java"属于 ODP16 个顶层中的"Computer""Recreation"和"Business"三个类别的概率分别为 0.6、0.1、0.3，属于其他类别概率为 0。页面 p 属于类别"Computer""Recreation"和"Business"的概率分别 0.4、0.3、0.1。那么

$$PR(q) = 0.4 \times 0.6 + 0.3 \times 0.1 + 0.3 \times 0.1 = 0.3$$

对包含"Java"这个关键词的网页，都根据上述方法计算，得到其与用户查询的相似度后，就可以按照相似度由高到低排序输出，作为本次搜索的结果返回给用户。

6.3 HITS 算法

6.3.1 HITS 算法基本思想

HITS 算法，全称是 hyperlink – induced topic search，它是链接分析中非常基础且重要的算法。它是由康奈尔大学（Cornell University）的 Jon Kleinberg 博士于 1997 年提出的一种链接分析算法，为 IBM 公司阿尔马登研究中心（IBM almaden research center）的名为"CLEVER"的研究项目中的一部分。与 Page Rank 相比，它是查询相关的链接分析方法，其产生的排名与查询主题紧密相关。

HITS 算法中有两个最基本的定义：内容权威页面和中心页面。内容权威页面是指人们公认的与某个领域或者某个话题相关的高质量网页。中心页面是指页面上有很多指向权威页面链接的页面，如图 6 – 8 所示。

图 6 - 8   自然语言处理领域的中心页面

中心页面与权威页面因此形成一个相互加强的关系：好的中心页面指向很多好的权威页面，而好的权威页面被很多好的中心页面所指。这种关系将 Web 页面描述成一个稠密的二分图，如图 6 - 9 所示。

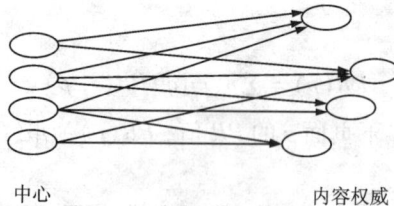

中心   内容权威

图 6 - 9   中心页面和内容权威页面组成的稠密二分图

HITS 算法是建立在权威页面与中心页面一个相互加强的关系基础上的。如果某个网页的中心质量越高，则链接指向页面的内容权威质量越好；反过来，如果某个网页的内容权威质量越高，则指向该页面的中心质量越好。

HITS 算法对网页进行质量评估的结果反映在它对每个网页给出的两个评价数值——内容权威（authority）值和中心（hub）值上。页面 hub 值等于所有它指向的页面的 authority 值之和。页面 authority 值等于所有指向它的页面的 hub 值之和。

图 6 - 10 中共有 3 个网页，它们构成了一个有向图。设每个网页的初始 hub 值和 authority 值都为 1。记 $h(p)$ 为页面 p 的 hub 值，$a(p)$ 为页面 p 的 authority 值。则有 $h(1) =$

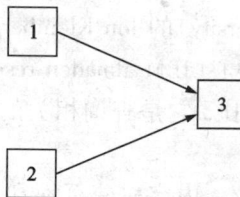

图 6 - 10   HITS 的二分图示意

$h(2) = h(3) = 1$，$a(1) = a(2) = a(3) = 1$。

HITS 算法的计算过程也是一个迭代的过程。在第一次迭代中，有：

$a(1) = 0$，$a(2) = 0$，$a(3) = h(1) + h(2) = 2$（没有页面指向网页 1 和网页 2），$h(1) = a(3) = 2$，$h(2) = a(3) = 2$，$h(3) = 0$（网页 3 没有指向任何页面）。

6.3.2 HITS 算法流程

HITS 算法的目的是：当用户查询时，返回给用户高质量的权威页面。返回的权威页面是查询请求相关主题的权威页面。因此，HITS 是与查询相关的链接分析方法。HITS 后续的计算步数都是在接到用户查询后展开的，整个算法的流程如下：

步骤 1：HITS 算法在接收到用户请求后，将查询 q 提交给某个现有的搜索引擎，并在返回搜索的结果中提取排名靠前的前 t 个网页（t 一般取 200 左右），组成一个与用户查询高度相关的初始网页集合，这个集合叫做根集 Rq。同时根据将指向根集的页面和被根集指向的页面加入到根集中构成基本集（base set）Sq。由根集扩充得到基本集的过程如图 6-11 所示。图 6-12 为 HITS 产生基本集的伪代码。

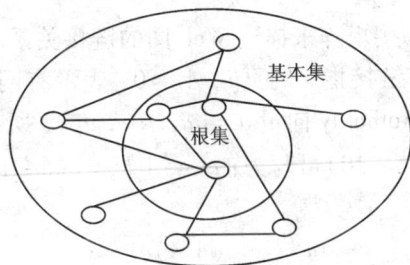

图 6-11 根集扩充到基本集的过程

```
Subgraph(q, ψ, t, d)
    q: 查询词串。
    ψ: 一个基于文本的搜索引擎。
    t, d: 自然数。

主要流程:
    Rq ← the top t results of ψ on q.
    Sq ← Rq
    For each page p ∈ Rq
    Γ + (p) ← the set of all pages p points to.
    Γ - (p) ← the set of all pages pointing to p.
    Add all pages in Γ + (p) to Sq.
    If |Γ - (p)| ≤ d, then
            Add all pages in Γ - (p) to Sq.
    else
            Add an arbitrary set of d pages from Γ - (p) to Sq.
    End
    Return Sσ
```

图 6-12 HITS 中产生基本集 Sq 的算法伪代码

在计算 hub 值和 authority 值之前，我们还需要将有些页面从 Sq 中剔除。所剔除的页面是与 Rq 中的网页在同一个"域名"（域名指一个网站）下。因为通常指向这些页面的链接只是一些网站内的导航链接。在 HITS 算法中，这些链接与不同网站之间的链接相比，肯定是后者更能体现 hub 值和 authority 值的传递关系。所以我们在 Sq 集合中删除这些链接所指向的网页，形成新集合 Gq。

步骤 2：初始化基本集 Sq 中所有页面的 authority 值为 1。

步骤 3：根据式（6 - 10）更新每个页面的 authority 值（I 操作）。根据式（6 - 10）更新每个页面的 hub 值（O 操作）。并且不断迭代计算，直到 authority 值和 hub 值收敛。

$$\forall p, a(p) = \sum_{i=1}^{n} h(i) \tag{6 - 10}$$

$$\forall p, h(p) = \sum_{i=1}^{n} a(i) \tag{6 - 11}$$

每一轮计算后，都需要对 authority 值和 hub 值进行归一化操作，使得 $\sum_{i=1}^{n} h(i)^2 = \sum_{i=1}^{n} a(i)^2 = 1$。

在 6.1 小节中介绍过用邻接矩阵来描述 Web 图的链接关系。假设 A 为 Web 图的链接矩阵，$A_{ij} = 1$，表示有网页 i 上有链接指向网页 j。$A_{ij} = 0$，表示有网页 i 上没有链接指向网页 j。所有网页的 Authority 值构成 Authority 向量 $a = [a_1, \cdots, a_n]$，所有网页的 Hub 值构成 Hub 向量 $h = [h_1, \cdots, h_n]$，那么式（6 - 10）可写为：$a = A^{\mathrm{T}}h$，式（6 - 11）可写为：$h = Aa$。上述算法经过 k 步之后更新为：

$$a^{(k+1)} = (A^{\mathrm{T}}A)a^{(k)} \tag{6 - 12}$$

$$h^{(k+1)} = (AA^{\mathrm{T}})h^{(k)} \tag{6 - 13}$$

经过一系列的更新计算后，HITS 算法收敛到 h^* 和 a^*。h^* 为 AA^{T} 的主特征向量，代表页面的中心值，数值越高，页面的中心值越高。a^* 为 $A^{\mathrm{T}}A$ 的主特征向量，代表页面的权威值，数值越高的元素代表该对应页面的权威值越高。

6.3.3 HITS 的优势与缺陷

HITS 算法和 Page Rank 算法可以说是搜索引擎链接分析的两个最基础和最重要的算法。与 Page Rank 算法相比，HITS 的优势在于：

（1）HITS 算法是与用户输入的查询请求紧密相关的，而 Page Rank 与查询请求无关。所以 HITS 算法可以单独作为相似性计算评价标准，而 Page Rank 必须结合内容相似性计算才可以用来对网页相关性进行评价。

（2）HITS 算法的计算对象数量较少，只需计算扩展集合内网页之间的链接关系；而 Page Rank 是全局性算法，要对所有互联网页面节点进行处理。

尽管 HITS 算法存在着这些优势，但是 HITS 算法仍然存在着一些问题。

1. 计算效率低

这里说的"效率低"是针对 HITS 实时计算的特点而提出的。HITS 算法是在用户提出搜索请求之后才开始运行的，并且计算出结果又需要多次迭代计算，所以就这点来说 HITS 算法效率仍然较低。而 Page Rank 则可以在爬虫抓取完成后离线计算, 在线直接使用计算结果, 计算效率较高。

2. 主题漂移

从根集合 Rq 根据链接扩展生成基本集 Sq 中过程中, 有可能将与搜索主题无关的网页添加到基本集 Sq 中。如果这部分网页之间存在着较多的相互链接指向, 那么使用 HITS 可能对这些无关页面赋予很高的值, 导致搜索结果产生主题漂移, 降低用户的搜索体验。这种现象叫做紧密链接社区现象(tightly - knit community effect, TKC)。

3. 作弊网页

HITS 从机制上很容易被作弊者操纵。试想建立一个页面指向很多高质量的 authority 页面, 那么这个页面就成为了一个高质量的 hub 页面。然后再做个链接指向自己的作弊网页, 按照 HITS 算法, 将大大提升自己网页的 authority 值。

4. 稳定性差

在扩展后的基本集 Sq 集合内, 若是删除其中的某条链接或者添加某条链接, 就有可能造成一些网页的 hub 值和 authority 值发生巨大的改变。而 Page Rank 相对 HITS 而言表现稳定, 这主要是 Page Rank 在计算时考虑了以一定概率随机地输入 url 地址, 跳入另一个页面。

6.4 SALAS 算法

SALSA 算法由以色列学者 R. Lempel 和 S. Moran 于 2000 年在第 9 届国际互联网大会上提出, 其英文全称为 Stochastic App roach for Link Structure Analysis。SALSA 算法是对 Page Rank 和 HITS 算法的基本思想进行融合, 它保留了 Page - Rank 的随机漫游和 HITS 中把网页分为 authoritiy 和 hub 的思想, 但取消了 authoritiy 和 hub 之间的相互加强关系。SALSA 算法是充分利用 HITS 算法与查询相关的特点, 同时也采纳了 Page Rank 的 "随机游走模型"。很多实验数据表明, SALSA 的搜索效果要优于前两个算法, 是目前效果最好的链接分析算法之一。

从整体计算流程来说, 可以将 SALSA 划分为两个阶段。首先是确定计算对象集合的阶段, 这一阶段与 HITS 算法基本相同。第二个阶段是链接关系传播过程, 在这一阶段则采纳了 "随机游走模型"。与 Page Rank 不同的是, 它把一个网页节点看成两种不同类型节点, 即 hub 和 authority, 随机游走对应着这样两种不用类型的 Markov 链——hub 链和 authority 链, 状态转移也分为网页前向和后向。

1. 第一阶段: 确定计算对象集合

这一阶段和 HITS 算法的第一步一样, 根据某文本搜索引擎获得与查询 q 主题相关的网页集合作为根集 Rq 并且扩展为网页集合 Sq, 在集合 Sq 去除无关链接, 如内在链接(有链接关系的两个页面处于同一域名之下)、CGI 脚本链接、广告和赞助商的链接等, 只保留提供信息的链接(in formative link), 形成集合 Gq, 该集合产生的有向图为 G。

在获得了"扩充网页集合"之后，SALSA 根据集合内的网页链接关系，将网页集合的有向图 G 转换为一个二分图 $G' = (V_h, V_a, E)$。其中，V_h 是 hub 页面集合，V_a 是 authority 页面集合。二分图 G' 中的 V_h，V_a，E 定义如下：

$$V_h = \{s_h | s_h \in Gqandout - degree(s_h) > 0\}$$

$$V_a = \{s_a | s_a \in Gqandin - degree(s_a) > 0\}$$

$$E = \{(s_h, s_a) | s_h \rightarrow s_a inGq)\}$$

V_h 是扩展集中有出度的页面，V_a 是扩展集中有入度的页面，二分图中的边表示的是在扩展集中的链接。对于一个既有入链接又有出链接的网页 s，在二分图中被表示为两个节点 s_h 和 s_a。如图 6 – 13 页面 1 即在集合 V_h，也集合 V_a 中。在扩展集中的每个链接都表示为二分图中的无向边。

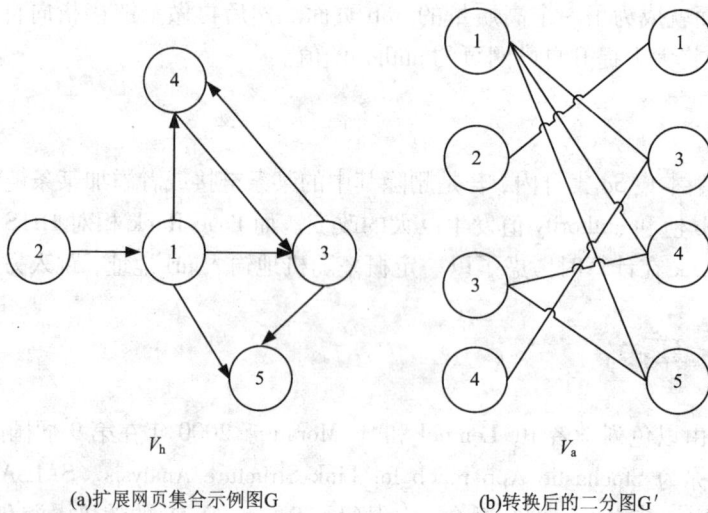

(a)扩展网页集合示例图G   (b)转换后的二分图G′

图 6 – 13   从有向图转换为二分图示例

2. 第二阶段：链接关系传播

HITS 模型关注的是 hub 和 authority 之间的节点相互增强关系。与 HITS 模型关注重点不同，SALSA 实际上关注的是 hub – hub 以及 authority – authority 之间的节点关系，而另外一个子集合节点只是充当中转桥梁的作用。如图 6 – 13 所示，hub 页面 1 要经过权威页面 4，将重要度传递给 hub 页面 3。

SALAS 算法考虑了 hub – hub 以及 authority – authority 之间的节点关系，分别在 V_h 和 V_a 两个顶点集上建立随机冲浪模型，定义了两条马尔可夫链，即 hub 链和 authority 链。V_h 上的概率转移矩阵 H 的定义为：

$$h_{i,j} = \sum_{\{k | <i_h, k_a>, <j, k_a> \in G'\}} \frac{1}{\deg(i_h)} \cdot \frac{1}{\deg(k_a)} \qquad (6-14)$$

在 V_a 上的概率转移矩阵 A 的定义为：

$$a_{i,j} = \sum_{\{k|\langle k_h, i_a\rangle, \langle k_h, j_a\rangle \in G'\}} \frac{1}{\deg(i_a)} \cdot \frac{1}{\deg(k_h)} \tag{6-15}$$

式中，i_h 表示页面 i 在 V_h 的节点，i_a 示页面 i 在 V_a 的节点。根据图 6-12 的例子可以计算得到：

$$h_{1,3} = \frac{1}{\deg(1_h)} \cdot \frac{1}{\deg(4_a)} + \frac{1}{\deg(1_h)} \cdot \frac{1}{\deg(5_a)} = \frac{1}{3} \times \frac{1}{2} + \frac{1}{3} \times \frac{1}{2} = \frac{1}{3}$$

$$a_{4,5} = \frac{1}{\deg(1_h)} \cdot \frac{1}{\deg(4_a)} + \frac{1}{\deg(3_h)} \cdot \frac{1}{\deg(4_a)} = \frac{1}{3} \times \frac{1}{2} + \frac{1}{2} \times \frac{1}{2} = \frac{5}{12}$$

对 hub 的转移概率矩阵 H 和 authority 的转移概率矩阵 A，分别求出其特征向量，即可找出两条马尔可夫链的静态分布，也是每个网页最终的 hub 值和 authority 值。A 的特征向量中值大对应的网页就是所要找的重要网页。

SALSA 算法没有 HITS 中相互加强的迭代过程，计算量远小于 HITS。SALSA 算法只考虑直接相邻的网页对自身 A/H 的影响，而 HITS 是计算整个网页集合 T 对自身 AH 的影响。

据文献的试验结果表明，对于单主题查询 Java，SALSA 有比 HITS 更精确的结果，对于多主题查询 abortion，HITS 的结果集中于主题的某个方面，而 SALSA 算法的结果覆盖了多个方面。也就是说，对于 TKC 现象，SALSA 算法比 HITS 算法有更高的健壮性。

6.5　通用链接反作弊方法

6.5.1　链接作弊方法

所谓的链接作弊是网站拥有者考虑到搜索引擎中利用了链接分析技术，通过操作页面之间的链接关系或者操作页面之间的链接锚文字，来增加链接排序因子的得分，影响搜索结果排名的作弊方法。常用的作弊方法有很多种，这里介绍几种比较流行的作弊方法。

1. 链接农场

链接农场构建了大量相互紧密链接的网页集合，期望能够利用搜索引擎链接算法的机制来提高排名。链接农场内的页面链接密度极高，任意两个页面都可能存在互相指向的链接。

2. 锚文字作弊

作弊者通过精心设置锚文字内容来诱导搜索引擎给予目标网页较高排名，一般作弊者设置的锚文字和目标网页没有任何关系。

3. 交换友情链接

作弊者通过和其他网站之间交换链接，互相指向对方的网页页面，以此来增加排名。很多作弊者过分地使用此手段，但是并不意味着使用这个手段的都是作弊行为，交换友情链接的做法也是正常网站的常规措施。

4. 购买链接

有些作弊者会通过购买链接的方法，即花钱让一些排名高的网站的链接指向自己的网页。

5. 购买过期域名

有些作弊者会购买刚刚过期的域名，因为有些过期域名本身的 Page Rank 排名是很高的，通过购买域名可以获得高价值的外链。

6. "门页"作弊

"门页"本身不包含正文内容，而是由大量链接构成，而这些链接往往会指向同一网站内的页面，作弊者通过大量制作"门页"来提高排名。

6.5.2　反链接作弊思路

既然有作弊，为了维持良好的展现结果，搜索引擎也就会有反作弊。目前的反作弊算法主要基于三种思路。

1. 信任传播模型

在海量的网页数据中，通过技术或人工的手段，获取完全值得信任的网页设置为白名单。白名单中网页的信任值会沿着链接向外扩散而衰减。然后，设定一个阈值，如果高于该阈值，那就是值得信任的网页；如果低于该阈值，那就是不值得信任的网页。如图 6 - 14 所示，白名单中的 A 将信任值传递给 B 和 C，C 又将信任值传递给 F，每传递一次，信任值就会衰减。

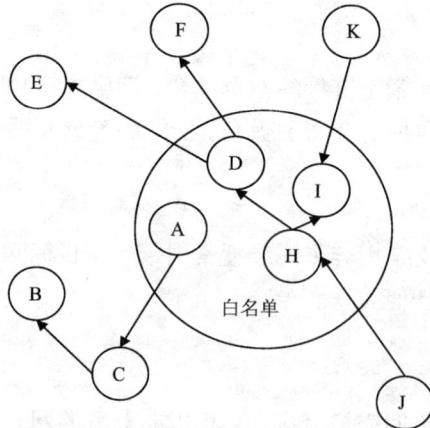

图 6 - 14　信任传播模型

2. 不信任传播模型

不信任传播模型和信任传播模型的思路类似，区别主要在于：

（1）最初是通过技术或人工的手段设置一组作弊的网页，将其设置为黑名单，并为黑名单中的这些网页赋予一个不信任分值。

（2）不信任分值是通过链接关系反向传递的。设定一个阈值，如果高于该阈值，那就是作弊网页。

如图 6－15 所示，H 为黑名单中的作弊页面，那么 H 沿着链接的反方向将不信任分值传递给 I，I 又传递给 J。不信任分值也会在传递过程中衰减。

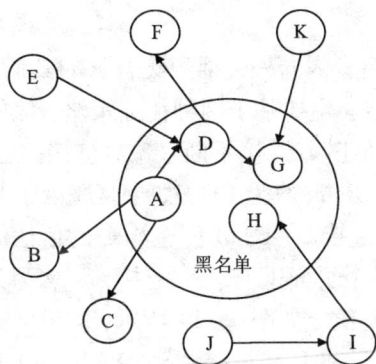

图 6－15 不信任传播模型

3. 异常发现模型

找到一些作弊或非作弊的页面集合，分析出作弊网页的特征有哪些，然后利用这些特征来识别作弊行为。

具体来说，用这个异常发现模型来判断作弊网页又可细分为两种途径：一种比较直观，即直接从作弊行为包含的独特特征来构建算法，如果某个网页具有这些特征，那么就认为是作弊网页；另一种是提取正常网页的特征，如果某个网页不具有这些正常网页的特征，那么就认为是作弊网页。

6.5.3 经典链接反作弊算法

以上述介绍的三种模型为基础，本小节介绍了该三种模型的经典链接反作弊算法：Trust Rank、Bad Rank 和 Spam Rank。

1. Trust Rank 算法

Trust Rank 算法最初来自 2004 年斯坦福大学和雅虎公司的一项联合研究，用来检测垃圾网站，并于 2006 年申请专利。虽然 Trust Rank 算法最初是作为检测垃圾网站的方法，但在现在的搜索引擎排名算法中，Trust Rank 使用更为广泛，常常影响大部分网站的整体排名。

Trust Rank 算法是基于信任传播模型。Trust Rank 算法的基本假设是：好的网站基本上不会链接到垃圾网站，而垃圾网站会链接到高权威和高信任指数的网站，从而提高自己的信任指数。

它的算法流程是：

步骤一：确定值得信任的网页集合（白名单），并给白名单内的网页赋予初始的 Trust Rank 值。

如何选择网页组成白名单？选择的原则是：

（1）选择 Page Rank 值高的网页，通常这些网页质量高，值得信赖。

（2）选择出链接多的网页，这是因为 Trust Rank 值是随着出链接衰减的。

因此，首先对网页计算 Page Rank 值之后，提取少量高分网页作为初选的页面集合。其次，沿着链接的反方向，按照 Page Rank 的计算方法计算逆 Page Rank 值。往往出链接多的网页逆 Page Rank 值高。

步骤二：信任值从白名单集合内向外传播给集合外的其他网页。

Trust Rank 值随链接关系传递主要基于两种传播策略：信任衰减和信任分值均分。

（1）信任衰减：Trust Rank 值随着链接不断衰减，链接路径越长，传播的信任值就越小。假设白名单中的页面 A 的 Trust Rank 值为100，如果衰减因子为0.8，那么随着链接 A→B，A 传递给 B 的信任值为80，随着链接 B→C，B 传递给 C 的信任值为64，以此类推。

（2）信任分值均分：如果一个页面上有多个链接，那么采用信任分值均分原则，每个链接平均分享该页面的 Trust Rank 值。如图6-14所示，假设网页 D 的 Trust Rank 是100，页面 D 上有2个出链接，那么页面 E 和 F 都将接收到 D 的 Trust Rank 值的50%，即 E 的 Trust Rank 值为50，F 的 Trust Rank 值为50。

通过结合以上传播策略，计算每个页面节点的信任分值。把传统排名算法挑选出的多个页面根据 Trust Rank 重新排名。设定一个最低的 Turst Rank 值，超过该值则能参加排名，低于该值则从搜索结果中过滤出去。

2. Bad Rank 算法

Bad Rank 是 Google 采用的一种反链接作弊算法。与 Trust Rank 算法相反，它是基于不信任传播模型。首先构建作弊网页集合，然后再利用反向链接将不信任分值传递到其他网页。

Bad Rank 算法基于这样一个假设：如果某个网页指向一个具有作弊行为的网页，那么该网页也有可能存在作弊行为。Bad Rank 算法最主要的思路是：首先是确定一批不可信任的网页集合（即网页黑名单），对黑名单上的每个网页赋予初始的 Bad Rank 值。然后从黑名单出发，沿着网页间的链接关系反方向传递 Bad Rank 值。传递的方式与 Page Rank 算法相似，只是传递的方向相反，因此，可以将 Web 的方向反向，再按照 Page Rank 算法计算 Bad Rank 值。一个网页是否为作弊网页是由 Bad Rank 值决定的。

由于 Trust Rank 从白名单出发找到作弊网页，Bad Rank 从黑名单出发找到作弊网页，通常在反作弊系统中二者互补，共同用来发现反作弊网页。

3. Spam Rank 算法

Spam Rank 是一种典型的基于异常发现模型的反作弊算法。它的基本假设是：对于正常页面来说，其支持者页面的 Page Rank 值应该满足 Power-Law 分布，即 Page Rank 值应该是不均匀分布的，有大有小。而作弊网页不同，不符合 Power – Law 分布，通常指向作弊网页的链接数量非常巨大，并且这些作弊网页的支持页面的 Page Rank 值都较低，都只在一个较小范围内浮动。

Spam Rank 算法利用了作弊网页的这些特征来查找可能作弊的网页。它的算法流程是：

（1）计算页面的支持页面的权重。

（2）判断支持页面权重是否满足 Power – Low 分布（这个分布是互联网的一个比较准确的估计），对于不满足该分布的页面判断为作弊网页并进行惩罚，以降低其 Page Rank 值。

本章小结

链接信息是网页的重要信息，基于链接的检索模型是通过分析网页的链接信息（出入度）计算网页的重要度。本章重点介绍了最重要的并且是最基础的两种链接算法即 Page Rank 和 HITS，并在此基础上介绍了用于个性化搜索的主题敏感的 Page Rank 算法，以及融合了 Page Rank 和 HITS 优点的 SALAS 算法。SALAS 算法是目前效果最好的链接分析算法之一。针对链接作弊问题，本章介绍了常用的几种作弊方法，并介绍了针对这些作弊方法的反作弊模型，即信任传播模型、不信任传播模型和异常发现模型，并且在该三种模型基础上，介绍了三种经典的链接反作弊算法：Trust Rank、Bad Rank 和 Spam Rank。

习题

1. 计算下列 Web 图的基本 Page Rank，假设 $d = 0.25$。

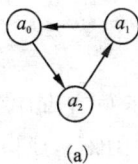

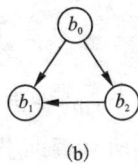

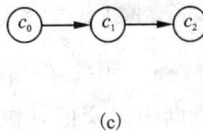

(a)　　(b)　　(c)

2. 计算以下邻接矩阵的权威向量 a，设初始 $a(0) = [1/2, 1/2, 1/2, 1/2]^T$。

$$W = \begin{bmatrix} 0 & 0 & 0 & 0 \\ 1 & 0 & 0 & 0 \\ 1 & 0 & 0 & 0 \\ 0 & 1 & 1 & 0 \end{bmatrix}$$

3. 请对比 Page Rank 和 HITS 算法。

4. 为什么说 SALAS 结合了 HITS 和 Page Rank 算法的特点？

5. 请简述常用的链接作弊手段。

6. 请简述三种常用的反作弊模型及基于这些模型的反作弊算法。

第 7 章   查询处理与结果展示

前面几章已经详细地介绍了搜索引擎的索引机制和检索机制。尽管索引机制和检索机制是搜索引擎的核心技术，但查询功能是搜索引擎中与用户交互最密切的。查询功能是解析用户提交的查询请求，对查询条件进行重构，整理和展示搜索引擎系统的查询结果，并返回给用户。它是交互式信息检索过程中的一个关键部分，决定了搜索引擎是否提供有效的服务。本章主要对查询条件的纠正与过滤、查询处理与展示的技术进行讨论。本书将查询优化功能中的相关反馈与查询扩展单独放在了第 8 章进行详细的讲解。

7.1   查询纠错

用户在提交查询词时，往往会造成一些输入上的错误，特别是拼写错误。这些错误的存在导致了计算机无法正确理解用户的查询意图，导致检索的查全率和查准率降低，使得用户无法准确查找到所需要的信息。由于查询输入的语言是自然语言，各国的语言各不相同，本节主要围绕中文纠错和英文纠错进行介绍。

7.1.1   查询纠错概述

据统计，在英文查询串中，有 Spelling Error 的查询串占到了总查询串的 10%～15%，而中文有输入错误的查询串保守估计也要占到所有查询串的 5%～10%。所以，查询纠错(query correction)就成为网页搜索引擎研发过程中的一项非常重要的技术。查询纠错是指搜索引擎能够自动地检查用户输入的检索条件，并对拼写有误或不合理的检索条件进行修改优化，从而保证检索的查全率和查准率，提高检索效率的检索辅助功能。使用自动纠错后，即使用户不小心输入错误，在很大程度上也能够方便地得到正确查询词的提示，便于用户的使用。目前大多数搜索引擎都提供查询词纠错检查，如图 7 - 1 所示，用户输入"涛宝"，百度搜索引擎会提醒用户正确输入是不是"淘宝"。

英文的拼写错误很多是字母拼写错误，而中文的拼写基于字。对于中文拼写错误而言，中文本身是以字作为输入单位。中文使用拼音作为文字的发音，每个字都有固定的发音(多音字除外)，而拼音输入法占据中文输入方式的主导地位，因此主要侧重的是同音但不同字所引起的输入错误，或者是相似字的输入错误。如将"自己"输入成"自已"，将"淘宝"输入成"涛宝"。

查询词的纠错检查，主要回答两个问题：一是搜索引擎如何识别判断输入的查询词是否正确；二是搜索引擎对错误的查询词如何提示正确内容。

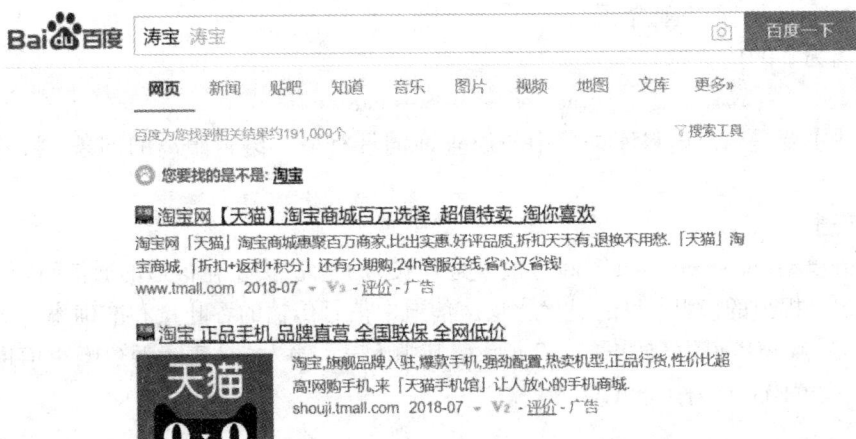

图 7 - 1　百度纠错功能示例

7.1.2　英文纠错

英文拼写错误主要分为两种：一种是 Non - word Error，指单词本身就是拼错的，比如将"happy"拼成"hbppy"，"hbppy"本身不是一个词；另一种是 Real - word Error，指单词虽拼写正确，但是结合上下文语境却是错误的，比如"two eyes"写成"too eyes"，"too"在这里是明显的错误拼写，但该词在词典中却是存在的。

1. Non - word Error

对于 Non - word Error，搜索引擎针对第一个问题，通常采用语料库词典，如果输入词不在词典中，即可以判定为错词。针对第二个问题，搜索引擎的纠错过程就是找出和错词最相似的一些候选词，然后从中选出正确的纠错词。选择候选词通常采用的是最小编辑距离法。在候选词中找到最终的纠错词，比较简单的方法可以根据候选词的权重进行排序，给出权重最高的词作为纠错词，这个权重可以是人工标注的结果，也可以是语料库统计的词频或其他方式。相对复杂的候选词选择方法可以使用统计模型计算，比如噪声信道模型。

（1）最小编辑距离法

最小编辑距离是指将一个错误拼写的单词被纠正成正确单词的最小编辑次数，每一次编辑只能改变一个字母。因为这个概念是俄罗斯科学家 Vladimir Levenshtein 在 1965 年提出来的，所以编辑距离又称为 Levenshtein 距离。研究表明，英文中80%或更多的拼写错误是由于这类单个字符错误引起的，并且几乎所有错误的编辑距离都在 2 以内。

下面是 Levenshtein 距离为 1 的一些转换例子，它们只需要一个操作或编辑，就能够生成一个正确的词。Levenshtein 距离允许的编辑操作包括字符替换、增加字符、删除字符、交换字符。

①acress→actress（删除型错误）。

②acress→access（替换型错误）。

③acress→cress（插入型错误）。

④acress→caress（交互型错误）。

编辑距离为 2 的例子如下：

$$access→actess→actress$$

纠错算法主要是列出语料库词典中与原查询词具有最小编辑距离的词条，将其作为候选词。

（2）噪声通道

噪声信道模型（noisy channel model）最早是香农为了解决模型化信道的通信问题，在信息熵概念的基础上提出的模型，目的是优化噪声信道中信号传输的吞吐量和准确率。对于自然语言处理而言，噪声信道模型如图 7-2 所示，其中 I 表示输入，O 表示经过噪声信道后的输出，I' 表示经过解码后最有可能的输入。

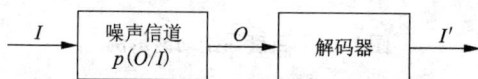

图 7-2　噪声通道示意图

用于拼写纠正的噪声通道模型是一种能够处理排序、上下文和语义连贯性方面错误问题的通用结构。这个模型可以通俗地描写为：用户在直觉上要输出（即写出）词 w，所根据的是概率分布 $p(w)$。然后用户要去写词 w，但是声音通道（大体相当于人的大脑），使得用户以概率 $p(x|w)$ 写出词 x。

概率 $p(w)$ 为统计语言模型，用于获得文本中词的出现频率信息以及上下文信息。如在已知一个词出现的情况下，观察另外一个词出现的概率。关于统计语言模型在第 3 章中已经详细地介绍过。

$$\begin{aligned}\hat{w} &= \underset{w \in V}{\mathrm{argmax}}\, p(w|x)\\ &= \underset{w \in V}{\mathrm{argmax}}\, \frac{p(x|w)p(w)}{p(x)}\\ &= \underset{w \in V}{\mathrm{argmax}}\, p(x|w)p(w)\end{aligned}$$

其中，$p(x|w)$ 是正确的词编辑成为错误词 x 的转移概率，包括删除（deletion）、增加（insertion）、替换（substitution）和颠倒（transposition）四种转移矩阵，这个转移矩阵的概率可以通过统计大量的正确词和错误词来得到，转移矩阵的计算公式如下：

$$\mathrm{del}[x, y]:\qquad \mathrm{count}(xy\ \mathrm{typed\ as}\ x)$$
$$\mathrm{ins}[x, y]:\qquad \mathrm{count}(x\ \mathrm{typed\ as}\ xy)$$
$$\mathrm{sub}[x, y]:\qquad \mathrm{count}(x\ \mathrm{typed\ as}\ y)$$
$$\mathrm{trans}[x, y]:\qquad \mathrm{count}(xy\ \mathrm{typed\ as}\ yx)$$

根据转移矩阵计算 $p(x|w)$：

$$p(x|w) = \begin{cases} \dfrac{\text{del}[w_{i-1}, w_i]}{\text{count}[w_{i-1}w_i]}, & \text{if deletion} \\[3mm] \dfrac{\text{ins}[w_{i-1}, x_i]}{\text{count}[w_{i-1}]}, & \text{if insertion} \\[3mm] \dfrac{\text{sub}[x_i, w_i]}{\text{count}[w_i]}, & \text{if substitution} \\[3mm] \dfrac{\text{trans}[w_{i-1}, w_i]}{\text{count}[w_i w_{i+1}]}, & \text{if transposition} \end{cases} \qquad (7-1)$$

将转移矩阵计算公式代入式(7-1)通过噪声信道模型公式中,根据不同候选词和纠错词之间的变换关系选择转移矩阵类型,就能得到概率最大的候选词。

表7-1是错误字母"acress"通过噪声通道模型计算出来的概率,从表中可以看出候选词"across"的 $p(x|w)p(w)$ 概率值最大,因此错误字母"acress"的正确拼写为"across"。

表 7-1 错误字母"acress"的噪声通道模型

候选词	正确的字母	错误字母	$x|w$	$p(x|w)$	$p(w)$	$10^9 \times p(x|w)p(w)$
actress	t	–	c|ct	0.000117	0.0000231	2.7
cress	–	a	a|#	0.00000144	0.000000544	0.00078
caress	ca	ac	ac|ca	0.00000164	0.00000170	0.0028
access	c	r	r|c	0.000000209	0.0000916	0.019
across	o	e	e|o	0.0000093	0.000299	2.8
acres	–	s	es|e	0.0000321	0.0000318	1.0
acres	–	s	ss|s	0.0000342	0.0000318	1.0

2. Real-word Error

有研究报告指出有40%～45%的错误属于 Real-word Error 问题。Real-word Error 中,每个词都是正确的,但是组合在一起成为短语或句子时意思却不对了。对于 Real-word Error,搜索引擎直接在语料库中查找发音相近的词或字,将这些发音相近的词作为候选词,采用噪声信道模型等方法从候选词中选择最终的纠错词。但是,这里的噪声信道模型不是计算 $p(w|x)$,而是选择某个候选词组合形成的句子 $p(s)$ 的概率,具有最大概率 $p(s)$ 的候选词就是正确的拼写形式。

它的具体思想是:给定一个句子 $s = \{w_1, w_2, w_3, \cdots, w_i\}$,其中 w_i 是句子中的第 i 个词,对于每个词 w_i 都产生一个候选集合 Candidate(w_i):

$$\text{Candidate}(w_i) = \{w_i, w_{i1}, w_{i2}, \cdots, w_{in}\},$$

候选集合 Candidate(w_i) 中不仅包含了候选词 $\{w_{i1}, w_{i2}, \cdots, w_{in}\}$,也包含了原来的词 w_i。从每个词的候选集合 Candidate(w_i) 中选择一个词,组成词串序列 s',满足 $p(s')$ 概率最大的词串 $\hat{s}$ 就是正确的拼写形式:

$$\hat{s} = \underset{s' = \{w_1' \cdots w_n'\}, \, w_i' \in \text{Candidate}(w_i)}{\text{argmax}} p(s')$$

$p(s')$的概率值可以基于 N – gram 模型计算得到。下面的公式是基于 Bigram 模型计算$p(s')$：

$$p(s') = p(w'_1, w'_2, \cdots, w'_n) = p(w'_1)p(w'_2|w'_1)\cdots p(w'_{n-1}|w'_n)$$

计算$p(s')$的参数很多，并且存在着多条路径的可能性。如图 7 – 3 所示，"two of thew"序列就有 48 条路径，随着词串长度的增加，路径更多。若对每条路径计算概率，则工作量很大。因此可以使用隐马尔可夫模型(hidden markov model，HMM)求解$p(s')$最大的$\hat{s}$。图 7 – 3 中对应的$p(s')$最大的$\hat{s}$ = "two of thew"。

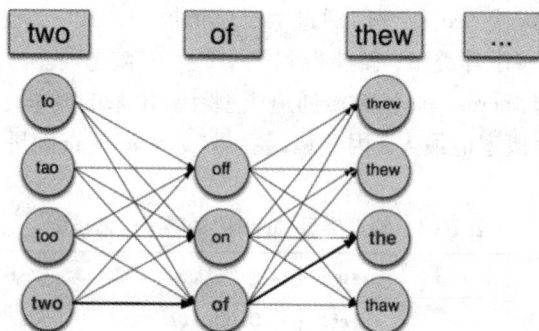

图 7 – 3　隐马尔可夫模型

中文中也存在着 Non – word Error 和 Real – word Error。比如"淘宝"写成"涛宝"就是 Non – word Error。比如加薪圣旨，加薪和圣旨都是正确的词，但是两个连在一起却有问题，这是 Real – word Error。因此，针对这两类错误，可以采用与英文纠错相似的算法，如产生候选词集采用编辑距离，从候选词中选择正确的词语则是采用噪声通道。

中文纠错虽然以英文纠错为基础，但却有所不同。在中文中，一般情况下错误词和正确词的长度是相同的，只是指定位置上的某一个字有误，因此状态转移矩阵只有替换一种。其次是中文词语往往较短，即使编辑距离只有 1，也会有大量的候选词。中文使用拼音作为文字的发音，每个字都有固定的发音(多音字除外)。并且拼音输入法占据中文输入方式的主导地位，拼音输入法导致错误查询中出现别字同音但字形错误。因此中文纠错采用以拼音为基础、编辑距离等其他方式为辅的策略。

比如"嗒衣"这个错词的拼音是"dayi"，则可以通过事先挖掘好的拼音是"dayi"的词组成候选集，比如 < dayi：大一，大衣，大意，大姨，搭衣，答疑，… > 。对于一个无上下文关系的词进行纠错，候选词的选择会比较困难，比如上面"嗒衣"这个错词的候选词有很多，无论按照哪一种方式进行排序，都存在较为严重的转义风险，这时可以使用编辑距离等其他方式辅助选择。

7.2　搜索智能提示

搜索智能提示是一个搜索应用的标配，主要作用是避免用户输入错误的搜索词，并将用户引导到相应的关键词上，以提升用户搜索体验。搜索智能提示功能包括：

（1）支持前缀匹配原则。如输入"北京"，搜索框下面会以北京为前缀，展示"北京爱情故事""北京公交""北京医院"等搜索词。

（2）同时支持汉字、拼音输入。如输入"haidi"提示的关键字和输入"海底"提示的关键字。

（3）支持多音字输入提示。如输入"chongqing"或者"zhongqing"都能提示出"重庆火锅""重庆烤鱼""重庆小天鹅"。

（4）支持拼音缩写输入。对于较长关键字，为了提高输入效率，有必要提供拼音缩写输入。如输入"wd"也一样能提示出"万达"关键字。

（5）历史记录优先出现在提示框中。如用户搜索过"机器学习"，那么当用户输入"机器"二字后，提示中优先显示"机器学习"，而不是"机器翻译"。

为了实现上述功能，需要首先建立一个热词词典。热词词典不是一成不变的，它保存的热词是在一定的时间段，根据庞大的用户群提交的搜索词进行热度排序，从高到低产生的提示词。这些提示词是按照一定的字典树存储起来，并且将其转化为汉语拼音和拼音的简写，如表 7 - 2 所示。

表 7 - 2　热词词典

搜索热词	搜索词频	汉语拼音	拼音简写
机器学习	110	ji qi xue xi	jqxx
机器翻译	100	ji qi fan yi	jqfy
机器猫	120	ji qi mao	jqm
机票查询	120	ji piao cha xun	jqcx

通过表 7 - 2，对搜索热词的汉语构建字典树，如图 7 - 4 所示。

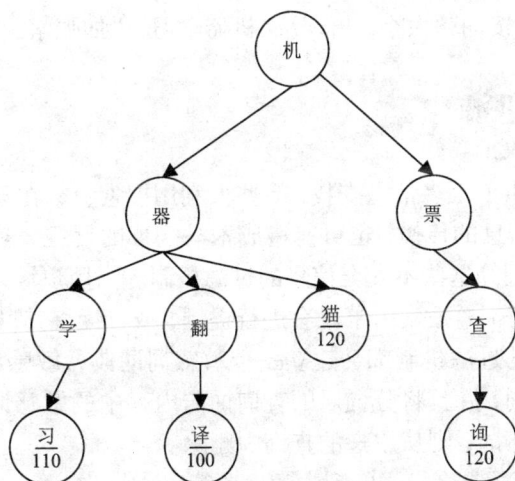

图 7 - 4　基于搜索热词构建的字典树

基于图 7-4，当用户仅输入"机"时，会将字典树节点"机"的所有词语的节点获取出来，并根据搜索词频进行排序输出，分别为"机票查询""机器猫""机器学习"和"机器翻译"。搜索热词输出顺序是先按词频排序，输出词频大的词，在同等词频情况下，输出字符串长度较短的词。

针对汉语拼音的输入和拼音简写的输入，也需要构建对应的汉语拼音字典树和拼音简写字典树。如图 7-5 所示。

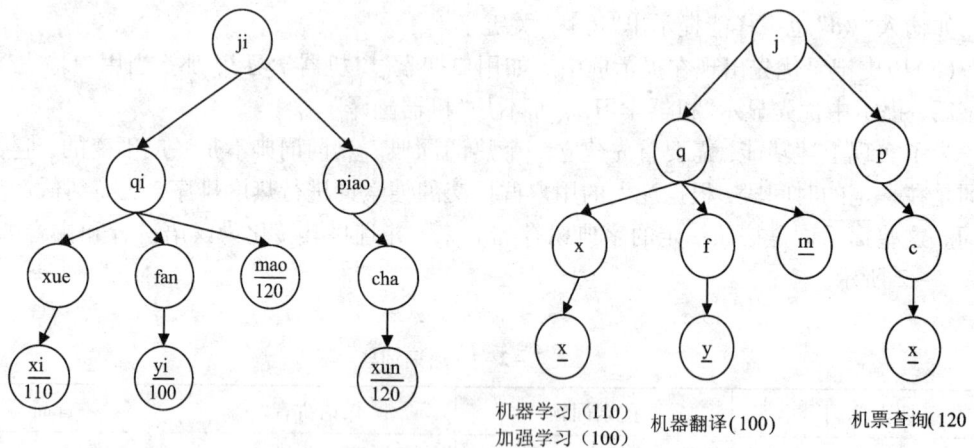

图 7-5   热词的汉语拼音字典树(左)及简写拼音字典树(右)

由于汉语拼音和拼写的简写表达能力相比汉字词典过于模糊，所以它们的存储结构会有一些改变。在热词的汉字词典中，每个节点只需要标注当前节点是否为一个词，而对于汉语拼音字典树与拼音简写字典树而言，只需要存储这个节点点数而已。存储这个节点可能表达的含义，以列表的形式存在，并且依据词频从高到低排列。如"jjm"对应的词语可能是"机器猫""机器码"和"节气门"，并且按照词频的大小排序，优先出现"机器猫"。当用户输入"jjxx"，在提示框中依次按词频大小，出现了"机器学习""加强学习"。

7.3   不安全信息过滤

搜索引擎为用户提供了很多信息查找，有些人利用搜索引擎在互联网查找非法和敏感信息，这不仅会造成非法信息的传播，也可能造成木马病毒的侵犯。针对这种情况，搜索引擎提供了对非法词和敏感词等这些不安全信息的过滤机制。当用户输入的查询词中包含了有搜索引擎忌讳的不安全信息时，搜索引擎就会进行提醒，或直接将其过滤掉。

一般对不安全信息的过滤机制都会建立一个敏感词词典。敏感词词典需要载入内存中。用户输入的查询会被分词，并且将分词后的查询词与内存中的敏感词词典进行匹配，确定是否为敏感词。如果是敏感词，则从用户的查询中删除。

匹配的算法主要采用的是多模式匹配中的经典算法 Aho-Corasick 算法。多模式匹配就是有多个模式串 $P_1, P_2, P_3, \cdots, P_m$，求出所有这些模式串在连续文本 $T_{1\cdots n}$ 中的所有可能出现的位置。在不安全信息过滤的应用中，$P_1, P_2, P_3, \cdots, P_m$ 这些模式对应的就是一个个敏感词。

Aho – Corasick 算法简称 AC 算法，通过将模式串预处理为确定有限状态自动机，扫描文本一遍就能结束。普通的自动机不能进行多模式匹配，AC 自动机增加了失败转移，转移到已经输入成功的文本的后缀来实现。

经典的 AC 算法由三部分构成：跳转表（goto 表）、失败表（fail 表）和输出表（output 表）。

（1）跳转表（goto 表）：由模式集合 P 中的所有模式构成的状态转移自动机（goto 表就是一棵字典树）；

（2）失败表（fail 表）：在跳转表中匹配失败后状态跳转的依据；

（3）输出表（output 表）：即代表到达某个状态后某个模式串匹配成功。

该算法的基本思想是：对需要过滤的关键词建立字典树，从字典树的根节点按照文本字符顺序依次向叶子节点进行跳转比较；如果匹配成功，则按输出表输出确定被匹配的词语，如果匹配失败，则根据失败表跳转继续匹配。

例如，敏感词典中有敏感词："文化""学文化""文言文"和"文化研究"。对"大学文化研究"进行敏感词查找。

首先，构建跳转表。跳转表是一个模式匹配机，从数据结构上看是一个 Tire 树。构建跳转表的过程可以参照图 7 – 6～图 7 – 9。先读入"文化"，构造"文化"跳转表，接着读入"文化"和"学文化"构造的跳转表。然后，读入"文言文"，构造"文化""学文化"和"文言文"的跳转表。最后，读入"文化研究"，构造"文化""学文化""文言文"和"文化研究"跳转表。图 7 – 9 中带下划线的状态（如"2"）表示结束字符。

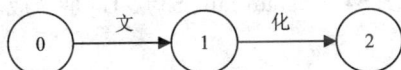

图 7 – 6 "文化"构造跳的转表

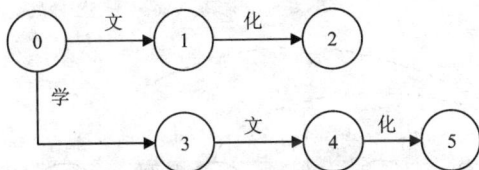

图 7 – 7 "文化"和"学文化"构造的跳转表

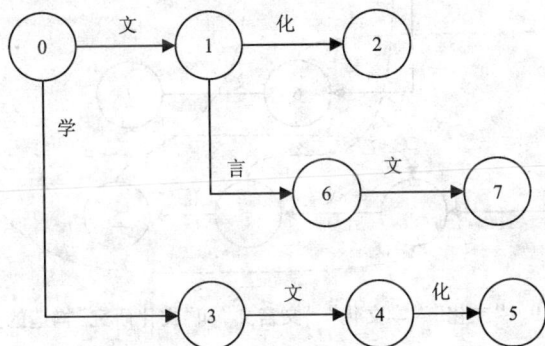

图 7 – 8 "文化""学文化"和"文言文"构造的跳转表

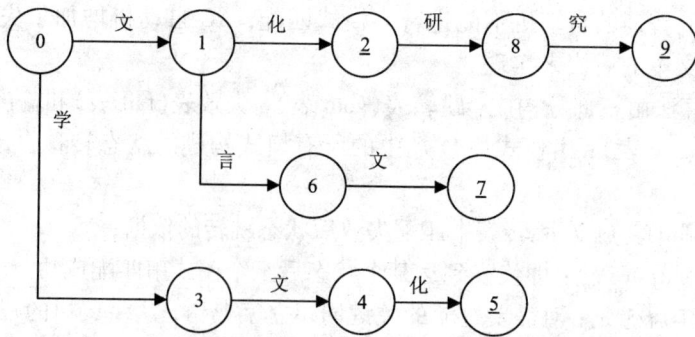

图7-9 "文化""学文化""文言文"和"文化研究"构造的跳转表

其次,构造失败表。失败表是在转移表的基础上构造失败转移指针。构造失败转移指针使用广度优先搜索 BFS,层次遍历节点来处理每一个节点的失败路径。具体的过程如下:

(1)字典树中深度为1的节点失败后跳转到根节点,即这些节点的 fail 值都为0。

(2)输入字符 C,假设当前状态是 S1,求 fail(S1)。我们知道,S1 的前一状态必定是唯一的,假设 S1 的前一状态是 S2,S2 转换到 S1 的条件为接受字符 C,测试 S3 = goto[fail(S2), C]。

(3)如果成功,则 fail(S1) = goto[fail(S2), C] = S3。

(4)如果不成功,继续测试 S4 = goto[fail(S3), C]是否成功,如此重复,直到转换到某个有效的状态 Sn,令 fail(S1) = Sn。

图7-10 为"文化""学文化""文言文"和"文化研究"构造的失败表,图中的虚线箭头是失败转移指针。

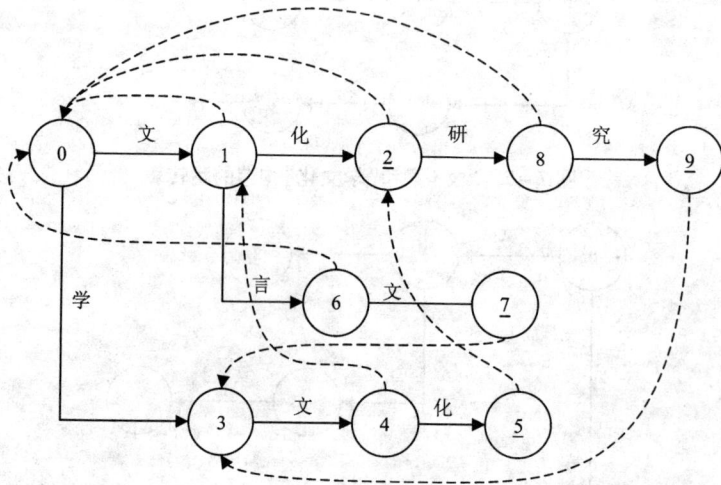

图7-10 "文化""学文化""文言文"和"文化研究"构造的失败表

表 7 – 3 列出了每个节点的失败转移指针。

表 7 – 3　失败表的失败转移指针

	1	2	3	4	5	6	7	8	9
$f(i)$	0	0	0	1	2	2	3	0	3

最后，构造输出表。输出表是表示某个节点上可以输出的词语集合，集合为 Output(2) = {文化}，Output(5) = {学文化，文化}，Output(7) = {文言文}，Output(9) = {文化研究}。

构造完这三张表后，就可以输入字符串，并对字符串中的每个字进行跳转表匹配，如果字没有合理匹配到下一步成功跳转的对象，则按照失败表进行回退跳转。

根据表 7 – 4 上的匹配过程，可以看出该字符串"大学文化研究"输出的敏感词为："学文化""文化""文化研究"。

AC 算法是一个性能极佳的多模式匹配算法，可以保证对于给定的长度为 n 的文本，其复杂度为 $O(n)$，即与模式串的数量 m 和长度无关。

表 7 – 4　"大学文化研究"的匹配过程

字	状态变化	输出信息
大	0→0	—
学	0→3	—
文	3→4	
化	4→5	学文化、文化
研	5→2→8	
究	8→9	文化研究

7.4　查询处理

搜索引擎接收到查询条件后，系统需要到索引中查找符合查询条件的文档，并返回给用户。尽管基于索引的查询处理比不基于索引的要快得多，采用高效的算法仍可以加速查询处理的速度。这里我们主要介绍两个最简单的查询处理算法："一次一文档"（document at a time）和"一次一词"（term at a time）。

7.4.1　"一次一文档"

"一次一文档"的查询处理算法：首先取出包含了查询词的倒排列表，将其读入内存；然后以倒排列表中包含的文档为遍历单位进行计算，计算每个文档与用户查询的最终相似性得分，直到所有文档的得分计算完毕为止。图 7 – 11 所示是"一次一文档"的计算过程示意图，虚线表示访问的步骤。第一步，第一篇文档的所有包含的查询词的词频被加起来生成文档的相似性得分。一旦完成第一篇文档与查询的相似性得分计算后，则开始第二篇，然后是第三篇。在图 7 - 12 中，每篇文档的相似性得分是简单地计算该文档中的词频总和。实际上，我们可以采用第 5 章的检索算法计算文档与查询的相似性得分。

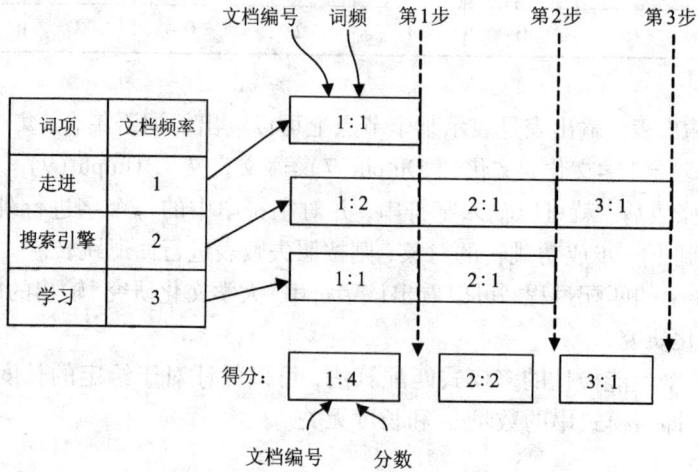

图 7 - 11 "一次一文档"计算过程示意图

```
Document_a_time( Q, I, f, g, k)
    Q: 查询关键词集合
    I: 倒排索引
    f, g: 特征函数集合

主要流程:
    L←Array( )
    R←PriorityQueue( k)
    For all terms wᵢ in Q
      lᵢ←SearchInvertedList( wᵢ, I) #查找词 wᵢ的倒排列表
      L. add( lᵢ)
    End
    For all document d ∈ I
      Sd←0
      For all inverted list lᵢ in L do
        if lᵢ points to d then
            Sd←Sd + gᵢ( Q)f ( lᵢ)   #更新分数
        End if
       End For
      R. add( Sd, d)
    End For
    Return the top k results from R
```

图 7 - 12 简单的 document at a time 算法描述

当所有文档的得分都计算完成后，则根据文档得分进行大小排序，输出得分最高的 K 个文档作为搜索结果输出，即完成了一次用户查询的响应。实际实现中，只需在内存中维护一个大小为 K 的优先级队列，用来保存目前计算过程中的得分最高的 K 个文档，将其他得分低的文档分数值删除。因此，该方法的主要优点是节省空间。在实现方案中，一般都采用堆数据结构来实现这个优先级别队列。

7.4.2 "一次一词"

"一次一词"策略的遍历顺序是依次扫描访问每个查询词的倒排列表，每次访问查询词集合中某词 w 的倒排列表，都能得到所有文档与该查询词之间的相似度得分，将该分值与查询词集合中其他词的文档相似度得分累加，得到最终的分数。图 7 - 13 是"一次一词"的运行机制。虚线表示访问的步骤。第 1 步，访问"走进"的倒排列表，并且部分分数被存放在累加器中，之所以被称为部分分数，是因为它们只是最终文档分数的一部分。第 2 步，访问"搜索引擎"的倒排列表，将累加器的部分分数与"搜索引擎"的倒排列表相加，产生新的部分分数集合。第 3 步，来自"学习"的倒排列表数据与累加器的部分分数相加，得到最终的分数。

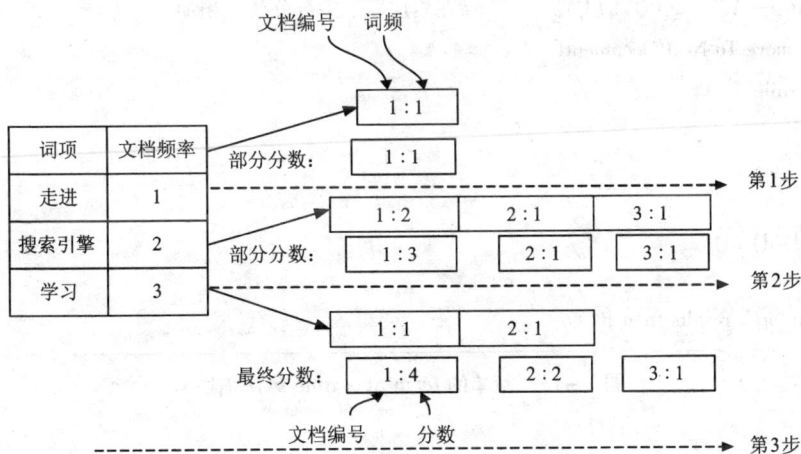

图 7 - 13　"一次一词"计算过程示意图

当所有单词的倒排列表都处理完毕后，每个文档最终的相似性得分计算结束，之后按照大小排序，输出得分最高的 K 个文档作为搜索结果。

图 7 - 14 列出了简单的 term at a time 算法描述伪代码。

"一次一词"算法的主要缺点是：累加器表需要占用内存，而"一次一文档"则只需要很小的优先级队列 R，它只包含 K 个文档的分值。但是，"一次一词"算法是依次访问倒排列表，它需要最小的磁盘寻道并且需要非常小的缓冲表以获得较高的速度。而"一次一文档"算法需要在倒排列表之间互相切换并且需要较大的缓冲表以帮助降低寻道的代价。

```
Term_a_time(Q, I, f, g, k)
    Q: 查询关键词集合
    I: 倒排索引
    f, g: 特征函数集合
```

```
主要流程:
    A←HashTable( )              #累加器
    L←Array( )
    R←PriorityQueue(k)
    for all terms wᵢ in Q
        lᵢ←SearchInvertedList(wᵢ, I) #查找词 wᵢ 的倒排列表
        L. add(lᵢ)
    end for
    for all inverted list lᵢ in L do
        while lᵢ is not finished do
            d ← lᵢ. get Current Document( )
            Ad ← Ad + gᵢ(Q)f (lᵢ)              #在累加器上进行分数的相加
            lᵢ move To Next Document( )
        end while
    end for
    for all Ad in A do
    Sd←Ad
    R. add(Sd, d)
    end for
    Return the top k results from R
```

图 7 - 13　简单的 term at a time 算法描述

7.5　结果展示

7.5.1　页面摘要

当搜索引擎根据查询词检索出文档后,需要将文档返回给用户。将查询得到的文档整篇地显示给用户是不太切合实际的,大多数搜索引擎是将排序的文档摘要列表构成检索结果页面。搜索引擎的文档摘要通常包括页面的标题、URL、真实的页面链接和页面快照链接,最为重要的是有一个简短的文本摘要或者称为页面摘要(snippets)。这些摘要帮助用户理解文档的内容,确定该文档是否为自己需要的。如果是自己需要的文档,则点击链接进入页面查看。

页面摘要生成是自动文摘的一个应用实例。自动文摘技术分为查询无关文摘和查询相关文摘。查询无关文摘是静态方式,即独立于查询,按照某种规则,事先在预处理阶段从网页

内容中提取出一些文字,例如截取网页正文的开头 512 个字节(对应 256 个汉字),或者将每一个段落的第一个句子拼起来,等等。这样形成的摘要存放在查询子系统中,一旦相关文档被选中与查询项匹配,就读出返回给用户。显然,这种方式对查询子系统来说是最轻松的,不需要做另外的处理工作;查询相关文摘则是在根据查询检索结果生成页面摘要。

自动文摘技术的研究始于 20 世纪 50 年代。1958 年,IBM 公司的 H. P. Luhn 首次发表第一篇有关自动生成文摘的文章,宣告了该项技术的诞生,至今自动文摘的研究已走过了 40 多年的历史。H. P. Luhn 采用重要因素(siginficance factor)对文档中的每个句子进行排序,选择重要性高的句子作为文摘。句子的重要性是根据句子中出现的重要词进行计算,其中重要词是指在文档中的中频词,即出现频率中等的词。根据文本中重要词的位置,可以得到被两个重要词"括起来"的文本片段,并且设定这个文本片段内的非重要词的最大数目(通常为 4)。计算该文本片段 p 的重要度为:

$$片段\ p\ 的重要度 = \frac{该片段中的重要词数量^2}{片段中的总词数}$$

假设句子 s 由 n 个这种重要片段组成,$\{p_1, p_2, \cdots, p_n\}$ 的重要度值为:

$$句子\ s\ 的重要度 = \max_{p_i \in s}(片段\ p_i\ 的重要度)$$

Luhn 的方法提出了自动文摘的基本框架,很多学者在此基础上围绕着重要词的选择、片段和句子的选择做进一步的研究。搜索引擎的页面摘要的生成就是基于该方法的变形,将查询词作为重要词,并采用不同的句子选择标准。

最简单的算法是基于滑动窗口模型实现页面的自动摘要。它是在文档正文中标记查询词出现的位置(倒排索引表中记录了)。从第 1 个查询词开始,取出长度为窗口长度的文本片断作为第一个候选窗口。接下来,将窗口在文本上滑动,直到遇到下一个出现的查询词。以该查询词为起始点,同样取出窗口长度的文本片断作为候选窗口,直到取出全部的候选窗口。在每个候选窗口包含的正文片断中,累计候选窗口中出现的全部查询词的权重作为候选窗口的评分。查询词的权重可以采用 TF – IDF 公式计算。最终评分高的候选窗口选作自动摘要提取的结果输出。

滑动窗口方法的缺陷在于输出的是窗口片段,导致了语义不连贯、可读性差。从摘要完整性和人们的阅读习惯出发,可以将正文拆分为几句话,按照句子和查询词的相关性进行分析,然后将所有句子的相关性从高到低进行排序。将排序最高的句字作为第一句话,再选择相关第二高的句子输出,直到取满规定的字数。取的时候不仅需要按照相关性,也需要按照句子在正文中的前后逻辑依次取。

7.5.2　查询结果聚类

当查询词存在多义或者查询条件较为模糊时,搜索引擎返回的结果经常涉及多个主题。如输入"Internet security",返回结果涉及的主题包括软件、网络、病毒、供应商、维护等,并且返回的结果比较多。默认情况下,传统搜索引擎是将查询结果以一个简单的列表方式来展示,用户从上到下浏览文档直到发现所需的文档位置为止。如果用户只对查询主题的其中一方面感兴趣,而在列表中排名靠前的查询结果中没有发现自己感兴趣的主题,会感到失望。查询结果聚类是解决这类问题的一种方法。

查询结果聚类是将查询返回的文档根据文档内容相似程度将文档划分成若干个簇,并对每个簇提取出代表性标签。用户根据标签，确定自己感兴趣的簇，缩小搜索范围，在自己感兴趣的簇中找到所需的页面，达到区分不同人群不同需求的目的。查询结果聚类是建立在聚类假设的基础上。聚类假设是指如果簇中某篇文档和查询需求相关，那么同一簇中的其他文档也和查询需求相关。这是因为聚类算法将那些共有很多词项的文档聚在一起。典型的用于查询结果聚类的搜索引擎是 Vivisimo 搜索引擎（http：//vivisimo. com），所返回的 Clustered Results 面板提供了一个更有效的用户界面，可以给出比简单的文档列表更容易理解的搜索结果，如图 7 – 15 所示。

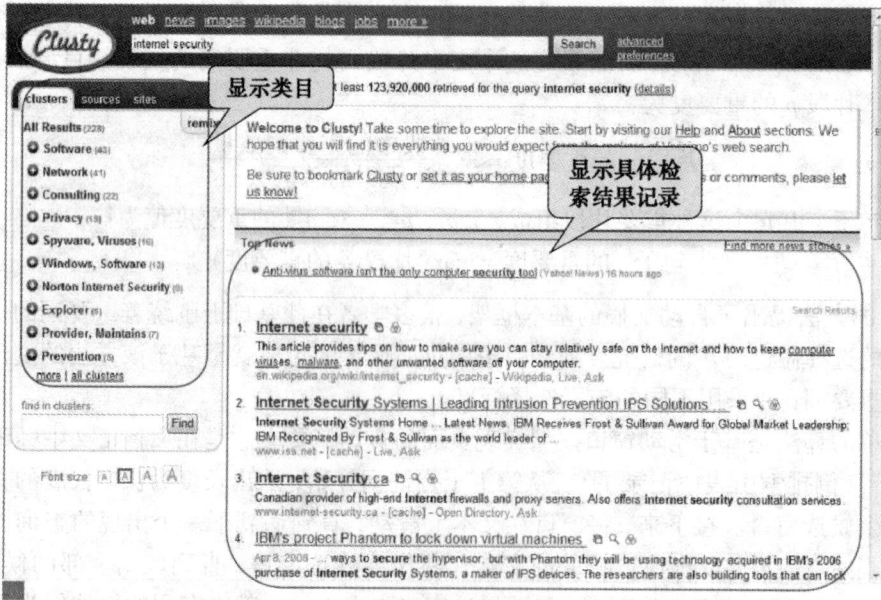

图 7 – 15   Vivisimo 检索结果页面

聚类技术我们会在第 8 章详细讨论。在本小节中，我们主要介绍了检索结果聚类的具体要求：效率性（efficiency）和理解性。

（1）效率性。尽管需要对查询结果进行聚类，但不能造成搜索结果返回的延时，导致用户有糟糕的体验感。对于每个查询，查询聚类都是对查询返回的排名较前的文档进行划分，生成一个特定的聚类结果。对于常见查询的聚类结果可以将其存放在缓存中，但对于大多数的查询而言，聚类结果仍需要以在线方式生成，这个过程必须是高效的。通常是将页面摘要进行文本聚类，页面摘要比全文包含更少的词，使得计算速度大大加快。并且页面摘要往往包含了查询部分相关的文档段落，与查询主题的相关性更大。

（2）理解性。对每个聚类得到的簇，都需要用短语或单词加上标签。用户可以通过这些标签猜测出每个簇所描述的主题。如果查询词为"internet security"，标签是"software"的簇，那么该簇中的文档是与安全相关的软件。单因素分类是指一个类别的所有成员都具有定义这个类别的单个属性。但传统的聚类算法，如 K – means 中，往往根据多个属性确定簇的划分，但没有单独定义的属性，这类聚类算法称为多因素分类。对多因素（polythetic）分类结果自动打上标签是比较复杂的。对于查询结果聚类而言，首选产生单因素分类结果的技术，例如：

在查询返回的结果集中有文档 D_1、D_2、D_3 和 D_4。这些文档中包含的词属于词项集 $W\{w_1,$ $w_2,w_3,w_4,w_5,w_6,w_7\}$。

$$D_1 = \{w_1,w_2,w_3\}$$
$$D_2 = \{w_1,w_4,w_5\}$$
$$D_3 = \{w_4,w_5,w_6,w_7\}$$
$$D_4 = \{w_6,w_7\}$$

一个单因素分类算法可能将 w_1 和 w_5 作为重要的词项，生成两个簇 $\{D_1,D_2\}$（标签为 w_1）和 $\{D_2,D_3\}$（标签为 w_5）。在单因素分类中，文档 D_2 可以属于两个簇。

标签也可以人工定义。事先定义好一些类别，并且将这些类别组织成层次树形式，每个类别都是层次树的一个节点，用于与其相关的一些重要属性描述。人工定义层面的优势在于更容易被用户理解，但对于每个新的应用和领域，都需要重新定义类别，并且人工构建的类别常常是静态的，不会像构建簇那样对新数据有相应的调整。著名 ODP 网站就是使用人工定义了类别层次树和标签。每个文档已经被人工定义的标签标注，因此搜索引擎直接返回聚类结果和标签。

7.6　查询缓存机制

搜索引擎的搜索速度对用户的搜索体验非常关键，如果一个搜索引擎搜索速度非常慢，搜索某一关键词时需要等一段时间才能显示，那么将严重影响用户体验。在搜索引擎中，通常少数的关键词占据较大的搜索量，大部分用户都在搜索相同或者相似的信息。搜索引擎为了避免每次搜索结果均通过词频获取、提高热门关键词的搜索效率，把这些热门关键词的搜索排序结果直接缓存在搜索引擎缓存中。当用户搜索该关键词时，搜索引擎不需要重新与关键词匹配、关键词排序、关键词相关性匹配等，直接从缓存中库返回关键词搜索结果。

基于缓存的搜索工作流程是：

(1)搜索引擎接收到用户查询；

(2)首先在缓存系统查找，看缓存内是否包含用户查询的搜索结果；

(3)如果发现缓存已经存储了相同的查询搜索结果，则从缓存内读出结果展现给用户；

(4)如果缓存内没有找到相同的用户查询，则将用户查询按照常规处理方式交由搜索引擎返回结果，并将这条用户查询的搜索结果及中间数据根据一定策略调入缓存中。

搜索引擎的查询缓存系统包含两个部分，即缓存存储区及缓存管理策略。缓存存储区是高速内存中的一种数据结构，可以存放某个查询对应的搜索结果，也可以存放搜索中间结果，如一个查询单词的倒排列表。缓冲管理策略是任何缓冲都必须配备的，是对缓冲中的内容淘汰和更新的策略。

搜索引擎缓存的结构设计可以有多种选择，最常见的是单级缓存，也可以设计为二级甚至是三级缓存结构。单级缓存是一种最常见也最简单直接的缓存结构，缓存系统中只包含一个单一缓存，配以缓存管理策略构成了整个缓存系统。二级缓存结构由两级缓存串联构成，第一级缓存是搜索结果型缓存，第二级缓存是倒排列表型缓存。当系统接收到用户查询时，首先在一级缓存查找，如果找到相同查询请求，则返回搜索结果；如果在一级缓存没有找到完全相同的查询，则转向二级缓存查找构成查询的各个单词的倒排列表，如果某些单词的倒排列表没有在二级缓存中找到，则从磁盘读取对应的倒排列表，进入二级缓存；之后，对所有单词的倒排列表进行求交集运算并根据排序算法排序输出最相关的搜索结果，将相应的用户查询和搜索结果放入一级缓存进行存储，并返回最终结果给用户。采用两级缓存结构的出发点在于能够融合搜索结果型缓存的用户快速响应速度和倒排列表型缓存的命中率高这两个优点。

缓存管理策略又包含两个系统，即缓存淘汰策略和缓存更新策略。

比较常见的缓存的淘汰策略包括最不经常使用策略(least frequently used，LRU)、先进先出策略(first in first out，FIFO)及最近最少使用策略(least recently used，LRU)三种策略。

(1)最不常使用的LFU。LFU算法是将指定一段时间内被访问次数最少的搜索缓存替换出来。但是基于使用频率的数据淘汰机制LFU，会导致频率统计、计算过于复杂，对缓冲系统会有性能影响。

(2)先进先出的FIFO。传统的数据淘汰算法FIFO操作简单，但是不能达到缓存的目的，几乎每次搜索都会被淘汰。

(3)最近较少使用的LRU。LRU策略的基本思想是：当缓存已满时，将在设定的时间范围内使用次数最少的项目剔除出缓存，也就是将在设定时间段范围内最少访问的用户查询剔除掉。LRU算法设计比较合理，但工程实现起来相对比较复杂，系统开销相对大。搜索引擎的工程实践表明采用LRU算法的命中率缓存命中率较高。

缓存更新策略主要是针对缓存的数据进行更新，保存缓存内容和索引内容的同步性。例如最近一个星期用户对"世界杯"的搜索的流量比较高，因此一直处于分布式缓存中，但是一个星期后再次搜索"世界杯"，由于后台索引和数据已经发生较大变化，倘若依然从缓存中取数据，将会导致信息不及时。因此，数据更新同步，对搜索引擎这类数据经常更新的系统来说非常重要。根据缓存内容和索引内容联系的密切程度，目前的缓存更新策略可以分为两种：缓存–索引密切耦合策略和缓存–索引非耦合策略。

缓存–索引密切耦合策略是在索引和缓存之间增加一种直接的变化通知机制，一旦索引内容发生变化则通知缓存系统，缓存系统根据一定的方法判断哪些缓存的内容发生了改变，然后将改变的缓存内容进行更新，或者设定缓存项为过期，这样就可以紧密跟踪并反映索引变化内容。这种密切耦合策略在实际实现时是非常复杂的，因为频繁的索引更新导致频繁的缓存更新，对系统效率及缓存命中率都会有直接影响。

缓存–索引非耦合策略则使用相对简单的策略，当索引变化时并不随时通知缓存系统进行内容更新，而是给每个缓存项设定一个过期值(time to live)，随着时间流逝，缓存中的项目会逐步过期。通过这种方式可以将缓存项和索引的不一致尽可能减小。大多数搜索引擎就是采用了缓存–索引非耦合策略来维护缓存内容的更新。

本章小结

查询功能是搜索引擎中与用户交互最密切的一项功能。针对查询关键词输入功能，本章主要介绍了中英文查询纠错的各类算法模型，搜索智能提示和不安全信息过滤的实现机制。对关键词在索引库中的查找，本章介绍了两种最简单的查询处理算法：一次一文档和一次一词。针对查询结果展示功能，本章介绍了页面摘要的产生机制和查询结果聚类。为了加快搜索速度，大部分搜索引擎都有查询缓存机制。本章主要介绍了基于缓存的搜索工作流程、搜索引擎缓存的结构和缓存管理策略。

习题

1. 为什么要查询纠错？中英文纠错有何区别？
2. 计算 paris 和 alice 之间的编辑距离。
3. 请简述如何实现搜索智能提示功能。
4. 请简述敏感词过滤的 Aho – Corasick 算法。
5. 请简述两个最简单的查询处理算法，并比较它们的优缺点。
6. 请简述 Luhn 提出的自动文摘的基本框架。
7. 为什么需要将查询结果进行聚类？查询结果聚类有哪些具体要求？

第8章　相关反馈与查询扩展

通常用户对搜索引擎抓取网页组成的文档集并不十分了解，构造一个好的查询很困难，并且自然语言中本身存在一义多词的情况，它会对大部分信息检索系统的召回率产生影响。比如，输入查询词"计算机"时，我们希望能找到包含"电脑"的文档。为了解决此类问题，搜索引擎通过识别用户的查询意图，使用和查询意图相关的信息对初始查询进行优化和重构，提高搜索引擎检索的召回率。提高召回率的方法主要是两种：局部的方法和全局的方法。局部的方法是对用户查询进行局部的即时分析，主要采用的技术是相关反馈。全局（global）的方法是进行一次性的全局分析（比如分析整个文档集）来产生同/近义词词典（thesaurus），利用该词典进行查询扩展。本章主要讨论如何采用相关反馈和查询扩展的技术理解用户的查询意图，提高搜索引擎检索的召回率。

8.1　相关反馈框架

相关反馈（relevance feedback，RF）最初是由 Roccchio 于 1971 年提出的，是一种反馈循环，其中和当前查询 q 相关的已知文档用来把查询转换为改进的查询 q_m，期望 q_m 能够返回更多与 q 相关的文档。相关反馈不仅用到文档检索中，也可以用到图像检索中。文献中的经验数据表明相关反馈确实有提高。

在相关反馈中有两个重要的步骤：①判断反馈信息哪些是与原始查询相关，或者看作是相关的；②如何将反馈信息有效地利用起来，产生优化后的查询 q。根据收集反馈信息方法的不同，相关反馈分为显式反馈、隐式反馈和伪相关反馈。

显式反馈（explicit feedback）中，反馈信息是由用户或者是人工评估员主动标注查询返回的文档集中哪些是相关文档，哪些不是相关文档。在最初的形成过程中，用户检查排名靠前的文档，标出确实与查询相关的文档。为了最小化误判，反馈信息可以从不同的用户中收取，大部分用户赞成的信息才是需要的反馈信息。这种收集反馈信息的方法非常耗时，需要大量的人工。

隐式相关反馈（implicit feedback）中，用户没有参与反馈过程。系统跟踪用户的行为来推测返回文档的相关性，从而进行反馈。如用户点击网页的行为、停留在网页上的时间等。

伪相关反馈或盲相关反馈（pseudo feedback or blind feedback）：没有用户参与，系统直接假设返回文档的前 k 篇是相关的，然后进行反馈。

一些 Web 搜索引擎提供了"相似或相关网页"（similar/related pages）的功能：用户可以从结果集中选出某个文档作为满足其信息需求的一个样例，并以此为起点寻找更多的与此相似的文档。这个功能可以看成相关反馈技术的一个简单应用。如图 8-1 所示的 Google 页面的相关搜索功能截图中,"similar pages"和"相关搜索"就是相关反馈技术的简单应用。

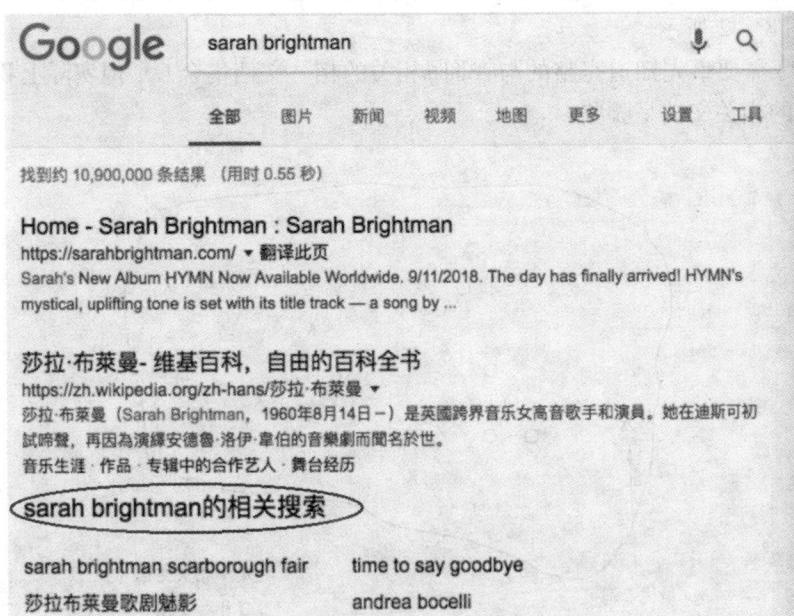

图 8-1　Google 页面的相关搜索功能截图

8.2　显式相关反馈

显式相关反馈(relevance feedback,RF)的主要思想是,在信息检索的过程中通过用户交互来提高最终的检索效果。具体来说,用户会对初次检索结果的相关性显式给出反馈意见。显式相关反馈算法中有基于向量模型的相关反馈算法与基于概率的相关反馈算法。本小节主要围绕着这些算法和和反馈策略的评价进行介绍。

8.2.1　Rocchio 相关反馈算法

Rocchio 算法是相关反馈实现中的一个经典算法,它提供了一种将相关反馈信息融入到向量空间模型(参见 5.3 节)的方法。

基本理论(underlying theory):对于给定的初始查询 q,我们要找一个最优查询向量 q_{opt},它与相关文档之间的相似度最大,并且与不相关文档之间的相似度最小。针对某个查询的相关文档之间是相似的。不相关的文档则与相关文档的向量相似度最小。假设 C_r 表示相关文档集,C_{nr} 表示不相关文档集,那么最优的查询向量 q_{opt} 是:

$$\vec{q}_{opt} = \underset{\vec{q}}{\arg\max}\left[\,\mathrm{sim}(\vec{q},\,C_r) - \mathrm{sim}(\vec{q},\,C_{nr})\,\right] \tag{8-1}$$

式中,sim 函数可以采用余弦相似度计算。采用余弦相似度计算时,能够将相关文档与不相关文档区分开的最优查询向量 q_{opt} 为:

$$\vec{q}_{opt} = \frac{1}{|C_r|} \sum_{\vec{d}_j \in C_r} \vec{d}_j - \frac{1}{|C_{nr}|} \sum_{\vec{d}_j \in C_{nr}} \vec{d}_j \qquad (8-2)$$

从式(8-2)可以看出,最优的查询向量等于相关文档的质心向量和不相关文档的质心向量差,如图8-2所示。

式(8-2)需要事先知道完整的与查询q相关的相关文档集合C_r,但实际上我们往往事先不知道C_r中的相关文档是哪些。

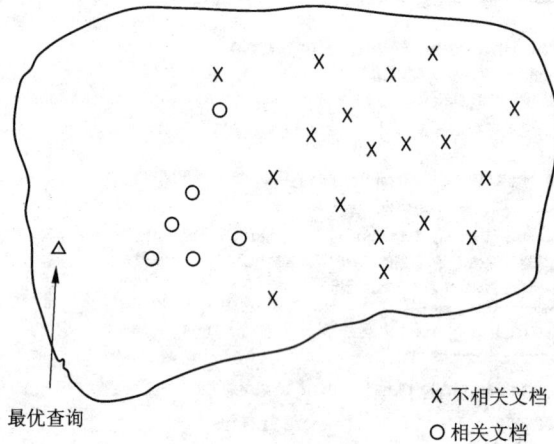

图 8-2   Rocchio 方法中将相关和不相关文档区分开的最优查询

为了避免这个问题,自然的做法是构造一个初始查询,增量式地修改初始的查询向量。这种增量式的修改是通过限制在当前已知的相关文档上(根据用户的评价确定的)。当前在已知的相关文档上,修改后的查询向量q_{opt}为:

$$Standard\_Rocchio: \vec{q}_{opt} = \alpha q_0 + \beta \frac{1}{|D_r|} \sum_{\vec{d}_j \in D_r} d_j - \gamma \frac{1}{|D_{nr}|} \sum_{\vec{d}_j \in D_{nr}} \vec{d}_j \qquad (8-3)$$

式中,q_0是原始的查询向量;D_r和D_{nr}是已知的相关和不相关文档集合;α、β及γ是权重,能够控制判定结果和原始查询向量之间的平衡。如果存在大量已判断的文档,那么会给β及γ赋予较高的权重。标准修改后的新查询从q_r开始,向着相关文档的质心向量靠近了一段距离,而同时又与不相关文档的质心向量远离了一段距离。如图8-3所示。

在相关反馈中,正反馈往往比负反馈更有价值,因此在很多检索系统中,参数γ应该比β小。一种合理的取值方案是:$\alpha=1$、$\beta=0.75$及$\gamma=0.15$。实际上,很多系统只考虑进行正反馈,即设置$\gamma=0$。

相关反馈方法存在各种变形,并且很多比较实验也没有取得一致性的结论,但是一些研究却认为一种称为Ide dec-hi的公式最有效或至少在性能上表现最稳定,下面为Ide dec-hi的公式:

$$\vec{q}_{opt} = \alpha q_0 + \beta \frac{1}{|D_r|} \sum_{\vec{d}_j \in D_r} \vec{d}_j - \gamma \max\_rank(D_{nr}) \qquad (8-4)$$

式中,$\max\_rank(D_{nr})$是指排序最高的不相关文档。

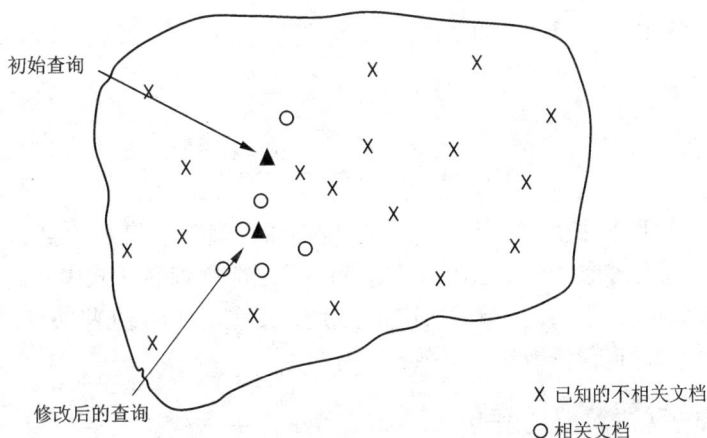

初始查询

修改后的查询

X 已知的不相关文档
O 相关文档

图 8 – 3 Rocchio 算法的一个应用示意图
一些文档被标记为相关或不相关，基于这些信息，初始查询向量会在反馈作用下移动

相关反馈技术的主要优点是简单但可以取得很好的效果。简单是因为索引项的权重修改是直接从相关文档集计算得到的。效果好是因为通过用户的浏览结果确定相关反馈，并且根据相关反馈对查询进行了扩展。因此相关反馈可以同时提高召回率和正确率，特别是在一些重召回率的场景下对于提高召回率非常有用。

8.2.2 概率相关反馈

概率模型根据概率排序原则动态地对查询 q 的类似文档进行排序。根据 5.4 小节的概率检索模型，我们可以知道文档 d 和查询 q 的相似度为：

$$\text{sim}(d_j, q) = \sum_{w_i \in q \cap w_i \in d_j} \lg\left(\frac{P(w_i \mid R)}{1 - P(w_i \mid R)}\right) + \lg\left(\frac{P(w_i \mid \overline{R})}{1 - P(w_i \mid \overline{R})}\right) \quad (8-5)$$

式中，$P(w_i \mid R)$ 表示在相关文档集 R 中观察到的索引项 w_i 的概率；$P(w_i \mid \overline{R})$ 表示在不相关文档集合 $\overline{R}$ 中观察到的索引项 w_i 的概率。第 5 章介绍了很多估计概率的方法，但是在没有反馈的情况下进行估计的。

对于反馈式搜索，由先前检出来的相关或不相关的文档对应的累积统计量，用来估计概率 $P(w_i \mid R)$ 和 $P(w_i \mid \overline{R})$。假设 n_{ri} 是集合 D_r 中包含索引项 w_i 的文档数量，那么概率 $P(w_i \mid R)$ 和 $P(w_i \mid \overline{R})$ 可以近似地估计为：

$$P(w_i \mid R) = \frac{n_{ri}}{N}$$

$$P(w_i \mid \overline{R}) = \frac{n_i - n_{ri}}{N - N_r}$$

据此，式 (8 – 5) 可以重写为：

$$\text{sim}(d_j, q) = \sum_{w_i \in q \cap w_i \in d_j} \lg\left(\frac{n_{ri}}{N - n_{ri}}\right) + \lg\left(\frac{N - N_r - (n_i - n_{ri})}{n_i - n_{ri}}\right) \quad (8-6)$$

与向量空间模型不同的是，并没有对查询进行扩展，而是对相同的查询项使用了由用户提供的反馈信息来重新调整。在实际应用中，可能会出现 N_r 和 n_{ri}（如 $N_r = 1$，$n_{ri} = 0$）。因此，通常会在 $P(w_i \mid R)$ 和 $P(w_i \mid \overline{R})$ 的估计公式中增加一个 0.5 的调节系数，这样可以得到：

$$P(w_i \mid R) = \frac{n_{ri} + 0.5}{N_r + 1}$$

$$P(w_i \mid \overline{R}) = \frac{n_i - n_{ri} + 0.5}{N - N_r + 1}$$

这种相关反馈过程的主要优点是：反馈过程是和查询项新权重的生成直接相关。缺点是：在反馈过程中没有考虑文档索引项权重；忽略了之前查询表达式中项的权重；没有使用查询扩展（原始查询中相同一组项被一次次重新确定权重）。由于这些缺点，概率相关的反馈方法总体上不如传统的向量修改模型有效。

8.2.3 相关反馈策略的评价

交互式相关反馈能够给检索性能带来实质性的提高。但如何对相关反馈的效果进行合理而有效的评价？首先计算出原始查询 q_0 的正确率 – 召回率曲线，一轮相关反馈之后，我们计算出修改后的查询 q_m，并再次计算出新的正确率 – 召回率曲线。反馈前与反馈后我们都可以在所有文档上对结果进行评价，并直接进行比较。我们会发现相关反馈会给检索效果带来巨大的提升，以 MAP 指标为例，一般会有 50% 左右的提高。但是，这种评价是不真实的，用户已经判定了一部分相关文档，结果提高的部分原因是这些已知的相关文档的排名得到了提高。

为了实现评价的公平性，可以采用另一种思路：利用剩余的文档集（residual collection）进行评价。剩余文档集是指所有文档集中删除掉用户反馈的文档集。这种思路更具有实用性，但是修改后的查询向量 q_m 的正确率 – 召回率结果往往比原始查询向量 q_0 低。这是因为那些排名靠前的文档已经从文档集中删除了。因此，可以采用剩余文档集的方法对不同相关反馈技术进行有效的比较，但是很难通过这种方法对是否采用相关反馈技术本身进行比较，这是因为文档集大小（此时指原始文档集变成剩余文档集）及相关文档数目在反馈前后会发生改变。

第三种方法是给定两个文档集，一个用于初始查询和相关性判定；另一个用于比较和评价。因此，q_0 和 q_m 都可以在后一个文档集上进行有效对比。

8.3 伪相关反馈

伪相关反馈（pseudo relevance），也称为盲相关反馈（blind relevance feedback），它将相关反馈的人工操作部分自动化，因此用户不需要进行额外的交互就可以获得检索性能的提升。该方法首先进行正常的检索过程，返回最相关的文档构成初始集，然后假设排名靠前的 k 篇文档是相关的，最后在此假设上像以往一样进行相关反馈。主要过程如下：

（1）把初始查询返回的结果当成相关结果（在大多数实验中仅前 k 个，k 是位于 10 和 50 之间的数）；

（2）使用如 TF – IDF 权重的方法从这些文档中选择前 $20 \sim 30$（象征性的数字）个词语；

（3）执行查询扩展，将这些词语加入到查询中，然后再去匹配查询所返回的文档，最终返回最相关的文档。

　　Buckley 等人(1995)利用 SMART 系统在 TREC 4 上做了实验，实验结果表明使用伪相关反馈可以提升其检索系统的性能。图 8 - 4 列出来了 Buckley 等人利用 SMART 系统在 TREC 4 上的实验结果。其中同时对比了两种长度归一化方式的结果。从结果可以看出在两种长度归一化方式下，伪相关的效果要好些。

	Precision at k=50	
词项权重计算	无反馈	伪反馈
Inc. Itc	64. 2%	72.7%
Lnu. Itu	74. 2%	87.0%

图 8 - 4　Buckley 等人利用 SMART 系统在 TREC 4 上的实验结果

　　但是它不可能完全避免自动化操作所带来的风险。比如，查询关于"铜矿开采"(copper mines)的信息，返回前面的多篇文档都与"智利的开采"(mines in Chile)有关，那么进行伪相关反馈后查询会向"智利"(Chile)相关主题漂移。

8.4　隐式反馈

　　在 Web 上，用户通常不会显式地指出哪些查询结果是相关的，哪些查询结果是不相关的。因此在反馈过程中，我们需要可以间接利用的资源而不是显式的反馈结果作为反馈的基础。这种方法也常常称为隐式相关反馈(implicit relevance feedback)。隐式反馈不如显式反馈可靠，但是会比没有任何用户判定信息的伪相关反馈更有用。

　　在 Web 搜索引擎中，用户的大量隐式反馈信息主要是搜索日志中的点击信息。点击信息是重要的反馈信息。Ask Jeeves 公司的 Direct Hit 算法就是将点击信息作为用户反馈信息，改善查询结果排序的方法。在该算法中，假设用户对链接的点击能够反映出该页面的相关性。它的基本思想是：一方面，搜索引擎将查询的结果返回给用户，并跟踪用户在检索结果中的点击。如果返回结果中排名靠前的网页被用户点击后，浏览时间较短，用户又重新返回点击其他的检索结果，那么可以认为其相关度较差，系统将降低该网页的相关性。另一方面，如果网页被用户点击打开进行浏览，并且浏览的时间较长，那么该网页的受欢迎程度就高，相应地，系统将增加该网页的相关度。可以看出，在这种方法中，相关度在不停地变化，对于同一个词在不同的时间进行检索，得到结果集合的排序也有可能不同，它是一种动态排序。

8.5　查询扩展

　　查询扩展技术是利用计算机语言学、信息学的技术，在原用户查询的基础上，通过一定的方法和策略，把与原查询词相关的词组添加到查询序列中，组成新的、更准确表达用户查询意图的查询序列。然后用新查询词对文档进行检索，从而弥补用户查询信息不足的缺陷，改善检索中的查全率和查准率低的问题。

在搜索引擎发展的早期阶段，即20世纪60年代，搜索引擎用户的一个基本工具是在线叙词表（thesaurus）。在文档集合中描述了文档集合索引的所有词汇及同义词相关词或短语的信息。叙词表又叫受控词表（controlled vocabulary），通过叙词表，用户可以决定在查询中使用到哪些词语或短语，并且能够用同义词和相关词来扩展最初的查询。

最有名的叙词表是美国国立医学图书馆编制的权威性主题词表《医学主题词表》（medical subject headings，MeSh）。《MeSh》汇集约18000个医学主题词。MeSh对文献中的同义词、近义词、多义词等加以严格的控制和规范，使得同一主题概念的文献相对集中在一个主题词下，提高了文献检索中的查准率和查全率。在进行检索时，用户输入一个主题词后，系统会自动显示该主题词所能组配的副主题词。

在当前的搜索引擎中，人们已经很少主动地使用叙词表，而是通过一些算法自动地或半自动地产生包含同义词和相关词的扩展词列表。网络搜索引擎根据用户的初始查询，提供扩展词列表，用户在扩展的词列表中选择一个或多个词去扩展，或者替换查询中的一些词，然后将修改后的查询进行文档的检索。

在英文中，可以对查询词进行词干提取，具有相同词干的词可以认为是相关词。但中文中没有词干的处理步骤。无论是中文和英文，都可以通过文档集中的词共现关系，计算的词项之间的相似度，获得同义或近义词汇。基于相似性叙词表的查询扩展技术就是一种应用较广的全局查询扩展技术。

根据词语之间的共现次数建立相似性叙词表，通过共现次数衡量两个词的相关性，戴斯系数（Dice's coefficient）是其中的一种方法。戴斯系数（Dice's coefficient）计算的公式为：

$$\frac{2 \cdot n_{ab}}{n_a + n_b} \overset{rank}{\Rightarrow} \frac{n_{ab}}{n_a + n_a} \tag{8-7}$$

式中，n_{ab}是词a和b共同出现的文档（窗口）数；n_a是词a出现的文档（窗口）数；n_b是词b出现的文档（窗口）数；$\overset{rank}{\Rightarrow}$表示两边公式产生了相同的排序。

另外，采用互信息也是衡量两个词的相关性的方法。对于词a和b而言，采用简单的归一化频率方法来估计概率：

$$p(a, b) = \frac{n_{ab}}{N}, \quad p(a) = \frac{n_a}{N}, \quad p(b) = \frac{n_b}{N} \tag{8-8}$$

词a和b的互信息用下面公式定义：

$$\lg \frac{p(a, b)}{p(a)p(b)} = \lg N \frac{n_{ab}}{n_a n_b} \overset{rank}{\Rightarrow} \frac{n_{ab}}{n_a n_b} \tag{8-9}$$

互信息是用来衡量词之间能否相互独立出现的程度。如果互信息等于0，那么表明词a和b将相互独立地出现，如果互信息大于0，两个词趋于共现，那么$p(a, b) > p(a)p(b)$，说明共同出现的频率要大于单独出现的频率。

在一些应用中，会使用皮尔森χ^2检验方法。该方法计算了两个词共现的观测值与这两个词在相互独立条件下共现的期望值的比值，并根据期望值对这个比值进行归一化处理，得到：

$$\frac{\left(n_{ab} - N \cdot \frac{n_a}{N} \cdot \frac{n_b}{N}\right)}{N \cdot \frac{n_a}{N} \cdot \frac{n_b}{N}} \overset{rank}{\Rightarrow} \frac{\left(n_{ab} - \frac{1}{N} \cdot n_a \cdot n_b\right)^2}{n_a \cdot n_b} \tag{8-10}$$

式中，$N \cdot p(a) \cdot p(b) = N \cdot \dfrac{n_a}{N} \cdot \dfrac{n_b}{N}$ 是两个词相互独立情况下的共现期望值，值越大，则独立的概率就越小，所以相关的可能性就越大。

这种根据衡量词的相关性来产生，像互信息需要计算每一对词的共现概率，使其计算要求较高。

一些机器学习的方法也用在基于词的共现的查询扩展技术中，如基于词语全局聚类的查询扩展技术和基于潜在语义索引（LSI）的查询扩展技术都是采用了机器学习的无监督学习的思想。基于词语全局聚类的查询扩展技术是将文档集中的全部词语，根据词的共现进行聚类，生成不同的簇。在查询中加入包含该查询关键词簇中的某些关键词进行扩展。基于潜在语义索引（LSI）的查询扩展技术通过使用查询词的共现信息进行奇异值分解（SVD），发现检索词之间的重要关联关系，计算出上下文相似的词，实现查询扩展。

查询扩展不仅基于词的共现关系，也可以基于用户查询日志。根据日志中记录的用户的相关反馈进行挖掘重构查询。这里，可以利用其他用户的人工查询重构信息来对新用户进行查询推荐。这需要很大的查询量，因此尤其适合在 Web 搜索中使用。

本章小结

搜索引擎的查询关键词通常比较简短，根据关键词准确地知道用户的查询意图比较困难。相关反馈和查询扩展是了解用户查询意图的重要手段。本章主要介绍了相关反馈的框架。根据收集反馈信息方法的不同，相关反馈分为显式反馈、隐式反馈和伪相关反馈。本章重点介绍了显示反馈中的 Rocchio 算法和概率相关反馈模型。针对查询扩展，本章重点介绍了自动地或半自动地产生包含同义词和相关词的扩展词列表的各种技术。通过查询扩展会使得该查询与其他语义相近的查询词项相匹配。

习题

1. 为什么在 IR 系统中，正反馈可能比负反馈作用更大？为什么只用一篇不相关文档进行负反馈会比用多篇不相关文档的效果要好？

2. 根据收集反馈信息方法的不同，相关反馈分为哪几种反馈？

3. 假定用户的初始查询是 cheap CDs cheap DVDs extremely cheap CDs。用户查看了两篇文档 d1 和 d2，并对这两篇文档进行了判断：包含内容 CDs cheap software cheap CDs 的文档 d1 为相关文档，而内容为 cheap thrills DVDs 的文档 d2 为不相关文档。假设直接使用词项的频率作为权重（不进行归一化也不加上文档频率因子），也不对向量进行长度归一化。采用公式（8 - 3）进行 Rocchio 相关反馈，请问修改后的查询向量是多少？其中 $\alpha = 1$，$\beta = 0.75$，$\gamma = 0.25$。

4. 简述概率相关反馈有哪些优缺点。

5. 简述进行查询扩展的目的。

第9章　分类与聚类

　　人类对自己所看见的事物进行分类是很自然的事情。分类和聚类算法就是模仿这一过程，让机器自动识别事物所属的类别。分类是通过对有类别标签的样本学习，自动对无标签数据(例如电子邮件、网页或者图像)进行类别标注(类别是事先定义好的)。分类在智能搜索引擎中有很多重要的应用。如用户有时候希望寻找具有某个特定主题的文档。在这种情况下，一种自然的解决方案是将文档按共同的主题进行分组。然后对每个组别标记一个有实际意义的标签。这种标签描述了文档涉及的主题，称为类别标签。用同一类别标签标记的文档是同一主题中的文档。对文档确定属于哪个主题的任务称为主题分类。聚类思想类似于"物以类聚"的思想，是基于"无标注"的数据学习，根据数据本身内在的特征，将数据划分成一个个簇。在第7章中查询结果聚类就是聚类算法在智能搜索引擎中的应用。本章主要围绕着文本分类和聚类的具体算法进行介绍。

9.1　文本分类

　　文本分类是将属于同一个类别的文档组织在一起，分类的类别可以是主题，也可以是语言、流派、质量、权威、流行度或者是情感倾向性。文本分类是一种有效组织信息的手段，以获得对数据更好的理解与解释。本小节主要介绍贝叶斯、支持向量机等著名的文本分类算法和特征选择算法。

9.1.1　文本分类框架

　　分类是机器学习中的有监督的学习算法，需要从有标注的训练数据中学习一个分类函数，并且用分类函数对未知的新数据的类别进行预测。文本分类问题算是自然语言处理领域中一个非常经典的问题，可以广泛地应用于信息检索中，如主题分类。

　　整个文本分类流程分为训练阶段和决策阶段。训练阶段主要是利用训练文档进行学习，建立分类器模型。在决策阶段，则是根据已建好的分类器模型对新文档进行决策，判断是属于哪个类别，图9-1显示了文本分类流程。其中训练阶段是关键阶段，包括了文本预处理、特征提取和分类器学习三个步骤。

　　文本预处理过程是在文本中提取关键词表示文本的过程，中文文本处理中主要包括文本分词和去停用词两个阶段。之所以进行分词，是因为很多研究表明以特征粒度为词粒度远好于字粒度，其实很好理解，因为大部分分类算法不考虑词序信息，基于字粒度显然损失了过多"$N-gram$"信息。向量空间模型的文本表示方法的特征提取对应特征选择方法。

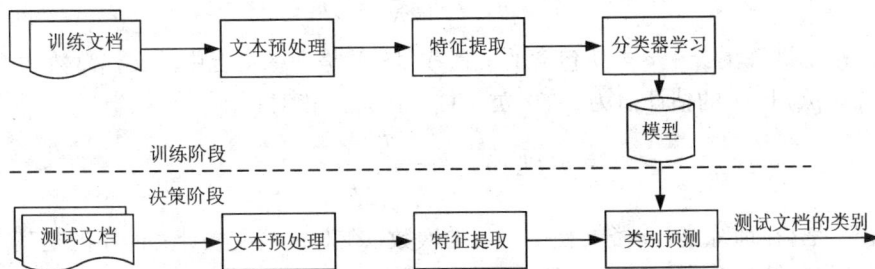

图 9 - 1　文本分类整体流程

　　特征选择的基本思路是根据某个评价指标独立地对原始特征项(词项)进行评分排序,从中选择得分最高的一些特征项,过滤掉其余的特征项。常用的评价有文档频率、互信息、信息增益、χ^2 统计量等。

　　分类器学习基本都是采用统计分类方法,基本上大部分机器学习方法都在文本分类领域有所应用,比如朴素贝叶斯分类算法(Naïve Bayes)、KNN、SVM、最大熵和神经网络等。

9.1.2　贝叶斯文档分类

　　贝叶斯文档分类是基于概率的分类器。给定文档 d,我们计算 d 属于类别 c_i 的概率 $p(c_i|d)$,分类器将具有最高概率值的类别 c^* 赋给 d,具体公式如下:

$$c^* = \arg \max_{c_i \in \{c_1,\ c_2,\ \cdots,\ c_k\}} p(c_i|d) \tag{9-1}$$

　　因此,贝叶斯分类问题首先需要为对所有的文档 - 类别对$(d_j,\ c_i)$都要计算概率值 $p(c_i|d_j)$。然后,再对每个文档 d_j,选择最高概率值的类别。为了计算 $p(c_i|d_j)$,需要应用贝叶斯定理,具体形式如下:

$$p(c_i|d_j) = \frac{p(c_i)p(d_j|c_i)}{p(d_j)} \propto p(c_i)p(d_j|c_i) \tag{9-2}$$

　　式中,$p(d_j|c_i)$是文档 d_j 出现在类 c_i 文档集中的条件概率,也可以把 $p(d_j|c)$ 视为当正确类为 c 时 d_j 的贡献程度;$p(c_i)$是文档集中出现在类 c_i 中的先验概率。为了简化计算 $p(d_j|c_i)$,通常假设组成文档的各索引项(词)都是彼此独立的。基于这一独立假设的分类器称为朴素贝叶斯分类器。假设文档 d_j 由索引项$\{t_1,\ t_2,\ \cdots,\ t_n\}$构成,那么:

$$p(d_j \mid c_i) = \prod_{k=1}^{n} p(t_k \mid c_i) \tag{9-3}$$

　　式中,$p(t_k \mid c_i)$是 t_k 出现在类 c_i 文档中的条件概率,也可以把 $p(t_k \mid c_i)$ 视为当正确类为 c_i 时 t_k 的贡献程度。将式(9 - 2)和(9 - 3)代入目标函数(9 - 1),并对式(9 - 1)做对数变换,朴素贝叶斯分类器的目标函数为:

$$c^* = \arg \max_{c_i \in \{c_1,\ c_2,\ \cdots,\ c_k\}} \left[\lg p(c_i) + \sum_{k=1}^{n} p(t_k \mid c_i) \right] \tag{9-4}$$

　　那么,如何估计参数 $P(c_i)$ 及 $P(t_k \mid c_i)$ 呢?首先我们在训练数据集上使用最大似然估计(MLE),它实际最后算出的是相对频率值,这些值能使训练数据出现的概率最大。MLE 估计下的类别先验概率为:

$$p(c) = \frac{N_c}{N} \tag{9-5}$$

式中，N_c 是训练集合中 c 类所包含的文档数目；N 是训练集合中的文档总数。

条件概率 $p(t \mid c)$ 的估计值为 t 在 c 类文档中出现的相对频率：

$$p(t \mid c) = \frac{T_{ct}}{\sum_{t' \in V} T'_{ct'}} \tag{9-6}$$

式中，T_{ct} 是 t 在训练集合 c 类文档中出现的次数，在对每篇文档计算时用的是其在文档中多次出现的词频。这里我们引入了位置独立性假设（positional independence assumption），在该假设下，T_{ct} 是 t 在训练集某类文档中所有位置 k 上的出现次数之和。这样，对于不同位置上的概率值都采用相同的估计办法，比如，如果某词在一篇文档中出现过两次，分别在 k_1 和 k_2 的位置上，那么我们假定 $p(t_{k_1} \mid c) = p(t_{k_2} \mid c)$。

MLE 估计的一个问题是：对没有在训练集中出现的 < 词项，类别 > 对来说，其 MLE 估计值为 0。比如，如果在训练集上，WTO 仅仅在 China 类文档中出现，那么对于其他类（如 UK），采用 MLE 估计的概率值就会为 0，即 $P(\text{WTO} \mid \text{UK}) = 0$。现在，假定有一篇单句文档为 "Britain is a member of the WTO"，那么按照公式（9-2）来计算其属于 UK 类的条件概率值就为 0。很显然，由于文档中包含 Britain，此时应该为其属于 UK 类的条件概率赋予一个较高的值。

从该例子中可以看出：在 MLE 估计中，一旦出现 0 值，其他词项的概率再高也没有意义。出现零概率的主要原因来自于数据的稀疏性（sparseness），即训练集合永远都不可能大到所有罕见事件都能出现。

解决这一问题的方法是采用统计语言模型中的数据平滑方法（3.2 节），如拉普拉斯平滑（Laplace smoothing），即在每个数字上加 1：

$$p(t \mid c) = \frac{T_{ct} + 1}{\sum_{t' \in V} T'_{ct'} + |V|} \tag{9-7}$$

式中，$|V|$ 是词汇表 V 中所有词项的数目。

我们以表 9-1 的数据为例，文档分类所需要的多项式参数包括先验概率为 $p(c) = 3/4$，$p(\bar{c}) = 1/4$。

表 9-1　用于参数估计的数据

文档集合	测试集 ID	文档中的词	属于 c = "中国" 类?
训练集	1	中国　北京　中国	是
	2	中国　中国　上海	是
	3	中国　澳门	是
	4	东京　日本　中国	否
测试集	5	中国　中国　中国　东京　日本	?

$$p(\text{“中国”}|c) = (5+1)/(8+6) = 3/7$$
$$p(\text{“东京”}|c) = p(\text{“日本”}|c) = (0+1)/(8+6) = 1/14$$
$$p(\text{“中国”}|\bar{c}) = (1+1)/(3+6) = 2/9$$
$$p(\text{“东京”}|\bar{c}) = p(\text{“日本”}|\bar{c}) = (1+1)/(3+6) = 2/9$$

上述计算中的分母分别是 $(8+6)$ 和 $(3+6)$，这是因为 c 类文档的总长度为 8，而非 c 类文档的总长度为 3，$|V|$ 为 6。因此，我们有：

$$p(c|d_5) \propto 3/4 \cdot \left(\frac{3}{7}\right)^3 \cdot 1/14 \cdot 1/14 \approx 0.0003$$

$$p(\bar{c}|d_5) \propto 1/4 \cdot \left(\frac{2}{9}\right)^3 \cdot 2/9 \cdot 2/9 \approx 0.0001$$

$p(c|d_5) > p(\bar{c}|d_5)$，因此文档 d_5 属于类别 $c = $ “中国”。

建立 NB 分类器有两种不同的方法。上节介绍的是基于多项式的方法，它基于一个生成模型：在文档的每个位置上生成词表中的一个词项。另一种方法是多元贝努利模型（multivariate Bernoulli model）或者直接称为贝努利模型（Bernoulli model），它基于二值独立模型：对于词汇表中的每个词项都对应一个二值变量，1 和 0 分别表示词项在文档中出现和不出现。

不同的生成模型也意味着不同的参数估计策略和分类规则。贝努利模型中 $P(t|c)$ 是利用类 c 文档中包含 t 的文档数的比率来计算。而多项式模型中的计算原则是：t 出现的次数占类 c 文档中所有词条数目的比率 [参见式（9 - 7）]。当对测试文档进行分类时，贝努利模型只考虑词项的出现或不出现（即二值），并不考虑出现的次数，而多项式模型中则要考虑出现次数。这样做的结果是，当对长文档进行分类时，采用贝努利模型往往会犯很多错误。比如，可能会因为 China 在书中的一次出现而将整本书归于 China 类。

在对测试文档进行分类时，两种模型对于未出现词项的使用也不相同。未出现的词项的影响在多项式模型中并不影响分类效果，但是在贝努利模型中计算 $p(c|d)$ 时要以一个因子来参与计算（见图 9 - 3 中 APPLYBERNOULLINB 函数的第 7 行），其主要原因是：贝努利模型对词项的未出现也要显式建模。

我们再以表 9 - 1 中的数据为例，用贝努利模型进行分类决策。对于先验概率，同多项式模型中的一样：$p(c) = 3/4$，$p(\bar{c}) = 1/4$。条件概率为：

$$p(\text{“中国”}|c) = (3+1)/(3+2) = 4/5$$
$$p(\text{“东京”}|c) = p(\text{“日本”}|c) = (0+1)/(3+2) = 1/5$$
$$p(\text{“北京”}|c) = p(\text{“澳门”}|c) = p(\text{“上海”}|c) = (1+1)/(3+2) = 2/5$$
$$p(\text{“中国”}|\bar{c}) = (1+1)/(1+2) = 2/3$$
$$p(\text{“东京”}|\bar{c}) = p(\text{“日本”}|\bar{c}) = (1+1)/(1+2) = 2/3$$
$$p(\text{“北京”}|\bar{c}) = p(\text{“澳门”}|\bar{c}) = p(\text{“上海”}|\bar{c}) = (0+1)/(1+2) = 1/3$$

对于每个词项都只考虑出现和不出现两种情形，因此公式（9 - 7）中的 $|V|$ 为 2。

因此，测试文档分别属于两个类别的得分为：

$$\begin{aligned} p(c|d_5) &\propto p(c)p(\text{中国}|c)p(\text{日本}|c)p(\text{东京}|c) \\ &(1-p(\text{北京}|c))(1-p(\text{上海}|c))(1-p(\text{澳门}|c)) \\ &= \frac{3}{4}\frac{4}{5}\frac{1}{5}\frac{1}{5}(1-\frac{2}{5})(1-\frac{2}{5})(1-\frac{2}{5}) \approx 0.005 \end{aligned}$$

类似地，$p(c|d_5) \approx 0.022$。

因此，根据上述结果，分类器终会将测试文档 d_5 归为非 c 类。

9.1.3 支持向量机

支持向量机（support vector machine，SVM）分类器是一种相对较新颖的分类算法，由 Vapnik（1995）提出，并由 Joachims（1999）首先在文本分类中使用。与基于概率论原理的朴素贝叶斯分类不同，支持向量机是对两类分类问题提供了一种基于向量空间的方法。

支持向量机将输入的文本看作几何空间中的一个点（向量），即给定文档 d_j，向量 $x_i = [w_{1i}, w_{2i}, \cdots, w_{ni}]$，其中 w_{ki} 是词项 t_k 在文档 d_i 中的权重。通常权重 w_{kj} 可以用 TF – IDF 公式计算。

给定文档的向量表示后，任务转化为找到一个决策面能够最好地区分 c_a 和 c_b 两个类别的元素。从训练数据中学习得到的超平面将空间分割成两个区域，所有类别 c_a 中的文档为其中一个区域，类别 c_b 中的文档为另外一个区域。在二维空间中超平面是一条直线，在三维空间中超平面是一个平面。在学习得到超平面后，新文档 d_j 可以通过计算与超平面的相对关系来进行分类。

图 9 – 2 表明了数据集为线性可分和线性不可分两种情况。当数据是线性可分的时候，很容易定义并找到一个好的超平面。因此，我们开始讨论在这种特殊情况下 SVM 是如何工作的，然后再扩展到更一般的情况。讨论数据点不是线性可分的情况。

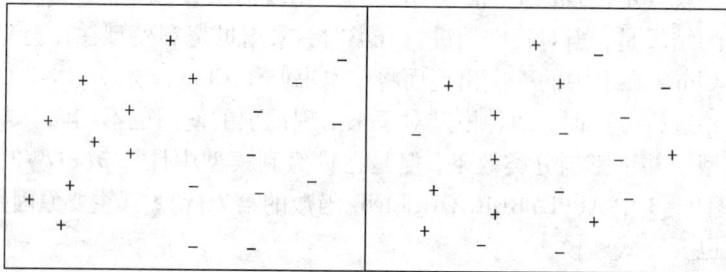

图 9 – 2   左边数据集为线性可分，右边数据集为线性不可分

1. 线性可分数据

为了避免过拟合，SVM 选择与正例和反例的数据点最大化距离的超平面。这个选择很直观，也得到了理论的支持。假设的超平面为 w，要发现能够分离训练集中的正例和反例并且最大化分离数据点的 w。最大化分离定义如下：假设 $x-$ 是训练集中与超平面最近的反例，$x+$ 是训练集中与超平面最近的正例，定义边缘（margin）为 $x-$ 到超平面加上 $x+$ 到超平面的距离。图 9 – 3 给出了边缘、超平面以及支持向量的图形解释。边缘可以计算如下：

$$\text{margin}(w) = \frac{|w \cdot x^-| + (w \cdot x^+)}{||w||} \tag{9-8}$$

SVM 算法这个超平面的概率就是获得分离数据最大边缘化的超平面 w。为了简化问题，通常假设 $w \cdot x- = -1$ 并且 $w \cdot x+ = 1$，使得边缘等于 $2/||w||$。因此，可以解决下列优化

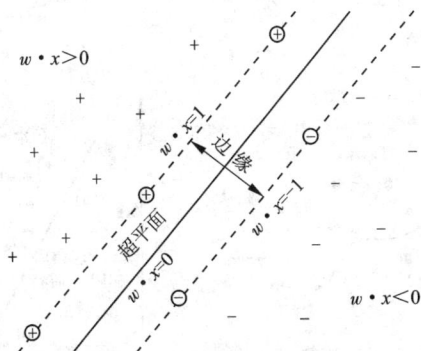

图 9 - 3　对线性可分数据支持向量机的图示说明

问题的超平面：

$$\min: \frac{1}{2} \parallel w \parallel^2 \tag{9-9}$$

$$\text{subject to}: w \cdot x_i \geqslant 1 \ \forall \, i, \ y_i = 1$$

$$w \cdot x_i \leqslant -1 \ \forall \, i, \ y_i = 0$$

该优化问题可以通过动态规划解决，一旦超平面 w 被确认，未见的文档 d 按如下规则分类：

$$y_i = \begin{cases} 1, & w \cdot x_d \geqslant 0 \\ 0, & \text{其他} \end{cases} \tag{9-10}$$

2. 非线性可分数据

真实世界的数据集很少是线性可分的。因此，为了解决这个问题，需要修改 SVM 公式的描述。通过在不满足线性可分约束的训练实例中加入惩罚因子完成。加入惩罚因子的 SVM 目标函数为：

$$\min: \frac{1}{2} \parallel w \parallel^2 + C \sum_{i=1}^{N} \xi_i \tag{9-11}$$

$$\text{subject to}: w \cdot x_i \geqslant 1 - \xi_i \, \forall \, i, \ y_i = +$$

$$w \cdot x_i \leqslant -1 + \xi_i \, \forall \, i, \ y_i = -$$

$$\xi_i \geqslant 0, \ \forall \, i$$

这里 ξ_i 称为允许目标值被违反的松弛变量(slack variable)。这个松弛变量允许有少量错分样本。当所有松弛变量为 0 时，就变成线性可分 SVM。C 是一个自由参数，控制对分错的样例给多少惩罚不符合约束，C 越大对误分类的惩罚越大、C 越小对误分类的惩罚越小。标准值设为 1。这个优化问题就是发现一个允许一些松弛的最大边缘的超平面。

3. 核技巧

核技巧是首先通过非线性变换将输入空间变换到一个高维空间，使得数据集在高维空间中线性可分。如图 9 - 4 所示，通过映射函数将输入空间转换为特征空间，并且在特征空间是数据是线性可分的。然后在这个新空间中求取最优线性分类面,而这种非线性变换是通过定义适当的内积函数来实现的。

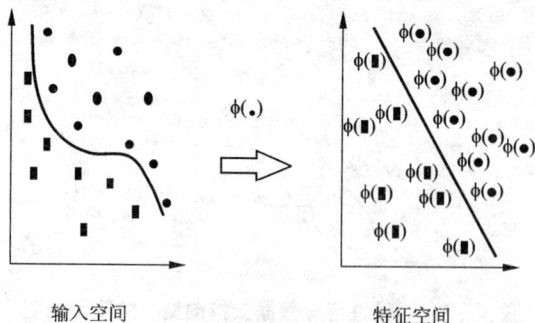

输入空间   特征空间

图 9 - 4   输入空间转换为特征空间示意图

由于 SVM 算法,无论是训练阶段还是决策阶段,主要的数学运算是点积。因此并不需要求出从输入空间到特征空间的映射函数,可以定义核函数(kernek function)完成。一个核函数是两个样本(文档)在高维特征空间上的点积。

假设有两个二维向量:$y = [y_1, y_2]$, $x = [x_1, x_2]$,定义 $\Phi(x)$ 为:

$$\Phi(x) = \begin{bmatrix} x_1^2 \\ \sqrt{2}x_1x_2 \\ x_{12}^2 \end{bmatrix} \qquad (9-12)$$

这里 $\Phi(x)$ 将二维向量 x 映射为三维向量。给定这个映射,计算 $\Phi(x) \cdot \Phi(y)$:

$$K(x, y) = \Phi(x) \cdot \Phi(y) = x_1^2 y_1^2 + 2 x_1 y_1 x_2 y_2 + x_2^2 y_2^2 = (x \cdot y)^2$$

从上式看出,高维空间上的内积运算并不需要知道 x 和 y 在高维空间上的表示,可以利用核函数 $K(x, y)$ 在原始空间计算。这个技巧成为核技巧。表 9 - 2 列出了 SVM 常用的核函数。在文本分类中,线性核效果较好。

表 9 - 2   SVM 常用的核函数

核类型	值	隐含维度
线性	$K(x_1, x_2) = x_1 \cdot x_2$	N
多项式	$K(x_1, x_2) = (x_1 \cdot x_2)^p$	$\binom{N+p-1}{N}$
高斯	$K(x_1, x_2) = \exp - \parallel (x_1 - x_2) \parallel^2 / 2\sigma^2$	无穷

9.1.4   特征选择

对于规模较大的文本集而言,文本集的词汇空间也相当大,导致了分类器训练效率比较低,特别是那些基于向量空间的分类器,并且可能导致计算资源不足。同时,文档中不仅存在有意义的利用分类的词汇，但也存在这噪声。如文档中的词汇"网络"表示该文档属于"计算机"类别，噪声特征（noise feature）指的是那些加入文本表示之后反而会增加新数据上的分类错误率的特征。假定某个词项（如"项目"）对某个类别（如"计算机"）不提供任何信息，但是在训练集中所有的"项目"恰好都出现在"计算机"类中，那么通过学习后可能会产生一个分类器，它会将包含"项目"的测试文档误分到"计算机"类中去。这种由于训练集的偶然性导出的不正确的泛化结果称为过学习（overfit - ting）。

传统解决这类问题的方法是特征选择。特征选择（feature selection）是从原始特征中挑选出一些最有代表性，分类性能最好的特征。在文本分类过程中也仅仅使用这个子集作为特征。

特征选择主要过程：确定类别可分性的指标，用来刻划特征对分类的贡献。根据该指标值选择利于分类的特征。本节我们将介绍 3 种不同的效用指标：TF - IDF 频率、互信息和卡方检验。所有的特征选择方法都是在进行停用词处理使用后。

1. 基于频率的权重方法

基于频率的特征选择方法（frequency - based feature selection），即选择那些在类别中频率较高的词项作为特征。这里的频率可以定义为文档频率 DF_t（类别 c 中包含某个索引项 t 的文档数目）或文档集频率 N_{tc}（c 类别所有文档中 t 出现的总次数）。基于频率的方法会选择那些不包含类别相关的特定信息的高频词项，即 N_{tc} 值比较大的，如一周中的每一天等，但这些词项在新闻文本的多个类别中都会出现。因此，基于频率的特征选择方法还利用文档频率 DF_t，选择 DF_t 值小的特征。

2. 互信息

一个常用的特征选择方法是计算词项 t_i 和类别集合 C 的 MI（expected mutual information，期望互信息）作为 $MI(t_i, c)$。MI 度量的是词项的存在与否给类别 c 的正确判断所带来的信息量。首先计算词项 t_i 与单个类别 c_p 的互信息 $I(t_i, c_p)$ 计算公式为：

$$I(t_i, c_p) = \lg\left(\frac{p(t_i, c_p)}{p(t_i)p(c_p)}\right) = \lg\left[\frac{\dfrac{n_{ip}}{N_t}}{\dfrac{n_i}{N_t} \times \dfrac{n_p}{N_t}}\right] \tag{9 - 13}$$

$$MI(t_i, c) = \sum_{p=1}^{L} p(c_p)I(t_i, c_p) = \sum_{p=1}^{L} \frac{n_p}{N_t}\lg\left[\frac{\dfrac{n_{ip}}{N_t}}{\dfrac{n_i}{N_t} \times \dfrac{n_p}{N_t}}\right]$$

基于互信息的特征选择过程为：设阈值 K，所有满足 $MI(t_i, C) \geqslant K$ 的索引项 t_i 被保留下来，其他索引项都被舍弃。文档的表示也需要根据那些保留的索引项重新计算。

3. 卡方校验

卡方校验是对索引项 t_i 和类别 c_p 独立性的缺失所作的度量。这一统计量定义如下：

$$\chi^2(t_i, c_p) = \frac{N_t(N_t n_{ip} - n_p n_i)^2}{n_p n_i(N_t - n_p)(N_t - n_i)} \tag{9 - 14}$$

为了对索引项进行特征选择，我们需要按以下形式计算索引项的平均（或者最大）卡方校验值。

$$\chi^2_{\text{avg}}(t_i) = \sum_{p=1}^{k} p(c_p) \chi^2(t_i, c_p) \tag{9-15}$$

$$\chi^2_{\text{max}}(t_i) = \max_{p=1} \chi^2(t_i, c_p) \tag{9-16}$$

基于卡方校验的特征选择过程为：设 K 为卡方校验的阈值，那么所有满足 $\chi^2_{\text{avg}}(t_i) \geq K$（$\chi^2_{\text{max}}(t_i) \geq K$）的索引项 t_i 被保留下来，其他索引项都被舍弃。文档的表示也需要根据那些保留的索引项重新计算。

9.1.5 评价

大多数分类任务用标准的信息检索度量标准评价，例如准确率、精确率（precision）、召回率（recall）、F 值以及 ROC 曲线分析等。第 5 章详细地描述了这些度量标准，这些度量标准中最常用的是准确率和 F 值。

评价分类任务和评价检索任务有两个主要的不同。第一个不同是"相关"的概念被替换为"被正确分类"。第二个不同是：微平均是很少被用于评价检索任务，但是广泛地用于分类的评价。宏平均首先计算每个类（class）的评价参数，然后将每个类的参数平均。微平均计算是对每个测试样本进行评测，然后在所有这些实例上进行平均。分析宏平均和微平均非常有用，尤其是在 $P(c)$ 分布不平衡的情况下。

9.2 聚类

聚类是在一堆的文档中寻找一种"自然分组"（k 组）。聚类中的组叫作簇（cluster），希望同簇的文档较为相似，而不同簇的文档间有明显不同。聚类是无监督学习（unsupervised learning）的一种普遍的形式。分类是监督学习的一种形式，其目标是对人类赋予数据的类别差异进行学习或复制。而在以聚类为重要代表的无监督学习当中，并没有这样的人来对类别的差异进行引导。划分聚类（partition clustering）算法会给出一系列扁平结构的簇，它们之间没有任何显式的结构来表明彼此的关联性。而层次聚类（hierarchical clustering）算法则会产生层次性的聚类结果。本小节主要围绕着这两类算法进行介绍。

9.2.1 划分聚类

划分聚类的目标可以定义如下：给定一系列文档 $D = \{d_1, \cdots, d_N\}$、期望的簇数目 K，以及用于评估聚类质量的目标函数（objective function），计算一个分配映射 $\gamma: D \rightarrow \{1, \cdots, K\}$，该分配下的目标函数值极小化或者极大化。大部分情况下，我们要求 γ 是一个满射，也就是说，K 个簇中的每一个都不为空。

经典的划分聚类算法是 k 均值算法（k-means）。k 均值算法的目标是找到一个划分 $\{C_1, \cdots, C_k\}$，C_i 为第 i 个簇，使得每个样本 x 离自己所在簇的簇中心距离最近。即将如下代价函数 Je 最小化：

$$Je = \sum_{i=1}^{k} \sum_{x \in C_i} |x - m_i|^2 \qquad (9-17)$$

$$m_i = \frac{1}{n_i} \sum_{x \in C_i} x$$

式中，m_i 为簇$_i$的中心；x 为样本。

具体的算法流程如下：

第一步：随机地把所有对象分配到 k 个非空的簇中；

第二步：计算每个簇的平均值，并用该平均值代表相应的簇中心；

第三步：将每个对象根据其与各个簇中心的距离，重新分配到与它距离最近的簇中；

第四步：重复2、3步，直到 k 个簇的中心点不再发生变化或准则函数 Je 收敛。

$k-$means 算法是一个高效的聚类算法。在初始划分结果的基础上不断地迭代更新。如果搜索的初始点选择不当，那么最终可能不会达到全局优。大部分划分聚类算法都存在这样的问题，因此，划分聚类的一个重要问题是选择好的初始点。

k 均值聚类算法的一个关键输入是距离计算方法。不同的距离计算方法会导致不同的聚类效果。因此，距离的计算方法是影响聚类结果的一个重要因素。在经典的 $k-$means 算法中，通常采用欧几里得距离，但文档聚类时，有时会用余弦距离。采用余弦距离的 $k-$means 算法叫做球面 $k-$means(sphere $k-$means)。

$k-$means 算法中重要的输入参数是 k 值。k 值可以根据实际问题确定。如果问题中没有指定的值，可以通过肘部法则这一技术来估计聚类数量。肘部法则会把不同值的成本函数值画出来。随着值的增大，平均畸变程度(Je)会减小；每个类包含的样本数会减少，于是样本离其重心会更近。但是，随着值继续增大，平均畸变程度(Je)的改善效果会不断减低。在值的增大过程中，畸变程度的改善效果下降幅度最大的位置对应的值就是肘部。

以图9-5为例，从图中可以看出，值从1到2时，平均畸变程度变化最大。超过2以后，平均畸变程度变化显著降低，因此肘部就是2。因此，k 的取值为2。

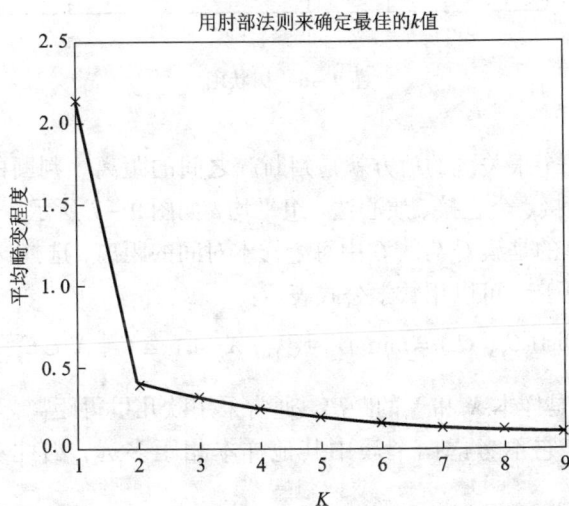

图9-5 肘部法制

9.2.2　层次聚类

划分聚类算法返回的是一个无结构的扁平簇集合,它们需要预先定义簇的数目,并且聚类结果具有不确定性。不同的是,层次聚类(hierarchical clustering 或 hierarchic clustering)则会输出一个具有层次结构的簇集合,因此能够比扁平聚类输出的无结构簇集合提供更丰富的信息。层次聚类不需要事先指定簇的数目,并且大部分用于 IR 中的层次聚类算法都是确定性算法。但层次聚类的效率比较低。最普遍的层次聚类算法的时间复杂度至少是文档数目的平方级。

层次聚类是通过从下往上不断合并簇,或者从上往下不断分离簇形成嵌套的簇。这种层次的类通过"树状图"来表示,如图 9 – 6 所示。凝聚层次聚类(agglomerative clustering)算法就是一种层次聚类的算法。agglomerative clustering 算法的原理是:最初将所有数据点本身作为簇,然后找出距离最近的两个簇将它们合为一个,不断重复以上步骤直到达到预设的簇的个数。

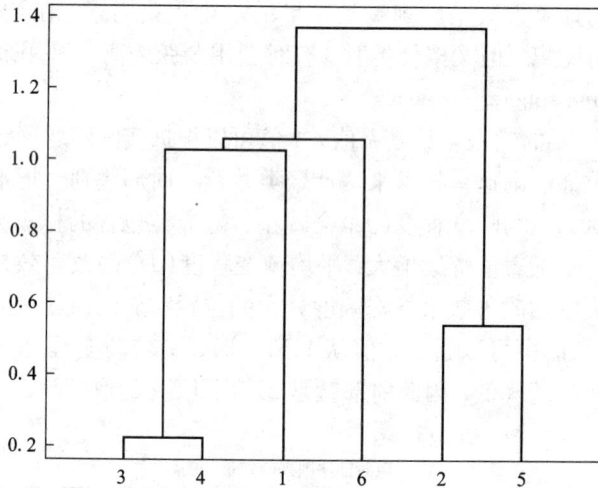

图 9–6　树状图

层次聚类算法中一个很关键的地方就是判断簇之间的距离。判断的准则叫作连接准则。主要有四种准则:单连接、全连接、质心法、组平均,如图 9 – 7 所示。

单连接方法中计算的是簇 C_i 与簇 C_j 中每个样本对间的距离,选择这些距离中的最小值作为簇 C_i 与簇 C_j 中间的距离,可以用数学公式表示:

$$\mathrm{Dist}(C_i, C_j) = \min \{ \mathrm{dist}(X_i, X_j) \mid X_i \in C^i, X_j \in C_j \} \tag{9-18}$$

式中,Dist 表示的是样本 X_i 和 X_j 的距离,通常采用欧几里得距离。单连通只只依赖于两个簇之间的最小距离,它不考虑两个簇中其他样本相距多远,因此单连通容易产生长形的簇。

在全连接方法中也是计算簇 C_i 与簇 C_j 中每个样本对间的距离,但选择这些距离中的最大值作为簇 C_i 与簇 C_j 中间的距离,可以用数学公式表示:

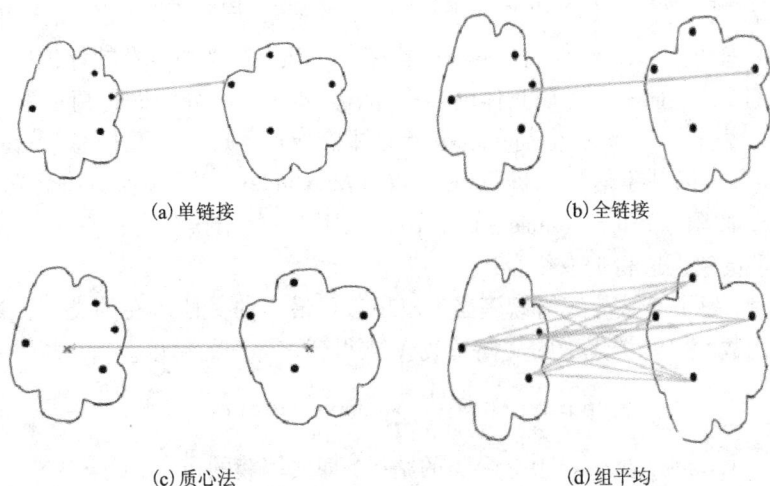

(a) 单链接   (b) 全链接

(c) 质心法   (d) 组平均

图 9 – 7 四种 HAC 算法中所使用的不同的簇相似度概念

$$\text{Dist}(C_i, C_j) = \max\{\text{dist}(X_i, X_j) \mid X_i \in C^i, X_j \in C_j\} \qquad (9-19)$$

由于使用最大距离作为两个簇的距离,与单链通相比,全连通产生的簇更紧凑,避免"拉长"区域的产生。

组平均方法,又叫平均组连通,是单链通和全连通的折中方案。它也是计算簇 C_i 与簇 C_j 中每个样本对间的距离,但选择这些距离中的平均值作为簇 C_i 与簇 C_j 中间的距离,可以用数学公式表示:

$$\text{Dist}(C_i, C_j) = \frac{\sum_{X_i \in C^i, X_j \in C_j} \text{dist}(X_i, X_j)}{|C_i \| C_j|} \qquad (9-20)$$

质心法,又叫平均组连通,是通过两个簇的质心(中心)的相似度来定义这两个簇的相似,数学公式如下:

$$\text{Dist}(C_i, C_j) = \text{Dist}(u_{c_i}, u_{c_j}) \qquad (9-21)$$

式中,$u_c = \frac{\sum_{X \in C} X}{|C|}$,是簇 C 的质心。使用质心法和使用组平均法得到的簇是类似的。

9.2.3 评价

聚类算法中,典型的目标函数是将簇内高相似度(簇内文档相似)及簇间低相似度(不同簇之间的文档不相似)的目标进行形式化后得到的一个函数。这是聚类质量的一个内部准则(internal criterion)。但是,内部准则的高分并不意味着应用中的效果就一定好。另一种方法是根据应用的需求来直接评价。对于搜索结果的聚类,我们需要度量在不同聚类算法下用户找到所需答案的时间。这是最直接的度量方法,但是这种做法很昂贵,尤其在需要进行大量用户调查时更是如此。代替用户判断的一种做法是,利用已有的分类文档集合作为评价基准或黄金标准。理想情况下,黄金标准来自人工的判定,并且不同人之间的判定一致性具有很高的水平。于是，我们可以计算一个所谓外部准则（external criterion），即计算聚类结果和已有的标准分类结果的吻合程度。比如，对于 jaguar 的搜索结果聚类而言，最优的结果是聚出 car、animal 及 operating system 所代表的三个类来。当然，在这种类型的评价中，我们只使用黄金标准的分割结果，而不必考虑具体的类别标签。本节中将介绍四种衡量聚类质量的外部准则。其中，纯度（purity）是一个简单、明晰的评价指标；归一化互信息（normalized mutual information，NMI）可以基于信息论进行解释；RI（rand index，兰德指数）将惩罚聚类中的 FP（false - positive，假阳性）和 FN（false - negative，假阴性）的错误判定；F 值（F measure）可以对上述两种类型的错误进行加权组合。

计算纯度时，每个簇被分配给该簇当中出现数目最多的文档所在的类别，然后可以通过正确分配的文档数除以文档集中的文档总数 N 来得到该分配的精度。

$$\text{purity}(\Omega) = \frac{1}{N} \sum_k \max_j | \omega_k \cap c_j | \qquad (9 - 22)$$

式中，$\Omega = \{\omega_1, \omega_2, \cdots, \omega_k\}$ 是聚类的结果，即文档簇的集合；$C = \{c_1, c_2, \cdots, c_j\}$ 是类别集合。每个 ω_k 和 c_j 都是指一些文档组成的集合。

当簇的数目很大时，很容易得到高纯度的结果。特别是，当每篇文档都独自作为一个簇时，结果的纯度为 1。因此，纯度并不能在聚类质量和簇数目之间保持均衡。

图 9 - 8 中，每个簇所对应的主类及属于其的文档数目分别是：X, 5（簇 1）；O, 4（簇 2）；及 $\diamond$, 3（簇 3），因此纯度为：$(1/17) \times (5 + 4 + 3) \approx 0.71$。

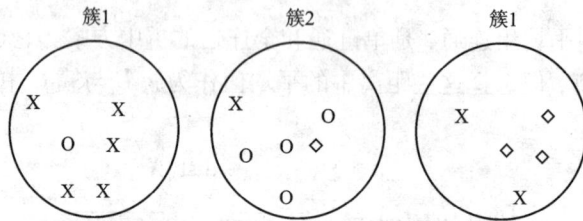

图 9 - 8　作为度量簇质量的外部准则的纯度示例

一种能在聚类质量和簇数目之间维持均衡的指标是 NMI，它的定义如下：

$$NMI(\Omega, C) = \frac{I(\Omega, C)}{[H(\Omega) + H(C)]/2} \qquad (9 - 23)$$

其中，I 是互信息：

$$I(\Omega, C) = \sum_k \sum_j P(\omega_k \cap c_j) \lg \frac{P(\omega_k \cap c_j)}{p(\omega_k) p(c_j)}$$

$$= \sum_k \sum_j \frac{| \omega_k \cap c_j |}{N} \lg \frac{N | \omega_k \cap c_j |}{| \omega_k | | c_j |} \qquad (9 - 24)$$

式中，$P(\omega_k)$、$P(c_j)$ 及 $P(\omega_k \cap c_j)$ 分别是一篇文档属于 ω_k、c_j 及 $\omega_k \cap c_j$ 的概率。

H 代表信息的熵：

$$H(\Omega) = - \sum_k p(\omega_k) \lg p(\omega_k) = - \sum_k \frac{| \omega_k |}{N} \lg \frac{| \omega_k |}{N} \qquad (9 - 25)$$

互信息也存在和纯度类似的问题，即它并不对数目较大的聚类结果进行惩罚，因此也不能在其他条件一样的情况下，对簇数目越小越好的这种期望进行形式化。由于熵会随着簇的数目的增长而增大，所以式(9-24)中基于分母$[H(\Omega) + H(C)]/2$的归一化能够解决上述问题。式(9-24)中之所以采用$[H(\Omega) + H(C)]/2$作为分母，是因为它是$I(\Omega, C)$的紧上界。因此，NMI的值为0到1之间。以图9-8为例，其NMI值为0.36。

与上述基于信息论来解释聚类结果不同的是，我们也可以将聚类看成是一系列的决策过程，即对文档集上所有$N(N-1)/2$个文档对进行决策。当且仅当两篇文档相似时，我们将它们归入同一簇中。TP(true-positive，真阳性)决策将两篇相似文档归入一个簇，而TN(true-negative，真阴性)决策将两篇不相似的文档归入不同的簇。在此过程中会犯两类错误：FP决策会将两篇不相似的文档归入同一簇，而FN决策将两篇相似的文档归入不同簇。RI计算的是正确决策的比率，它实际上就是在8.3节中提到的精确率(accuracy)：

$$RI = \frac{TP + TN}{TP + FP + FN + TN} \qquad (9-26)$$

我们以图9-4为例来计算其RI值。首先计算$TP+FP$。三个簇中包含的点数分别为6个、6个、5个，因此，所有正例即文档对出现在同一簇的数目为：

$$TP + FP = \binom{6}{2} + \binom{6}{2} + \binom{5}{2} = 40$$

在这些正例当中，簇1的X点对、簇2的O点对、簇3的◇点对及簇3中的X点对都是真正例，因此：

$$TP = \binom{5}{2} + \binom{4}{2} + \binom{3}{2} + \binom{2}{2} = 20$$

因此得到：$FP = 40 - 20 = 20$。同样，我们计算出：$FN = 24$，$TN = 72$。于是，$RI = (20 + 72)/(20 + 20 + 24 + 72) \approx 0.68$。

上述RI的计算当中，FP和FN采用了相等的权重，有时候，将相似文档分开的后果比将不相似文档归成一类更严重。所以，我们可以使用8.3节讨论的F值来度量聚类结果，并通过设置$\beta > 1$以加大对FN的惩罚，此时实际上也相当于赋予召回率更大的权重。

$$P = \frac{TP}{TP + FP} \quad R = \frac{TP}{TP + FN} \quad F_\beta = \frac{(\beta^2 + 1)PR}{\beta^2 P + R} \qquad (9-27)$$

基于上面列联表中的数字，可以计算出$P = 20/40 = 0.5$，$R = 20/44 \approx 0.455$，因此当$\beta = 1$，$F_1 \approx 0.48$，当$\beta = 5$，$F_5 \approx 0.456$。在IR中，通过F值来评价聚类方法的一个优点在于，这个领域的研究人员对该指标已经非常熟悉。

本章小结

众所周知，机器学习正在引领许多行业的变革。在智能搜索引擎领域，机器学习也有着广泛的应用，如机器学习在网页排序中的应用等。通过机器学习，试图建立更加智能和自动化的搜索引擎系统。本章主要围绕着机器学习的基本理论和算法进行了介绍。机器学习分为有监督学习(分类)和无监督学习(聚类)。分类是通过对有类别标签的样本学习，自动对无标签数据进行类别识别。进行类别标注聚类是根据数据本身内在的特征，将无标签数据划分成一个个簇。针对分类,重点介绍了贝叶斯分类和支持向量机分类算法,并且针对文本的特征提取方法进行了介绍。聚类中,围绕着划分聚类,重点介绍了 $k-$ means 算法。对层次聚类则重点介绍了层次聚类的概念和四种连接准则,并且介绍了聚类的评价标准。

习题

1. 请简述分类和聚类,并且说出它们之间的区别。

2. 请简述文本分类流程。

3. 为什么朴素贝叶斯分类称为"朴素"的? 请简述朴素贝叶斯分类的主要思想。

4. 简述 SVM 的原理。

5. 为什么 SVM 要引入核函数? 请举出三种常用的核函数。

6. 什么是特征选择? 举例说出特征选择的 3 种效用指标。

7. 假设要将如下的 8 个点(用 (x,y) 代表位置)聚类为三个簇:

$A_1(2;10)$;$A_2(2;5)$;$A_3(8;4)$;

$B_1(5;8)$;$B_2(7;5)$;$B_3(6;4)$;

$C_1(1;2)$;$C_2(4;9)$。

距离函数是欧几里得距离,假设初始我们选择 A_1,B_1,和 C_1 分别为每个簇的中心,用 k 均值算法只给出:

(1)在第一轮执行后的三个簇中心。

(2)最后的三个簇。

8. $k-$ 均值算法的两个停止条件为: (1)文档的分配不再改变;(2)簇质心不再改变。请问这两个条件是否等价?

9. 请说出四种连接准则(即簇间距离计算方法),并分析它们的优缺点。

10. 下图中存放了 5 个点之间的距离。对图中数据进行凝聚聚类操作,簇间相似度使用全连接方法计算,第二步是哪两个簇合并?

	1	2	3	4	5
1	1.00	0.90	0.10	0.65	0.20
2	0.90	1.00	0.70	0.60	0.50
3	0.10	0.70	1.00	0.40	0.30
4	0.65	0.60	0.40	1.00	0.80
5	0.20	0.50	0.30	0.80	1.00

第 10 章　基于知识图谱的搜索引擎

传统的搜索引擎在一定程度上解决了用户从互联网中获取信息的难题，但由于它们是基于关键词或字符串的，并没有对查询的目标（通常为网页）和用户的查询输入进行理解。因此，它们在搜索准确度方面存在明显的缺陷，用户往往面临不少痛点：表达的搜索需求和搜索结果往往难以匹配，经常有"搜"非所问的情况。知识图谱描述了真实世界中存在的各种实体和概念，以及这些实体、概念之间的关联关系。运用了知识图谱的智能搜索引擎可以返回更加精准的结果，是未来搜索引擎的发展方向。本章主要对知识图谱的构建及其在搜索引擎中的应用进行介绍。

10.1　概述

知识图谱，是结构化的语义知识库，用以描述现实世界中的实体（或概念，概念是实体的抽象（如"水果"即为"苹果"的概念）及其相互关系，其基本组成单位是（实体－关系－实体）三元组（triplet），以及实体及其相关属性－值对。实体之间通过关系相互联结，构成网状结构。用于以符号形式描述物理世界中的概念及其相互关系，其基本组成单位是（实体－关系－实体）三元组，实体之间通过关系相互联结，构成网状的知识结构。如图 10－1 所示的知识图谱例子，中国是一个实体，北京是一个实体，中国－城市－北京是一个（实体－关系－实体）的三元组样例。北京是一个实体，人口是一种属性，2069.3 万是属性值。北京－人口－2069.3 万构成一个（实体－属性－属性值）的三元组样例。

知识图谱于 2012 年 5 月 17 日由 Google 正式提出，并在它的搜索页面中首次引入了"知识图谱"，增强其搜索引擎功能。用户除了得到搜索网页链接外，还将看到与查询词有关的更加智能化的答案。这类搜索引擎的主要思想是：抓取网络数据进行知识碎片的抽取，经过知识碎片的融合形成能够代表实体的知识，实体与实体之间的语义关系构成了知识网络。

基于知识图谱的搜索引擎，可以很好地理解用户的需求，可以支持用户按主题而不是按字符串检索，从而真正地实现在语义层面上进行信息检索。并且能够直接向用户反馈结构化的知识，用户不必浏览大量网页，就可以找到自己想要获得的知识。如图 10－2 所示为 Google 中搜索"罗纳尔多"的结果，左边返回的是包含罗纳尔多的页面（传统搜索引擎的处理结果），右边框部分是返回"罗纳尔多"的"知识卡片"，包含了查询对象的基本信息和其相关的其他对象，如罗纳尔多的国籍、年龄、婚姻状况、子女信息等，那么我们不用再做多余的操作。在最短的时间内，我们获取了最为简洁、最为准确的信息。

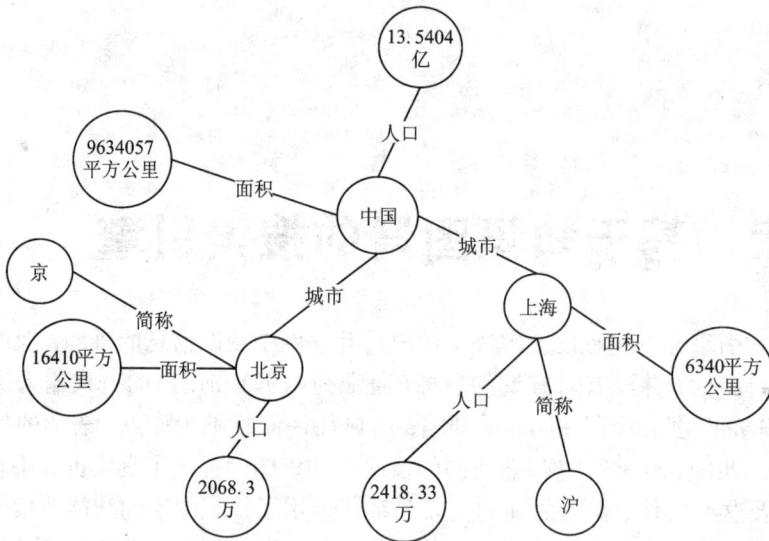

图 10 - 1   知识图谱图

图 10 - 2   Google 中搜索"罗纳尔多"的结果

美国的微软"必应"、国内的百度"知心"、搜狗"知立方"等搜索引擎巨头也于 2013 年加入到这一新的技术路线中，并且发展势头迅猛。表 10 – 1 是知识图谱数量变化表，表 10 – 2 是目前已公开的知识图谱库的信息。

表 10 – 1　知识图谱数量变化表

时间	知识图谱数量
2017 – 03 – 16	1139
2014 – 08 – 30	570
2011 – 09 – 19	295
2010 – 09 – 22	203
2009 – 07 – 14	95
2008 – 09 – 18	45
2007 – 11 – 07	28
2007 – 05 – 01	12

表 10 – 2　目前已公开的知识图谱库信息

知识图谱名称	内容信息来源	数据级别
Freebase	混合网络数据	6800 万实体，10 亿关系
DBpedia	维基百科	1900 万实体，1 亿关系
Data. gov	美国政府官方网站	64 亿关系
Wiki – links	维基百科	4000 万排歧义的关系
Wolfram Alpha	计算知识	10 万亿实体
YAGO	维基百科、Wordne、GeoNames	1000 万实体，1.2 亿条实体关系

知识图谱的构建是后续应用的基础。知识图谱构建从最原始的数据（包括结构化、半结构化、非结构化数据）出发，采用一系列自动或者半自动的技术手段，从原始数据库和第三方数据库中提取知识事实，并将其存入知识库的数据层和模式层。这一过程包含数据获取、信息抽取、知识融合、知识加工四个阶段，每一次更新迭代均包含这四个阶段。图 10 – 3 展现了知识图谱的构建过程。本章后面章节主要介绍知识图谱构建过程的这四个阶段。

知识图谱主要有自顶向下（top – down）与自底向上（bottom – up）两种构建方式。自顶向下指的是先为知识图谱定义好本体与数据模式，再将实体加入到知识库。该构建方式需要利用一些现有的结构化知识库作为其基础知识库，例如，Freebase 项目就是采用这种方式，它的绝大部分数据是从维基百科中得到的。自底向上指的是从一些开放链接数据中提取出实体，选择其中置信度较高的加入到知识库，再构建顶层的本体模式。目前，大多数知识图谱都采用自底向上的方式进行构建，其中最典型的就是 Google 的 Knowledge Vault 和微软的 Satori 知识库。

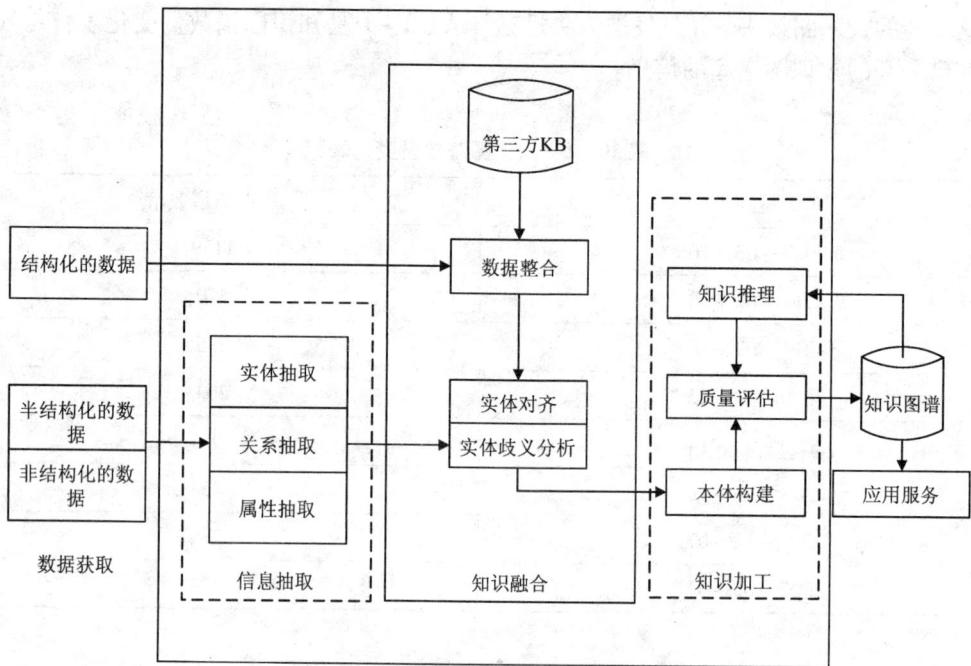

图 10 - 3   知识图谱的构建过程

10.2   知识图谱的数据获取

知识图谱的构建前提是寻找合适的数据源。有了数据源的准确性才能确定知识图谱的合理性。知识图谱的数据源主要包括结构化的、半结构化、非结构化的数据。知识图谱的主要数据源包括以下几方面。

1. 已公开的知识库

目前最著名的已公开的知识库就是维基百科。目前维基百科已经收录了超过 2200 万词条，英文版目前收录了近 500 万条词条。每个词条对应现实世界的某个概念，是由世界各地的编辑者义务协同编纂内容。维基百科现在是全球浏览人数排名第 6 的网站。国内的搜索引擎公司也采用众包模式建立了自己的大百科平台，如"百度百科""搜狗百科"等。这类大规模的在线百科是非常不错的数据源，它们不仅数据量大而且数据准确。

除了维基百科等大规模在线百科外，各大搜索引擎公司、机构维护和发布的其他各类开源的大规模知识图谱库也是很好的数据源，例如谷歌收购的 Freebase、DBpedia 是德国莱比锡大学等机构发起的项目，从维基百科中抽取实体关系；YAGO 则是德国马克斯·普朗克研究所发起的项目，也是从维基百科和 Word Net 等知识库中抽取实体。此外，在众多专门领域还有领域专家整理的垂直领域知识库。

2. 互联网的链接数据

互联网的链接数据是一种结构化信息。国际万维网组织 W3C 在 2007 年发起了开放互联数据项目(linked open data, LOD),其发布数据集示意图如图 10 - 4 所示。该项目旨在将由互联文档组成的万维网(Web of documents)扩展成由互联数据组成的知识空间(Web of data)。LOD 以 RDF(resource description framework)形式在 Web 上发布各种开放数据集,RDF 是一种描述结构化知识的框架,它将实体间的关系表示为(实体1,关系,实体2)的三元组。LOD 还允许在不同来源的数据项之间设置 RDF 链接,实现语义 Web 知识库。目前世界各机构已经基于 LOD 标准发布了数千个数据集,包含数千亿 RDF 三元组,这些也是构建知识图谱的数据来源之一。

随着 LOD 项目的推广和发展,互联网会有越来越多的信息以链接数据的形式发布,然而各机构发布的链接数据之间存在严重的异构和冗余等问题,如何实现多数据源的知识融合,是 LOD 项目面临的重要问题。

3. 互联网网页

与海量的互联网网页数据相比,维基百科等知识库仍只能算九牛一毛。因此,人们还需要从互联网网页中直接抽取知识。与从维基百科中抽取的知识库相比,网页中的数据量大,但大量是非结构化信息,准确率较低,其主要原因在于网页形式多样、噪声信息较多、信息可信度较低。与基于上述知识库的构建知识图谱不同,从无结构的互联网网页中抽取结构化信息建立知识图谱难度更大。

从互联网上抽取信息是属于开放领域的信息抽取,很多研究者致力于该领域的研究。如华盛顿大学 Oren Etzioni 教授主导的"开放信息抽取"(open information extraction, OpenIE)项目,以及卡耐基梅隆大学 Tom Mitchell 教授主导的"永不停止的语言学习"(never - ending language learning, NELL)项目。OpenIE 项目所开发的演示系统 Text Runner 已经从 1 亿个网页中抽取出了 5 亿条事实,而 NELL 项目也从 Web 中学习抽取了超过 5 千万条事实样例。

互联网网页上不仅存在无结构化的数据,也存在着半结构化数据(如 HTML 表格),可以用来抽取相关实体的属性值来丰富实体的描述。此外,可以通过搜索日志(query log)发现新的实体或新的实体属性,从而不断扩展知识图谱的覆盖率。

10.3　信息抽取

在知识图谱构建过程中,信息抽取阶段主要是从各类非结构化和结构化的数据源中抽取实体、关系和属性。信息抽取质量的好坏直接关系到知识图谱的知识是否正确,是确保知识图谱成功的关键。本小节主要围绕着实体抽取、关系抽取和属性抽取进行介绍。

10.3.1　实体抽取

实体抽取也叫命名实体识别(named entity recognition),指的是从原始数据语料中自动识别出命名实体。由于实体是知识图谱中的最基本元素,其抽取的完整性、准确率、召回率等将直接影响到知识图谱构建的质量。因此,实体抽取是知识抽取中更为基础与关键的一步。

命名实体抽取通常包括两个任务：实体边界识别，即抽取出实体；确定抽取出实体的实体类别（人名、地点、机构或其他）。图 10 - 4 是实体抽取示意图，从图中可以看出实体识别要从"美国总统特朗普有望受邀访问俄罗斯"中抽取出实体"美国""特朗普"和"俄罗斯"，并且识别出实体的类别，如"美国"和"俄罗斯"属于实体类别"地点"，"特朗普"属于"人名"。传统的命名实体（NE）类别有人（person）、地点（location）、组织（organization）。与传统文本相比，Web 中的命名实体类型更丰富，如电影名、产品名，软件、游戏和小说等。并且这些命名实体在网络上的名字有可能是非正式的（informal）。因此，对互联网上的文本进行实体抽取，实体类型更多，难度更大。

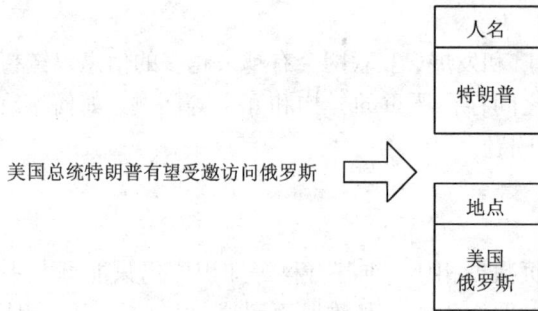

图 10 - 4   实体抽取示意图

实体抽取的方法可以分为四种：基于百科站点或垂直站点提取、基于规则与词典的方法、基于统计机器学习的方法以及基于混合的方法。基于百科站点或垂直站点提取则是一种很常规的基本提取方法；基于规则的方法通常需要为目标实体编写模板，然后在原始语料中进行匹配；基于统计机器学习的方法主要是通过机器学习的方法对原始语料进行训练，然后再利用训练好的模型去识别实体。

1. 基于百科站点或垂直站点提取

基于百科站点或垂直站点提取这种方法是从百科类站点（如维基百科、百度百科、互动百科等）的标题和链接中提取实体名。维基百科正文中的链接指向另外的一个实体页面。因此，可以将该链接对应的词语作为一个实体。图 10 - 5 中，Flower 页面上的"Blossom"为一个链接，因此"Blossom"为一个实体。

Mihalcea & Csomai（2007）根据每个短语 w 在文档集作为链接出现的频率 $CF(w_l)$ 与总的出现频率 $CF(w)$ 之比：$CF(w_l)/CF(w)$，认为如果该值大于阈值，确定其为实体。

但不是所有正文中的实体都会被维基百科标记为一个链接，因此，要识别这些正文中的实体可以基于词性标注的方式。这种方法的优点是可以得到开放互联网中最常见的实体名，其缺点是对于中低频的覆盖率低。与一般性通用的网站相比，垂直类站点的实体提取可以获取特定领域的实体。

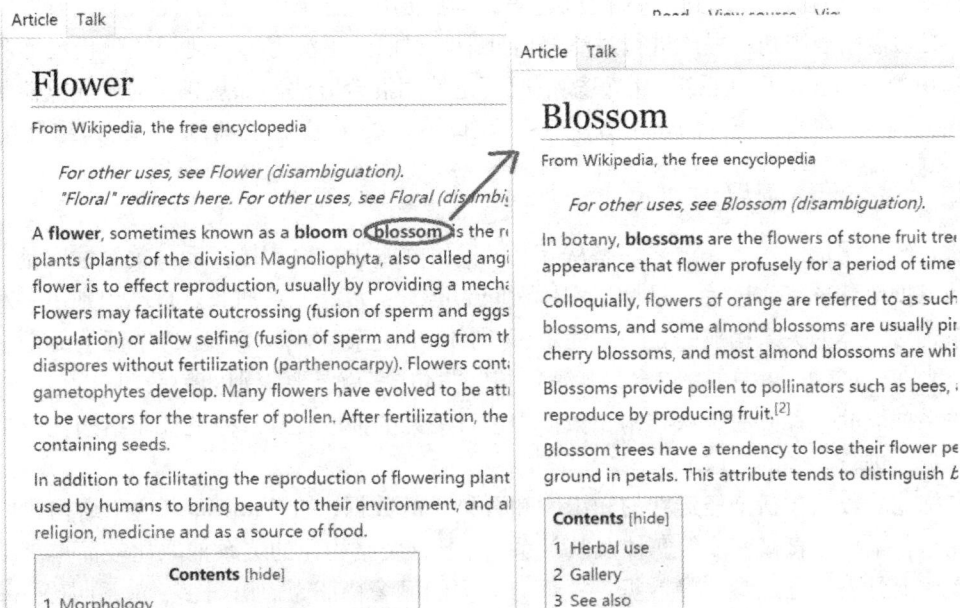

图 10-5　维基百科的例子页面

2.基于规则与词典的实体提取方法

早期的实体抽取是在限定文本领域、限定语义单元类型的条件下进行的，主要采用的是基于规则与词典的方法，例如，ChInchor N(1998)使用已定义的规则，抽取出文本中的人名、地名、组织机构名、特定时间等实体。Rau L. F (1991)实现了一套能够抽取公司名称的实体抽取系统，其中主要用到了启发式算法与规则模板相结合的方法。然而，基于规则模板的方法不仅需要依靠大量的专家来编写规则或模板，且覆盖的领域范围有限，而且很难适应数据变化的新需求。

3.基于统计机器学习的实体抽取方法

鉴于基于规则与词典实体的局限性，基于统计机器学习的实体抽取方法更有可扩展性相关研究人员将机器学习中的监督学习算法用于命名实体的抽取问题上。基于统计的方法利用人工标注的语料进行训练，标注语料时不需要广博的语言学知识，并且可以在较短时间内完成。基于统计机器学习的方法主要包括隐马尔科夫模型(hidden markov model，HMM)、最大熵(maximunm entropy，ME)、支持向量机(support vector machine，SVM)、条件随机场(conditional random fields，CRF)等。在统计机器学习方法中，可以将各类统计模型与算法结合起来，将前一级模型的结果作为下一级的训练数据，并用这些训练数据对模型进行训练，得到下一级模型。这种方法在具体实现过程中需要考虑怎样高效地将两种方法结合起来，采用什么样的集成技术。可以用于分类算法的集成技术主要包括 Voting、XVoting、GradingVal、Grading 等。

4. 混合方法

自然语言处理并不完全是一个随机过程,单独使用基于统计的方法使状态搜索空间非常庞大,必须借助规则知识提前进行过滤修剪处理。目前几乎没有单纯使用统计模型而不使用规则知识的命名实体识别系统,在很多情况下是使用混合方法。如规则、词典和机器学习方法之间的融合,在基于统计的学习方法中引入部分规则,将机器学习和人工知识结合起来。

10.3.2　关系抽取

构建知识图谱的重要来源之一是从互联网网页文本中抽取实体关系。关系抽取是一种典型的信息抽取任务。实体关系是标记实体间的语义关系。关系抽取是自动识别由一对实体和联系这对实体的关系构成的相关三元组:(实体1,关系,实体2)。以"中国上海是金融中心"为例,就包含了:(中国,包含,上海)。其中"包含"就是要识别的关系。

关系抽取的一种方法是从结构化数据中进行关系的抽取;另一种是从非结构化或半结构化的数据中进行关系的抽取。

结构化的数据包括已经建立的知识库和百科类的数据,如 Wikidata。这些结构化的数据中已经包含了可以直接获取的实体及其关系,并且这类结构化的关系抽取比较简单。结构化数据实质上是人工已经参与的数据。这部分数据的显著特征为短语居多、关系明确、基本无歧义,属于简单的实体关系集。复杂的关系集合需要通过非结构化文本抽取。

对非结构化和(半结构化)数据的关系抽取,在早期的关系抽取研究领域中,常常使用基于模式匹配的方法。通过制定模式关系列表,首先将文本和模式匹配,匹配成功后,根据模式中的关系约定直接提取。典型的方法有基于触发词的 Pattern 方法和基于依存分析的 Pattern 方法。基于触发词的 Pattern 方法首先定义一组种子,如图 10-6 所示。

其中,触发词为老婆、妻子、配偶等。根据这些触发词找出夫妻关系这种关系,同时通过命名实体识别给出关系的参与方。

"基于依存分析的 Pattern"方法是以动词为起点,构建规则,对节点上的词性和边上的依存关系进行限定。一般情况下是形容词+名字或动宾短

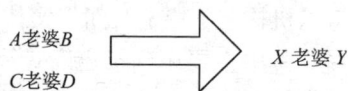

图 10-6　基于触发词的 Pattern 方法

语等情况,因此相当于以动词为中心结构做的 Pattern。如图 10-7 所示,匹配识别过程是:首先将句子生成依存树,在依存树上匹配规则,将符合规则的子树生成三元组。

这种处理方式提取准确率较高,但覆盖率却比较低,且过于依赖模式,不够灵活。在少量的数据集上可以采用该方法,但不太合适对互联网上海量的大数据进行抽取。在海量数据上进行抽取,通常采用机器学习的方法进行实体关系抽取。

Boot Strapping 方法是关系抽取领域常用的一种机器学习方法,首先要手工设定若干种子实例,然后迭代地从数据中抽取关系对应的关系模板和更多的实例。例如,最初可以通过"X 是 Y 的首都"模板抽取出(中国,首都,北京)、(美国,首都,华盛顿)等三元组实例;然后根据这些三元组中的实体对"中国-北京"和"美国-华盛顿"发现更多的匹配模板,如"Y 的首都是 X"、"X 是 Y 的政治中心"等,进而用新发现的模板抽取更多新的三元组实例,通过反复迭代不断抽取新的实例与模板。在基于 Boot Strapping 方法的实体关系抽取方法直观有效,

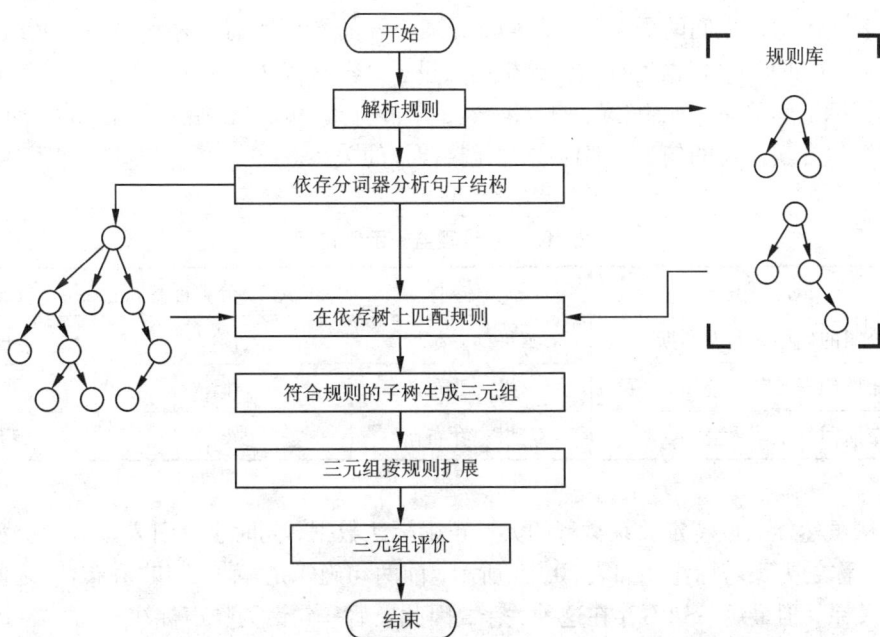

图 10 - 7　基于依存分析的 Pattern

但在扩展过程中很容易引入噪声实例与模板，出现语义漂移现象，降低抽取准确率。一个关键的问题就是如何对获取的模式进行过滤，以免将过多的噪声引入迭代过程中而导致"语义漂移"问题。为了解决这个问题，专家们提出了协同学习(co - learning)方法，该方法利用两个条件独立的特征集来提供不同且互补的信息，从而减少标注错误。

　　一些分类器，如最大熵、SVM 分类器和条件随机场，甚至是深度学习算法也被应用到实体识别中。基于分类器的实体关系抽取方法实质是将知识图谱中的实体关系抽取问题视为分类问题。通过机器学习算法，首先在人工标注的语料库上进行特征学习；其次将学习到的特征应用到预测数据中；最后得到期望的结果。该方法的主要思想是从关系句子实例的上下文中提取有用信息(包括词法信息、句法信息)作为特征，构造特征向量(或者特征核)，然后采用合适的分类器进行分类。但该方法的问题在于需要大量的人工标注训练语料，而语料标注工作通常非常耗时耗力。

　　近年来，相关专家学者提出了开放式实体关系抽取方法，该方法能避免针对特定关系类型人工构建语料库，可以自动地完成关系类型发现和关系抽取任务。在开放式实体关系抽取方法中，2009 年斯坦福大学研究者提出远程监督(distant supervision)思想，使用知识图谱 Free Base 中已有的三元组实例启发式地标注训练语料。远程监督实体关系抽取通过借助与外部领域无关的实体知识图谱库(如 DBPedia、YAGO、Free Base 等)将高质量的实体关系实例映射到大规模文本中，根据文本对齐方法从中获得训练数据，然后使用监督学习方法来解决关系抽取问题。这类训练数据构造方法的具体实现步骤是：

　　(1)从知识库中抽取存在关系的关系三元组实例。

　　(2)从非结构化文本中抽取含有实体对的句子作为训练样例。

远程监督的基本假设：若已知两个实体存在某种语义关系，所有包含这两个实体的句子都潜在地表达了它们之间的语义关系。例如，某公开的知识图谱中存在关系三元组实例（苹果，创始人，乔布斯），根据远程监督思想的假设，很容易将文本集中所有含有苹果和乔布斯的句子全都标记为关系三元组（苹果，创始人，乔布斯），都是"创始人"的关系。如表 10 - 3 所示的三个包含实体对的句子，都标注了"创始人"的关系。

表 10 - 3　远程监督示例句子

句子	实体对	关系/分类标签	正确否
苹果公司的创始人是乔布斯。	< 苹果　乔布斯 >	创始人	正确
乔布斯创立了苹果公司。	< 苹果　乔布斯 >	创始人	正确
乔布斯回到了苹果公司。	< 苹果　乔布斯 >	创始人	错误

该方法虽然能获取特定关系类型的大量正确标注数据，同时也会引入该关系类型的大量噪声文本，称之为噪声标注。如表 10 - 3 所示，前两句确实是"苹果"和"乔布斯"之间存在着创始人的关系，但最后一句不存在这种关系，因此最后一句话为噪声标注。

10.3.3　属性抽取

属性抽取的任务是为每个本体语义类构造属性列表（如城市的属性包括面积、人口、所在国家、地理位置等），而属性值提取则为一个语义类的实体附加属性值。属性和属性值的抽取能够形成完整的实体概念的知识图谱维度。常见的属性和属性值抽取可以通过解析百科类站点中的半结构化信息（如维基百科的信息盒和百度百科的属性表格）而获得，如图 10 - 8 所示为百度百科中"上海"词条的属性表格。根据该属性表格，可以提取出上海的属性"面

中文名称	上海	机场	上海虹桥国际机场、上海浦东国际机场
外文名称	Shanghai	火车站	上海站、上海南站、上海虹桥站、上海西站等
别 名	申城、魔都、沪上、东方巴黎	车牌代码	沪A - 沪N
行政区类别	直辖市	地区生产总值	30133.86亿元（2017年）
所属地区	中国华东	人均生产总值	124606元（2017年）
下辖地区	16个市辖区	人均支配收入	58988元（2017年）[19]
政府驻地	上海市黄浦区人民大道200号	消费品零售额	11830.27亿元（2017年）[19]
电话区号	021	住户存款总额	25112.99亿元（2016年）[15]
邮政区码	200000	著名人物	胡适、顾维钧、厉麟似、张爱玲等
地理位置	长江入海口南岸，东海之滨	著名高校	复旦、交大、同济、华师、东华等
面 积	6340平方公里	市委书记	李强（中共中央政治局委员）
人 口	2418.33万（2017年常住人口）	市 长	应勇（中共中央委员）
方 言	吴语-太湖片-苏沪嘉小片-上海话	行政代码	310000
气候条件	亚热带季风气候	城市精神	海纳百川、追求卓越
著名景点	外滩、豫园、南京路、人民广场、静安寺、新天地、迪士尼乐园等	人类发展指数	0.852（极高，2014年）
		城市简称	沪、申
		市树市花	法国梧桐、白玉兰

图 10 - 8　百度百科中"上海"词条的属性表格

积"为 6340 平方公里。

　　常见的属性和属性值抽取也可以是从垂直网站中进行包装器归纳,从网页表格中抽取,以及利用手工定义或自动生成的模式从句子和查询日志中提取。

　　尽管通过这种简单手段能够得到高质量的属性,但同时需要采用其他方法来增加覆盖率(即为语义类增加更多属性以及为更多的实体添加属性值)。

10.4　知识融合

　　通过实体抽取及实体关系抽取之后,知识图谱基本模型已经构建完毕,但因为知识图谱来自于各个数据源,需要对各个知识图谱中的实体和实体关系做进一步知识融合处理,以保障知识图谱中的实体和实体关系的正确性和一致性,为用户带来价值。

　　实体链接是解决知识融合的关键技术。实体链接的一般流程是:从文本中通过实体抽取得到实体指称项;进行实体消歧和实体对齐,判断知识库中的同名实体与之是否代表不同的含义,以及知识库中是否存在其他命名实体与之表示相同的含义;在确认知识库中对应正确实体对象之后,将该实体指称链接到知识库中对应实体。本节主要针对实体对齐和实体歧义分析进行详细介绍。

10.4.1　实体对齐

　　在进行实体抽取过程中,由于实体并不一定来自于同一数据源,使得同一实体在不同的数据源中有不同的表达方式,如"中国移动通信集团公司"又称为"中国移动""中移",我们需要将这些不同名称规约到同一个实体下。同一个实体在不同语言、不同国家和地区往往会有不同命名,如美国总统 Donald Trump 在大陆汉语中称作"特朗普",在中国台湾叫做"川普"。

　　实体对齐技术主要用于解决多个指称项对应于同一实体对象的问题。利用实体对齐技术,将这样的实体进行合并。整个合并的过程称为实体对齐。

　　进行实体对齐的相关实体信息,遵守如下几个规则:

　　(1)具有相同属性和属性值的实体。

　　(2)实体对外实体关系中,绝大多数实体关系存在于子集或者包含关系中。

　　(3)实体字符描述语义相似度极高,根据语义相似度高的。

　　以"中国移动"和"中移"为例,如图 10 - 9 所示。在图 10 - 9 中,通过观察发现,"中国移动"和"中移"的属性相同,因此可以确定它们描述的是同一个实体。

　　知识库实体对齐的算法可分为成对实体对齐与集体实体对齐两大类,而集体实体对齐又可分为局部集体实体对齐与全局集体实体对齐。

　　1. 成对实体对齐方法

　　(1)基于传统概率模型的实体对齐方法主要就是考虑两个实体各自属性的相似性,而并不考虑实体间的关系。

　　(2)基于机器学习的实体对齐方法主要是将实体对齐问题转化为二分类问题。根据是否使用标注数据可分为有监督学习与无监督学习两类,基于监督学习的实体对齐方法主要可分

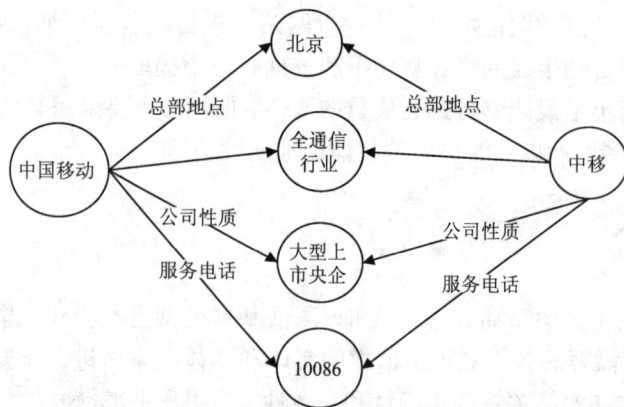

图 10 – 9　实体"中国移动"和"中移"在知识图谱中的关系

为成对实体对齐、基于聚类的对齐、主动学习。

2. 局部集体实体对齐方法

局部集体实体对齐方法为实体本身的属性以及与它有关联的实体的属性分别设置不同的权重，并通过加权求和计算总体的相似度，还可使用向量空间模型以及余弦相似性来判别大规模知识库中的实体的相似程度。

3. 全局集体实体对齐方法

（1）基于相似性传播的集体实体对齐方法是一种典型的集体实体对齐方法，匹配的两个实体与它们产生直接关联的其他实体也会具有较高的相似性。

（2）基于概率模型的集体实体对齐方法主要采用基于概率模型的集体实体对齐方法统计关系学习进行计算与推理，常用的方法有 LDA 模型、CRF 模型、Markov 逻辑网等。

10.4.2　实体歧义分析

在实际语言环境中，同一个名字在不同语境下可能会对应不同实体，这是典型的一词多义问题，如"苹果"有时是指一种水果，有时则指的是一家著名 IT 公司。实体消歧是在一个命名实体的指称项可以对应多个实体概念时，把具有歧义的指称项映射到它实际所指实体的概念上。如"苹果的创始人是乔布斯"中的"苹果"指的是 IT 公司。

实体消歧是根据实体指称字符串，在知识库中获取候选实体，然后对候选集中的实体进行排序，达到消除歧义的目的。如图 10 – 10 中，根据"苹果"确定候选实体集为{"水果"，"IT 公司"，"电影"}，需要对这三个候选实体进行排序。

实体消歧可以分为有监督学习的方法和无监督学习的方法。有监督的算法主要采用机器学习排序的框架（5.6 小节有详细介绍），如 Rank SVM 等。无监督学习方法主要是利用上下文相关信息进行实体聚类的方法来消除实体的歧义。

监督式学习方法又可以分为独立消歧，即不考虑实体指称所在上下文中的其他实体；文档整体实体消歧是在对实体指称所在文档中的其他实体进行联合消歧；跨文档联合消歧，即

文本：苹果发布新一代iphone

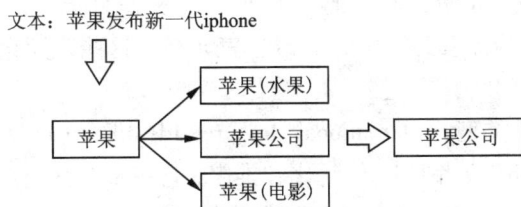

图 10 - 10　实体消歧示意图

消歧不仅考虑当前文档，还要考虑类似实体指称在类似的其他文档中的情况。

目前，命名实体识别主要利用两个方面的知识：一是上下文信息，即待消歧实体周围的词语；二是外部知识库，其中包括实体的类别信息、实体间关联等。

在实体消歧中，上下文相关的特征的常用特征包括：词汇特征通常指待消解词上下窗口内出现的词及其词性；句法特征利用待消解词在上下文中的句法关系特征，如动/宾关系、是否带主/宾语、主/宾语组块类型、主/宾语中心词等；语义特征在句法关系的基础上添加了语义类信息，如主/宾语中心词的语义类，甚至还可以是语义角色标注类信息等。

常用的外部资源主要是已有的知识库，如 Wikipedia，DBpedia 等。维基知识库（Wikipedia）是目前最大的在线百科全书，每篇文章讲述一个主题，其标题是一个简明短语，类似于传统辞典中的词语。同时，每篇文章至少属于一个维基类别。文章之间的超链接蕴含着丰富的语义关系，如同义词、相关词、上位词等。Dredze(2010)利用 Wikipedia 中 Infox 的分类属性来推断候选集实体的类型等。杜婧君等人(2012)采用中文维基百科作为世界知识，同时以待消歧命名实体在维基百科中的消歧页包含的词义选项为候选的命名实体概念，在充分利用维基百科页面信息和链接信息，以及命名实体上下文信息的基础上，实现中文命名实体的消歧。

10.5　知识表示与知识推理

10.5.1　知识表示

知识图谱是由一些相互连接的实体和他们的属性构成的。换句话说，知识图谱是由一条条知识组成。每条知识表示为一个 SPO 三元组（Subject – Predicate – Object）（图 10 –11）。其中，Subject 表示主语，Predicate 表示谓语，Object 表示宾语。

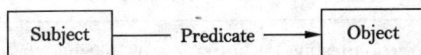

图 10 –11　SPO 三元组

在知识图谱中，我们用 RDF 形式化地表示这种三元关系。RDF（resource description framework），即资源描述框架，是 W3C 制定的，用于描述实体/资源的标准数据模型。一个

RDF 文件包含多个资源描述，而一个资源描述是由多个语句构成，一个语句由资源、属性类型、属性值构成的三元组表示资源具有的一个属性。资源对应于自然语言中的主语，属性类型对应于谓语，属性值对应于宾语，构成了 SPO 三元组。这些三元组在一起就组合成一张有关联的大图。

RDF 图中一共有三种类型：International Resource Identifiers(IRI), blank nodes 和 literals。我们可以将 IRI 看作是 URI 或者 URL 的泛化和推广，它在整个网络或者图中唯一定义了一个实体/资源，相当于一个资源 ID。literal 是字面量，我们可以把它看作是带有数据类型的纯文本。在 SPO 三元组，Subject 可以是 IRI 或 blank node，Predicate 是 IRI，而 Object 则是三种类型都可以。

例句：《Empire Burlesque》是 1985 年出版，作者是 Bob Dylan，价格为 10.9 美元。图 10 - 12 用 RDF 描述了该例句中实体间的 SPO 三元组关系。

```
< ? xml version = "1.0"? >    < ! - - XML 声明 - - >
< rdf：RDF  < ! - - RDF 文档根元素 - - >
xmlns：rdf = "http：//www.w3.org/1999/02/22 - rdf - syntax - ns#"  < ! - - 命名空间，规定了带有前缀 rdf
的元素来自命名空间 "http：//www.w3.org/1999/02/22 - rdf - syntax - ns#" - - >
xmlns：cd = "http：//www.recshop.fake/cd#" >  < ! - - 同上 - - >
 < rdf：Description  < ! - - 包含了对被 rdf：about 属性标识的资源的描述 - - >
rdf：about = "http：//www.recshop.fake/cd/Empire Burlesque" >  < ! - - 唯一标识一个资源 - - >
    < cd：artist > Bob Dylan < /cd：artist >  < ! - - 资源属性 - - >
       < cd：price > 10.90 < /cd：price >
       < cd：year > 1985 < /cd：year >
 < /rdf：Description >
 < /rdf：RDF >
```

图 10 - 12　RDF 文件样例

以上 RDF 代码生成的三元组如表 10 - 4 所示。

表 10 - 4　SPO 三元组样例

Subject	Predicate	Object
http：//www.recshop.fake/cd/Empire Burlesque	http：//www.recshop.fake/cd#artist	"Bob Dylan"
http：//www.recshop.fake/cd/Empire Burlesque	http：//www.recshop.fake/cd#year	"1985"
http：//www.recshop.fake/cd/Empire Burlesque	http：//www.recshop.fake/cd#year	"10.9"

表 10 - 4 中，"http：//www.recshop.fake/cd/Empire Burlesque" 是一个 IRI，用来表示"Empire Burlesque"这个实体。"http：//www.recshop.fake/cd#artist"也是一个 IRI，用来标识"作者"属性类别。属性值"Bob Dylan"为 literal。

一系列的三元组构成一个 RDF 图。图 10 - 13 就是表 10 - 11 对应的 RDF 图,其中椭圆表示资源,箭头表示属性,方框表示属性的值。

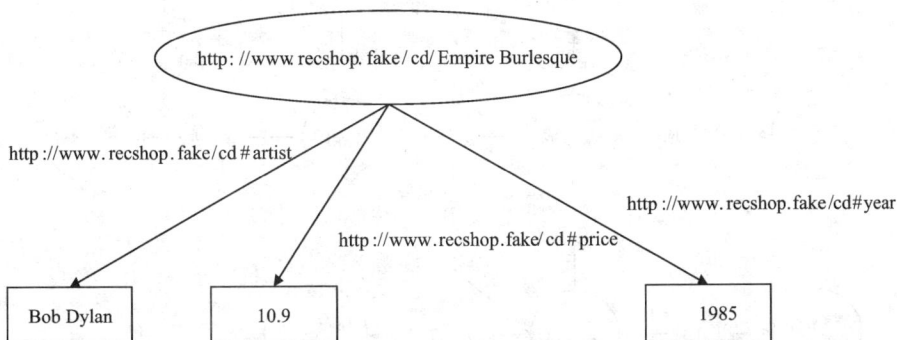

图 10 - 13　表 10 - 11 对应的 RDF 图

RDF 三元组数据结构非常简单和直观,与传统的关系型数据库存储相比,RDF 数据具有更好的可扩展性和可协作性。因此,在互联网的基础上,RDF 格式被作为构建语义网络(知识图谱)的标准。在这个标准上,人们理论上可以在任何地点对同一个主体(subject)做出自己的描述。大量的 RDF 数据构成一个 Knowledge Base 知识库(KB)。在现实应用中,各个领域或组织将自身所积累的数据通过 RDF 组织,构建自己的 KB,例如非常出名的维基百科 DBPedia、地理信息数据 GeoNames、计算机科学类文献数据系统 DBLP、词典 WordNet、电影数据库 IMDB 等。

10.5.2　知识推理

推理是人类智能的重要特征,是逻辑学、哲学、心理学及人工智能等学科的重要概念,早在古希腊时期著名的哲学家亚里士多德就提出了三段论作为现代演绎推理的基础。在计算机科学与人工智能领域,推理是一个按照某种策略,从已知事实出发去推出结论的过程。知识推理是知识图谱中很重要的一部分。它是根据知识图谱中已有的知识,推断出新的、未知的知识。

一个普通的知识图谱可能存在数百万的实体和数亿的关系事实,但不能完全地包括所有的实体和关系。直接利用已建立关系的实体对(或实体属性对)去回答用户的问题,难度非常大。通过知识推理可以补全知识图谱、丰富知识图谱,并且还可以用来检查知识库的不一致性(知识清洗)。

以图 10 - 14 所示的知识图谱为例,尽管知识图谱中"梁启超"和"林徽因"之间不存在实体的关系。但如果问"梁启超儿子的妻子是谁?",基于知识图谱中的搜索引擎根据关系推理,可以回答"林徽因",并且建立了梁启超和林徽因之间的实体关系。如果问"梁思成比林徽因大多少?",尽管知识图谱中没有这个属性,但是可以通过两人的出生日期推理得到答案:"梁思成比林徽因大 3 岁 1 个月"。

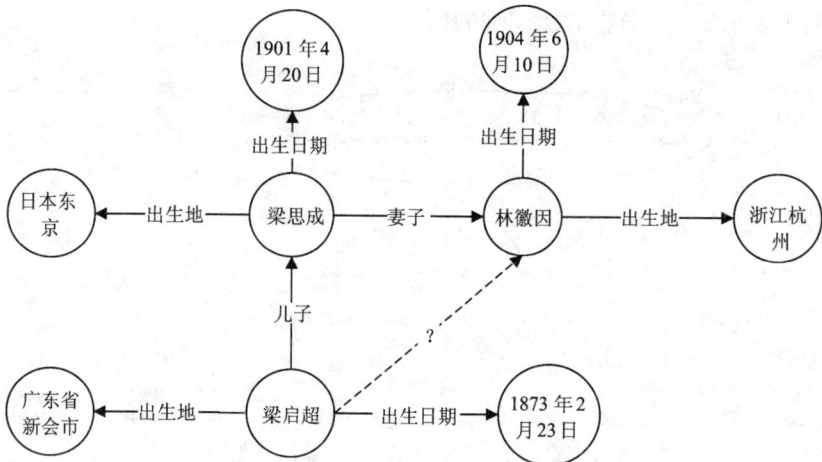

图 10 – 14 知识图谱实例图

知识推理可以分为对实体属性的推理和对实体关系的推理。对实体属性的推理主要包括对于会发生变化的实体属性值进行及时发现、推理、更新或者为实体创建新的属性；对实体之间关系的推理则是对实体之间潜在的关系进行推断和补充。对应知识推理的两个方面，推理规则包括针对实体属性的规则和针对实体关系的规则。知识推理的方法包括归纳推理与演绎推理。

归纳是从特殊到一般的过程。归纳推理是从一类事物的大量特殊事例出发，去推出该类事物的一般性结论。归纳推理主要用于学习推理规则，目前常用的归纳推理方法是机器学习中的归纳逻辑编程技术，包括基于一阶 Horn 子句的方法或一阶归纳逻辑（FOIL）。"永不停止的语言学习"（never – ending language learning，NELL）项目中，Tom Mitchell 教授就是采用一阶 Horn 子句的方式来预测实体之间的关联。

演绎是从一般到特殊的过程。演绎推理就是从一般性的前提出发，通过演绎（即推导）得出具体陈述或个别结论的过程。演绎推理主要用于推理具体事实。具体的算法主要是 Markov 逻辑网络。Markov 逻辑网络是将概率图模型与一阶谓词逻辑结合，核心思想是为规则绑定权重（规则概率化），软化一阶谓词逻辑的硬约束。

基于分布式表示的知识推理是将知识图谱中的实体和关系的语义信息用低维向量表示，根据这种分布式表示进行推理。推理的思想是：定义打分函数，衡量每个三元组成立的可能性，根据观测三元组构造优化问题，学习实体和关系的表示。其中最简单最有效的模型是 TransE 模型（Bordes 等人，2013）。TransE 将每个三元组实例（head，relation，tail）中的关系 relation 看作从实体 head 到实体 tail 的翻译，通过不断调整 h，r，t（head、relation 和 tail 的向量），使得（$h + r$）尽可能地与 t 相等，即 $h + r \approx t$（图 10 – 15）。TransE 的基本思想

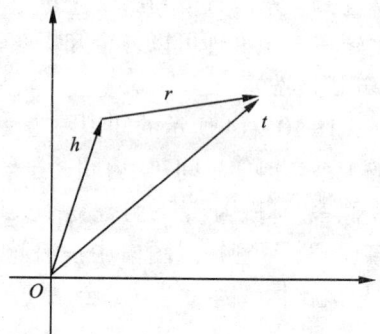

图 10 – 15 Trans E 示意图

是位移假设，即实体与关系都在一个向量空间，可以计算。例如，"中国"－"北京 ="法国"－"巴黎"="首都"，"北京"＋"首都"="中国"。其中，"中国""北京""法国"和"巴黎"是实体，"首都"为关系。

Trans E 中，三元组打分函数为 $F(h, r, t) = \parallel h + r - t \parallel_1$。通常情况下，当事实 h, r, t 成立时，期望最小化 $F(h, r, t)$。

10.6　基于知识图谱的智能搜索引擎

知识图谱将搜索引擎从字符串匹配推进到实体层面，可以极大地改进搜索效率和效果，为下一代智能搜索引擎的形态提供了巨大的想象空间。本小节主要介绍基于知识图谱的智能搜索引擎的架构，和目前知识图谱已经被广泛应用于搜索引擎的两个任务：查询理解和自动问答。

10.6.1　基于知识图谱的搜索结构

传统的搜索引擎以关键词进行检索，搜索引擎根据关键词与文档的相关度，返回给用户的是一组相关的链接序列。基于知识图谱的搜索引擎则是真正智能的搜索引擎，从文本分析为核心转变成了以知识发现为核心；并且让计算机真正理解用户的查询需求，给出准确答案而不是给出相关的链接序列；真正地实现在语义层面上进行信息检索。

由于功能发生了变化，搜索结构也相应地发生变化。用户需要获取更准确的信息，系统需要时间换取空间，知识图谱代替索引，优质的信息将转化为机器理解的知识，使得这些知识和机器发挥更大作用。图 10 – 16 是搜索结构的变化图。从图 10 – 16(a)中可以看出，传统搜索引擎需要对页面文本进行分词等预处理，建立索引库。索引库是传统搜索引擎的核心部分，搜索引擎需要根据索引库里存储的信息计算关键词与文档的相关度，根据相关度对页面进行排序，返回给用户排名最高的 N 个相关的页面链接。图 10 – 16(b)为基于知识图谱的搜

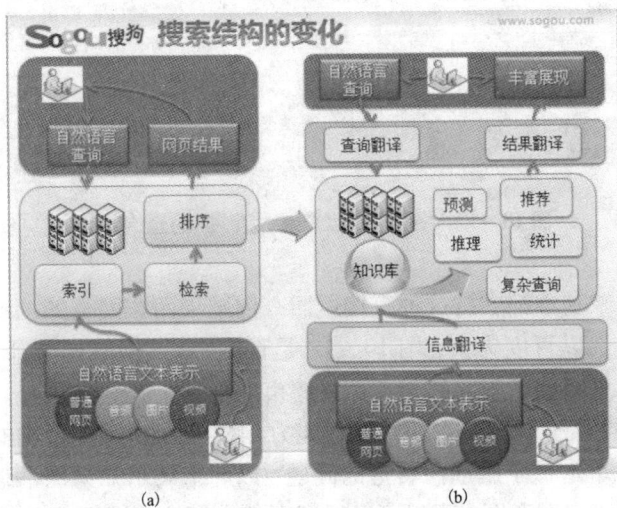

图 10 – 16　搜索结构的变化图（来自于搜狗）

索引擎的搜索结构。基于知识图谱的搜索引擎是以知识图谱作为核心，通过在知识图谱中的知识进行推理、预测，复杂查询等操作，直接返回给用户反馈结构化的知识。

10.6.2 查询理解

搜索引擎中的用户查询词是典型的短文本(short text)，一个查询词往往仅由几个关键词构成。传统的关键词匹配技术无法理解查询词背后的语义信息，查询效果可能会很差。谷歌等搜索引擎巨头之所以致力于构建大规模知识图谱，其重要目标之一就是能够更好地理解用户输入的查询词。

例如，对于查询词"李娜大满贯"，如果仅用关键词匹配的方式，李娜这个名字的人很多，包括某位著名歌手。搜索引擎根本不懂用户到底希望寻找哪个"李娜"，而只会机械地返回所有含有"李娜"这个关键词的网页。利用知识图谱中识别查询词中的实体及其属性，搜索引擎将能够更好地理解用户的搜索意图。现在，我们到谷歌中查询"李娜大满贯"会发现，首先谷歌会利用知识图谱在页面右侧呈现中国网球运动员李娜的基本信息，我们可以知道这个李娜是指中国网球女运动员。同时，谷歌不仅像传统搜索引擎那样返回匹配的网页，更会直接在页面最顶端返回李娜赢得大满贯的次数"2"，如图 10 - 17 所示。

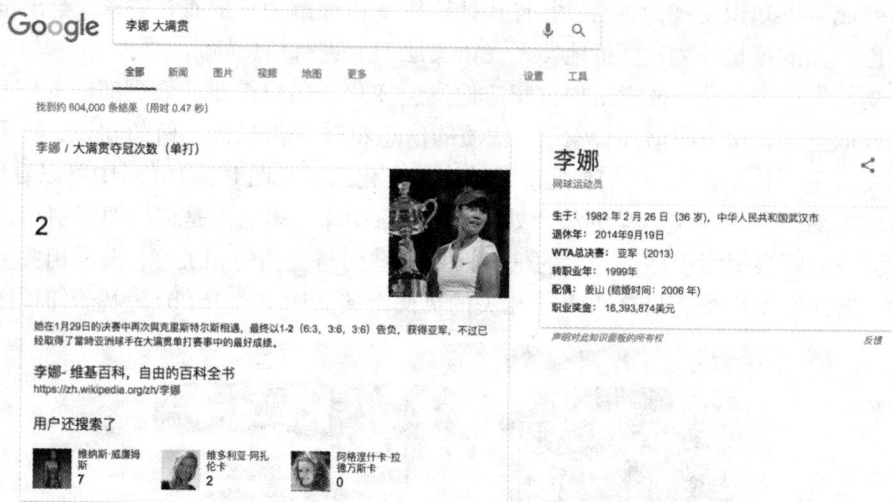

图 10 - 17   谷歌中对"李娜大满贯"的查询结果

主流商用搜索引擎基本都支持这种直接返回查询结果而非网页的功能，这背后离不开大规模知识图谱的支持。以百度为例，图 10 - 18 是百度中对"微软的总部"的查询结果，百度直接告诉用户微软的总部位于华盛顿州雷德蒙德市。

基于知识图谱，搜索引擎还可以获得推理能力。图 10 - 19 是在搜狗的中文知识图谱服务"知立方"上提出的一个近似于脑筋急转弯的问题，以此来展示知识图谱强大的推理能力。

采用知识图谱理解查询意图，不仅可以返回更符合用户需求的查询结果，还能更好地匹配商业广告信息，提高广告点击率，增加搜索引擎受益。因此，知识图谱对搜索引擎公司而言，是一举多得的重要资源和技术。

图 10 – 18　百度中以地"微软的总部"的查询结果

图 10 – 19　搜狗中的查询结果

10.6.3   自动问答

自动问答(question answering, QA)是指利用计算机自动回答用户所提出的问题以满足用户知识需求的任务。不同于现有搜索引擎,问答系统是信息服务的一种高级形式,系统返回用户的不再是基于关键词匹配排序的文档列表,而是精准的自然语言答案。近年来,随着人工智能的飞速发展,自动问答已经成为倍受关注且发展前景广泛的研究方向。2011 年,华盛顿大学图灵中心主任 Etzioni 在 *Nature* 上发表的 Search Needs a Shake – Up("搜索需要一场变革")中明确指出:在万维网诞生 20 周年之际,互联网搜索正处于从简单关键词搜索走向深度问答的深刻变革的风口浪尖上。以直接而准确的方式回答用户自然语言提问的自动问答系统将构成下一代搜索引擎的基本形态。

自动问答的核心就是知识图谱构建的知识库和在知识图谱上的推理能力。如在百度上输入问句"梁思成比他妻子大多少?",百度搜索引擎基于百度知识图谱"知心",利用知识图谱中实体间复杂关系推理得到结果:"梁思成的妻子是林徽因",再进一步根据"梁思成"和"林徽因"两个实体的"出生时间"属性推理得到"大 3 岁 1 个月"。图 10 – 20 是百度返回结果的界面。

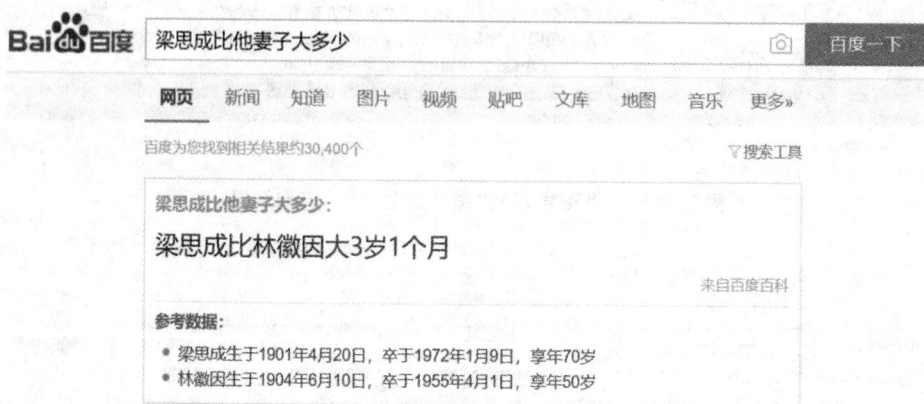

图 10 – 20   百度中"梁思成比他妻子大多少?"的查询结果

无论是理解用户查询意图还是探索新的搜索形式,都毫无例外地需要进行语义理解和知识推理,而这都需要大规模、结构化的知识图谱的有力支持,因此知识图谱成为各大互联网公司的必争之地。最近,微软联合创始人 Paul Allen 投资创建了艾伦人工智能研究院(allen institute for artificial intelligence),致力于建立具有学习、推理和阅读能力的智能系统。

知识图谱为计算机智能信息处理提供了巨大的知识储备和支持,将让现在的技术从基于字符串匹配的层次提升至知识理解层次。以上介绍的几个应用可以说只能窥豹一斑。知识图谱的构建与应用是一个庞大的系统工程,其所蕴藏的潜力和可能的应用,将伴随着相关技术的日渐成熟而不断涌现。

本章小结

随着互联网海量信息的增长，传统的基于关键词的搜索已经不能满足用户对信息搜索的需求。知识图谱描述了真实世界中存在的各种实体和概念，以及这些实体、概念之间的关系，是提高信息搜索能力的重要手段，也是下一代智能搜索引擎的发展方向。本章详细介绍了知识图谱的来源、发展现状和构建知识图谱的流程。并且围绕构建流程，详细地介绍了信息抽取、知识融合、知识表示与推理中的关键技术。最后，本章将基于知识图谱的智能搜索引擎与传统搜索引擎的搜索结构进行对比，并且介绍了知识图谱在搜索引擎中的应用。知识图谱对未来的搜索引擎明确了一个新的方向，但在未来的一段时间里内，知识图谱将是智能搜索引擎领域的前沿研究问题，有很多重要的问题等待着学术界和商业界解决。

习题

1. 根据你自己的理解阐述出什么是知识图谱。

2. 知识图谱的数据来源分别有哪几种？它们分别有什么特点？

3. 知识表示中 RDF 模型是什么？

4. 什么叫实体抽取？实体抽取的方法主要是那几种？

5. 关系抽取的方法主要是哪几种？并简单介绍一下这些方法。

6. 为什么要进行实体对齐和实体歧义分析？

7. 知识推理目前主要采用的方法是什么？知识推理有什么作用？

8. 除了书上描述的知识图谱应用场景，你还能想到知识图谱的应用有哪些？请举例说明。

参考文献

[1] Abusukhon A, TalibM. Improving the load balance for hybrid partitioning scheme by directing hybrid queries [C]// Iasted International Conference on Parallel and Distributed Computing and Networks. ACTA Press, 2008: 238 –244.

[2] Allan J. HARD Track Overview in TREC 2004 (Notebook) High Accuracy Retrieval from Documents[J]. Fourteenth Text Retrieval Conference, 2010: 25 –35

[3] Anh V N, Moffat A. Inverted Index Compression Using Word – Aligned Binary Codes [J]. Information Retrieval, 2005, 8(1): 151 –166.

[4] BaezaYates R, Castillo C, Marin M, et al. Crawling a country: better strategies than breadth – first for web page ordering[C]// Special Interest Tracks and Posters of the, International Conference on World Wide Web. ACM, 2005: 864 –872.

[5] BaezaYates R, Junqueira F, Plachouras V, et al. Admission Policies for Caches of Search Engine Results[C]// International Conference on String Processing and Information Retrieval. Springer – Verlag, 2007: 74 –85.

[6] BaezaYates R, Gionis A, Junqueira F P, et al. Design trade – offs for search engine caching[J]. Acm Transactions on the Web, 2008, 2(4): 1 –28.

[7] Banko M, Cafarella M J, Soderland S, et al. Open information extraction for the web[C]//IJCAI. 2007: 2670 –2676.

[8] Benczur A A. SpamRankFully Automatic Link Spam Detection[C]// International Workshop on Adversarial Information Retrieval on the Web. 2005: 25 –38.

[9] Blanco R. Document identifier reassignment through dimensionality reduction[C]// European Conference on Advances in Information Retrieval Research. Springer – Verlag, 2005: 375 –387.

[10] Bollacker K, Evans C, Paritosh P, et al. Freebase: a collaboratively created graph database for structuring human knowledge[C]//Proceedings of the 2008 ACM SIGMOD international conference on Management of data. ACM, 2008: 1247 –1250.

[11] Borodin A, Roberts G O, Rosenthal J S, et al. Finding authorities and hubs from link structures on the World Wide Web[C]// International Conference on World Wide Web. ACM, 2001: 415 –429.

[12] Brin S, Lawrence P. The anatomy of a largescale Web search engine[C]// in Proceedings of 7th International WWW Conference. 1999: 107 –117.

[13] Brin S. Extracting patterns and relations from the world wide we[M]. Berlin: Springer Heidelberg, 1999.

[14] Bordes A, Usunier N, Garcia – Duran A, et al. Translating Embeddings for Modeling Multi – relational Data [C]// International Conference on Neural Information Processing Systems. Curran Associates Inc. 2013: 2787 –2795.

[15] Broder A Z. Some applications of Rabin's fingerprinting method[J]. Sequences II, 1993: 143 – –152.

[16] Broder A Z, Glassman S C, Manasse M S, et al. Syntactic clustering of the Web[J]. Computer Networks &

Isdn Systems, 1997, 29(8 - 13): 1157 - 1166.

[17] Buckley C. New retrieval approaches using smart: Trec4[C]// Text Retrieval Conference. 1995: 25 - 48.

[18] Buckley C, Voorhees E M. Evaluating evaluation measure stability[C]// International ACM SIGIR Conference on Research and Development in Information Retrieval. 2000: 33 - 40.

[19] Burges C, Shaked T, Renshaw E, et al. Learning to rank using gradient descent [C]// International Conference on Machine Learning. ACM, 2005: 89 - 96.

[20] Büttcher S, Clarke C L A. A Hybrid Approach to Index Maintenance in Dynamic Text Retrieval Systems[C]// European Conference on Information Retrieval. Springer Berlin Heidelberg, 2006: 229 - 240.

[21] Büttcher S, Clarke C L A. Hybrid index maintenance for contiguous inverted lists[J]. Information Retrieval, 2008, 11(3): 175 - 207.

[22] Cao Y, Xu J, Liu T Y, et al. Adapting ranking SVM to document retrieval[J]. 2006: 186 - 193.

[23] Cao Z, Qin T, Liu T Y, et al. Learning to rank: from pairwise approach to listwise approach[C]// International Conference on Machine Learning. ACM, 2007: 129 - 136.

[24] Carterette B, Can F. Comparing inverted files and signature files for searching a large lexicon[J]. Information Processing & Management, 2005, 41(3): 613 - 633.

[25] Charikar MS. Similarity estimation techniques from rounding algorithms[C]// Thiry - Fourth ACM Symposium on Theory of Computing. ACM, 2002: 380 - 388.

[26] Chinchor N, Marsch E. Muc - 7 information extraction taskdefinition [C]//Proc of the 7th Message Understanding Conf. Philadelphia: Linguistic Data Consortium, 1998: 359 - 367.

[27] Cho J, Garcia - Molina H. The Evolution of the Web and Implications for an Incremental Crawler[C]// International Conference on Very Large Data Bases. Morgan Kaufmann Publishers Inc. 1999: 200 - 209.

[28] Cho J, GarciaMolina H. Parallel crawlers[C]// International Conference on World Wide Web. Stanford, 2002: 124 - 135.

[29] Cho J, GarciaMolina H. Effective page refresh policies for Web crawlers[J]. Acm Transactions on Database Systems, 2003, 28(4): 390 - 426.

[30] ChristopherD. Manning, HinrichSchutze. 统计自然语言处理基础[M]. 电子工业出版社, 2005.

[31] ChristopherD. Manning, PrabhakarRaghavan, et al. 信息检索导论[M]. 人民邮电出版社, 2010.

[32] Clarke C L A, Agichtein E, Dumais S, et al. The influence of caption features on clickthrough patterns in web search[C]// ACM, 2007: 135 - 142.

[33] Cossock D, Zhang T. Subset ranking using regression[C]// Conference on Learning Theory. Springer - Verlag, 2006: 605 - 619.

[34] Croft W B, Harper D J. Using probabilistic models of document retrieval without relevance information[J]. Journal of Documentation, 1979, 35(4): 285 - 295.

[35] Croft W B, Metzler D, Strohman T. 搜索引擎: 信息检索实践[M]. 机械工业出版社, 2010.

[36] Corby O, Zucker C F. The KGRAM abstract machine for knowledge graph querying[C]//2010 IEEE/WIC/ACM International Conference on Web Intelligence and Intelligent Agent Technology. IEEE, 2010: 338 - 341.

[37] Dredze M, Mcnamee P, Rao D, et al. Entity Disambiguation for Knowledge Base Population [C]// International Conference on Computational Linguistics. Association for Computational Linguistics, 2010: 277 - 285.

[38] Duan H, Hsu B J. Online spelling correction for query completion[C]// International Conference on World Wide Web. ACM, 2011: 117 - 126.

[39] Etzioni O. Search needs a shake - up[J]. Nature, 2011, 476(7358): 25.

［40］ Elias P. Universal codeword sets and representations of the integers［J］. IEEE Transactions on Information Theory, 1975, 21(2): 194 - 203.

［41］ Fetterly D, Manasse M, Najork M. On the evolution of clusters of near - duplicate Web pages［C］// Web Congress, 2003. Proceedings. First Latin American. IEEE, 2003: 37 - 45.

［42］ Fetterly D, Manasse M, Najork M. Spam, damn spam, and statistics: using statistical analysis to locate spam web pages［C］// International Workshop on the Web and Databases: Colocated with ACM Sigmod/pods. ACM, 2004: 1 - 6.

［43］ Freund Y, Iyer R, Schapire R E, et al. An efficient boosting algorithm for combining preferences［J］. Journal of Machine Learning Research, 2003, 4(6): 170 - 178.

［44］ Ghorbani A, Xing W. Weighted PageRank Algorithm. ［C］// Communication Networks and Services Research, 2004. Proceedings. Second Conference on. IEEE, 2004: 305 - 314.

［45］ Gyongyi Z, Berkhin P, GarciaMolina H, et al. Link spam detection based on mass estimation［C］// International Conference on Very Large Data Bases, Seoul, Korea, September. DBLP, 2006: 439 - 450.

［46］ Hanks P, Hanks P. Word association norms, mutual information, and lexicography［C］// Meeting on Association for Computational Linguistics. Association for Computational Linguistics, 1989: 76 - 83.

［47］ Haveliwala T H. Topic - sensitive PageRank: a context - sensitive ranking algorithm for Web search［J］. IEEE Transactions on Knowledge & Data Engineering, 2003, 15(4): 784 - 796.

［48］ Heinz S, Zobel J. Efficient single - pass index construction for text databases［J］. Journal of the American Society for Information Science & Technology, 2003, 54(8): 713 - 729.

［49］ Jing Y, Croft W B. An Association Thesaurus for Information Retrieval［C］// Proc. RIAO94, Conference on Intelligent Text and Image Handling. 1994: 146 - 160.

［50］ Kleinberg J M. Authoritative sources in a hyperlinked environment［J］. Journal of the Acm, 1999, 46(5): 604 - 632.

［51］ Kukich K. Technique for automatically correcting words in text［J］. Acm Computing Surveys, 1992, 24(4): 377 - 439.

［52］ Jürgen Koenemann, Belkin N J. A case for interaction: a study of interactive information retrieval behavior and effectiveness［C］// Sigchi Conference on Human Factors in Computing Systems. ACM, 1996: 205 - 212.

［53］ Lempel R, Moran S. The stochastic approach for link - structure analysis (SALSA) and the TKC effect［J］. Computer Networks, 2000, 33(1): 387 - 401.

［54］ Lester N, Zobel J, Williams H E. In - Place versus Re - Build versus Re - Merge: Index Maintenance Strategies for Text Retrieval Systems. ［C］// Computer Science 2004, Twenty - Seventh Australasian Computer Science Conference. DBLP, 2004: 15 - 22.

［55］ Lester N, Zobel J, Williams H. Efficient online index maintenance for contiguous inverted lists［J］. Information Processing & Management, 2006, 42(4): 916 - 933.

［56］ Li H. Learning to Rank for Information Retrieval and Natural Language Processing［M］. Morgan & Claypool Publishers, 2011.

［57］ Lin Y, Liu Z, Zhu X, et al. Learning entity and relation embeddings for knowledge graph completion［C］// Twenty - Ninth AAAI Conference on Artificial Intelligence. AAAI Press, 2015: 2181 - 2187.

［58］ Li Y, Wang C, Han F, et al. Mining evidences for named entity disambiguation［C］// ACM SIGKDD International Conference on Knowledge Discovery and Data Mining. ACM, 2013: 1070 - 1078.

［59］ Lin Y F, Tsai T H, Chou W C, et al. A Maximum Entropy Approach to Biomedical Named Entity Recognition ［C］// International Conference on Data Mining in Bioinformatics. Springer - Verlag, 2004: 56 - 61.

［60］Liu M, Jiang L, Hu H. Automatic extraction and visualization of semantic relations between medical entities from medicine instructions［J］. Multimedia Tools & Applications, 2017, 76(8): 10555 – 10573.

［61］Liu X, Zhang S, Wei F, et al. Recognizing named entities in tweets［J］. Acl, 2011, 1: 359 – 367.

［62］Luk R W P, Lam W. Efficient in – memory extensible inverted file［J］. Information Systems, 2007, 32(5): 733 – 754.

［63］Luhn, Hans Peter. A statistical approach to mechanized encoding and searching of literary information［J］. IBM Journal of Research and Development, 1957, 1(4): 309 – 317.

［64］Manku G S, Jain A, Sarma A D. Detecting near – duplicates for web crawling［C］// International Conference on World Wide Web. ACM, 2007: 141 – 150.

［65］Markatos E P. On caching search engine query results［J］. Computer Communications, 2001, 24(2): 137 – 143.

［66］Marin M, GilCosta V. High – performance distributed inverted files［C］// Sixteenth ACM Conference on Conference on Information and Knowledge Management. ACM, 2007: 935 – 938.

［67］Megiddo N, Modha D S. Outperforming LRU with an adaptive replacement cache［J］. Computer, 2004, 37 (4): 58 – 65.

［68］Moffat A. Self – indexing Inverted Files ofr Fast Text Retrieval［J］. Acm Trans Information Syst, 1996, 14 (4): 349 – 379

［69］Moffat A, Webber W, Zobel J. Load balancing for term – distributed parallel retrieval［C］// International ACM SIGIR Conference on Research and Development in Information Retrieval. ACM, 2006: 348 – 355.

［70］Ntoulas A, Cho J, Olston C. What's new on the web?: the evolution of the web from a search engine perspective［C］// International Conference on World Wide Web. ACM, 2004: 1 – 12.

［71］Pandey S, Olston C. User – centric Web crawling［C］// International Conference on World Wide Web. ACM, 2005: 401 – 411.

［72］Pasca M, Lin D, Bigham J, et al. Organizing and searching the world wide web of facts – step one: the one – million fact extraction challenge［C］//AAAI. 2006: 1400 – 1405.

［73］PujaraJ, MiaoH, GetoorL, etal. ? Knowledge? Graph? Identification［C］.

［74］International SemanticWebConference. Springer? Berlin Heidelberg, ? 2013: 542 – 557

［75］Qin T, Zhang X D, Tsai M F, et al. Query – level loss functions for information retrieval［J］. Information Processing & Management, 2008, 44(2): 838 – 855.

［76］RafalKuc, MarekRogoziński. ElasticSearch［M］. 电子工业出版社, 2015.

［77］RicardoBaezaYates, BerthierRibeiroNeto. 现代信息检索［M］. 机械工业出版社, 2012.

［78］Robertson S E, Jones K S. Relevance weighting of search terms［J］. Journal of the American Society for Information Science & Technology, 2014, 27(3): 129 – 146.

［79］Robertson S, Zaragoza H, Taylor M. Simple BM25 extension to multiple weighted fields［J］. 2004: 42 – 49.

［80］Ruthven I, Lalmas M. A survey on the use of relevance feedback for information, access systems［J］. Knowledge Engineering Review, 2003, 18(2): 95 – 145.

［81］Salton G. Automatic Information Organization and Retrieval［C］// Automatic Information Organization and Retrieval. McGraw Hill Text, 1968: 1 – 2.

［82］Salton G, Wong A, Yang C S. A vector space model for automatic indexing［J］. Communications of the Acm, 1974, 18(11): 613 – 620.

［83］Salton G, Buckley C. Term – weighting approaches in automatic text retrieval［J］. Information Processing & Management, 1988, 24(5): 513 – 523.

［84］ Singhal A, Buckley C, Mitra M, et al. Pivoted Document Length Normalization［C］// Proceedings of the 19th annual international ACM SIGIR conference on Research and development in information retrieval. ACM, 1995：21－29.

［85］ Singhal A, Mitra M, Buckley C. Learning routing queries in a query zone［J］. Acm Sigir Forum, 1997, 31 (SI)：25－32.

［86］ Sivasubramanian S, Pierre G, Steen M V, et al. Analysis of Caching and Replication Strategies for Web Applications［J］. IEEE Internet Computing, 2007, 11(1)：60－66.

［87］ Shen W, Wang J, Han J. Entity Linking with a Knowledge Base：Issues, Techniques, and Solutions［J］. Knowledge & Data Engineering IEEE Transactions on, 2015, 27(2)：443－460.

［88］ Srihari R K, Li W, Li X. Question Answering Supported By Multiple Levels Of Information Extraction［C］// Advances in Open Domain Question Answering. Springer Netherlands, 2008：349－382.

［89］ StefanButtcher, CharlesLAClarke. 信息检索：实现和评价搜索引擎［M］. 机械工业出版社, 2012.

［90］ Theodoridis S, Koutroumbas K. Pattern Recognition, Third Edition［M］. Academic Press, 2006.

［91］ Wang Y, Choi I C, Liu H. Generalized Ensemble Model for Document Ranking in Information Retrieval［J］. IEEE Transactions on Knowledge & Data Engineering, 2015, 41(2)：367－395.

［92］ Weiner P. Linear pattern matching algorithm［J］. IEEE Symp on Switching & Automatic Theory, 1973：1－11.

［93］ Williams H E, Zobel J. Compressing Integers for Fast File Access［J］. Computer Journal, 1999, 42(3)：193－201.

［94］ Wu B, Davison B D. Identifying link farm spam pages［C］// Special Interest Tracks and Posters of the, International Conference on World Wide Web. ACM, 2005：820－829.

［95］ Xu J, Croft W B. Improving the effectiveness of information retrieval with local context analysis［J］. Acm Transactions on Information Systems, 2000, 18(1)：79－112.

［96］ Xu J, Li H. AdaRank：a boosting algorithm for information retrieval［C］// International ACM SIGIR Conference on Research and Development in Information Retrieval. ACM, 2007：391－398.

［97］ Zhai C, Lafferty J. A study of smoothing methods for language models applied to information retrieval［J］. Acm Transactions on Information Systems, 2004, 22(2)：179－214.

［98］ Zobel J, Moffat A. Exploring the similarity space［J］. Acm Sigir Forum, 1998, 32(1)：18－34.

［99］ Zobel J, Moffat A. Inverted files for text search engines［M］. ACM, 2006.

［100］ 陈鄞. 自然语言处理基本理论和方法［M］. 哈尔滨：哈尔滨工业大学出版社, 2013.

［101］ 黄昌宁, 赵海. 中文分词十年回顾［J］. 中文信息学报, 2007, 21(3)：8－19

［102］ 杜婧君, 陆蓓, 谌志群. 基于中文维基百科的命名实体消歧方法［J］. 杭州电子科技大学学报, 2012, 32(06)：57－60.

［103］ 郭小丹. 几种开源网络爬虫功能比较［J］. 科学技术创新, 2015(25).

［104］ 李航. 统计学习方法［M］. 北京：清华大学出版社, 2012.

［105］ 梁南元. 书面汉语自动分词系统－CDWS［J］. 中文信息学报, 1987, 1(2)：46－54.

［106］ 刘凡平. 大数据搜索引擎原理分析及编程实现［M］. 北京：电子工业出版社, 2016.

［107］ 刘峤, 李杨, 段宏, 等. 知识图谱构建技术综述［J］. 计算机研究与发展, 2016, (03)：582－600.

［108］ 刘清明. 基于 Sphinx 构建 Web 站内全文搜索系统的研究［D］. 中山：中山大学, 2009.

［109］ 刘知远, 孙茂松, 林衍凯, 等. 知识表示学习研究进展［J］. 计算机研究与发展, 2016, 53(2)：247－261.

［110］ 刘知远, 崔安欣. 大数据智能：互联网时代的机器学习和自然语言处理技术［M］. 北京：电子工业出版社, 2016.

[111] 邱哲，符滔滔. 开发自己的搜索引擎：Lucene 2. 0 + Heritrix[M]. 北京：人民邮电出版社，2007.

[112] 邵领. 基于知识图谱的搜索引擎技术研究与应用[D]. 北京：电子科技大学，2016.

[113] 孙镇，王惠临. 命名实体识别研究进展综述[J]. 现代图书情报技术，2010(6)：42 – 47.

[114] 徐增林，盛泳潘，贺丽荣，等. 知识图谱技术综述[J]. 电子科技大学学报，2016，45(4)：589 – 606.

[115] 赵军，刘康，周光有，等. 开放式文本信息抽取[J]. 中文信息学报，2011，25(6)：98 – 110.

[116] 张静，唐杰. 下一代搜索引擎的焦点：知识图谱[J]. 中国计算机学会通讯，2013，9(4).

[117] 张敬芝，高强，耿桦，等. 统计自然语言处理中的线性插值平滑技术[J]. 计算机科学，2007，34(6)：223 – 225.

[118] 张俊林. 这就是搜索引擎[M]. 北京：电子工业出版社，2012.

[119] 张志田. 无监督实体关系抽取方法研究[D]. 哈尔滨：哈尔滨工业大学，2007

[120] 宗成庆. 统计自然语言处理[M]. 北京：清华大学出版社，2008.

[121] 周志华. 机器学习：Machine Learning[M]. 北京：清华大学出版社，2016.

[122] 庄严，李国良，冯建华. 知识库实体对齐技术综述[J]. 计算机研究与发展，2016，53(1)：165 – 192.

图书在版编目（ＣＩＰ）数据

智能搜索引擎技术／高琰编著. --长沙：中南大学
出版社，2018.12
ISBN 978 - 7 - 5487 - 3412 - 3

Ⅰ.①智… Ⅱ.①高… Ⅲ.①搜索引擎－程序设计
Ⅳ.①TP391.3

中国版本图书馆 CIP 数据核字（2018）第 213377 号

智能搜索引擎技术

高琰　编著

□**责任编辑**	韩　雪			
□**责任印制**	易建国			
□**出版发行**	中南大学出版社			
	社址：长沙市麓山南路		邮编：410083	
	发行科电话：0731 - 88876770		传真：0731 - 88710482	
□**印　　装**	长沙印通印刷有限公司			

□**开　　本**	787×1092　1/16	□**印张** 12.5	□**字数** 314 千字	
□**版　　次**	2018 年 12 月第 1 版	□**印次** 2018 年 12 月第 1 次印刷		
□**书　　号**	ISBN 978 - 7 - 5487 - 3412 - 3			
□**定　　价**	35.00 元			

智能
ZHINENG SOUSUO | YINQING JISHU
搜索引擎技术

丛书策划：刘辉 韩雪
责任编辑：韩雪
装帧设计：李芳丽

中南大学出版社
天猫旗舰店

中南大学出版社
微信平台

ISBN 978-7-5487-3412-3

9 787548 734123 >

定价：35.00元